草场放牧

草地放牧

划区轮牧

母牛、仔牛一同放牧

山林放牧

舍饲

打好耳标的牛

待上市肥牛

肉牛在运动场上

休息区

幼牛在运动场上

育成牛料槽

半封闭式牛舍

封闭式牛舍

开放式牛舍

牛场主干道与牛舍排列

牛床及料槽

牛舍内部结构

料槽护栏

牛场监控室

青贮壕

舍饲育肥

拴系饲养

双列式饲槽及饲喂通道

畜禽生态养殖系列

肉牛生态养殖关键技术

主编　李连任

河南科学技术出版社

·郑州·

图书在版编目（CIP）数据

肉牛生态养殖关键技术/李连任主编.—郑州：河南科学技术出版社，2015.11

ISBN 978-7-5349-7981-1

Ⅰ.①肉… Ⅱ.①李… Ⅲ.①肉牛-饲养管理 Ⅳ.①S823.9

中国版本图书馆CIP数据核字（2015）第244052号

出版发行：河南科学技术出版社

地址：郑州市经五路66号　　邮编：450002

电话：（0371）65737028　65788613

网址：www.hnstp.cn

策划编辑：陈淑芹　陈　艳

责任编辑：张　鹏

责任校对：董静云

封面设计：张　伟

版式设计：栾亚平

责任印制：张艳芳

印　　刷：郑州金秋彩色印务有限公司

经　　销：全国新华书店

幅面尺寸：140 mm×202 mm　　印张：9.5　　字数：250千字　　彩页：4面

版　　次：2015年11月第1版　　2015年11月第1次印刷

定　　价：20.00元

本书编写人员名单

主　　编　李连任

副 主 编　李世常　魏叶堂

编写人员　(以姓氏笔画为序)

王　斌　王立春　王宗海

王道坤　刘　建　刘　强

刘　滨　李　臣　李　英

李大勇　李世常　李连任

宋富华　张凤娟　张翔兵

武玉艳　魏叶堂

前　言

改革开放以来，我国畜牧业发生了巨大变化，取得了举世瞩目的成就。肉类、禽蛋总产量连续多年居世界第一位，彻底改变了我国畜产品长期短缺的局面。畜产品之所以能够快速增长，与畜牧业生产方式的变化是分不开的。从过去的散养，发展到今天的以规模化为主的集约化养殖。尤其是 20 世纪 90 年代中期以来，各类畜禽规模养殖发展迅速，规模养殖比重的提高，促进了先进养殖技术的应用，促进了产业化经营的发展，初步显现出了规模效益，满足了人们不断增长的消费需求。

但是，由于我国畜牧业发展的起点低，标准化规模养殖的整体水平与现代畜牧业发展的要求仍有不小的差距，一些不容回避的问题也摆到了生产者和公众面前。伴随着规模养殖的不断扩大，相应的配套设施跟不上，造成养殖环境逐渐恶化，带来了环境污染、动物疫病；为了追求“原始”和“生态”，提高产品质量，生产有机、无公害畜禽产品，对动物采取片面的散养方式，由于缺乏生态平衡意识和科学的资源开发与利用技术，造成资源的过度开发和环境遭受严重破坏；为了片面追求畜禽的高生产力和养殖的高效益，在养殖过程中添加违禁药物和添加剂，不仅损伤了畜禽机体健康，而且添加物本身及其代谢产物在动物体内的残留，给消费者健康也造成了严重的威胁；由于采取了高密度规模化养殖，硬件设施落后，环境控制能力低下，畜禽长期处于应激和亚健康状态，适应能力和抗病能力下降，疫病多发，并且难以控制，粪便、污物、病死畜禽无害化处理能力低，环境污染严重；为了控制疫病，不合理使用药物特别是抗生素，损伤了畜禽的免疫功能，对环境造成了污染，给消费者健康带来了重大威胁。

针对这些问题，早在2010年，农业部就启动了畜禽养殖标准化示范创建活动。经过几年的共同努力，取得了显著的成效。当前，我国畜牧业也正处于一个由粗放型向集约化、由零星散养型向规模化、由家庭副业型向专业化、由传统型向科学化方向发展过渡的时期。伴随着科技的发展和人民生活水平的提高，科技意识、环保意识、安全意识、保健意识的增强，人们对畜禽产品质量和畜牧生产方式的要求越来越高。为此，发展现代生态畜牧业，走农牧结合、种养平衡、生态发展的路子，按照种植业和周边土地的承载量，科学布局畜禽养殖和规模，畜禽粪便、养殖污水、病死畜禽等，经过无害化处理后回归农田、果园、茶园、林地等，是畜牧业今后的发展方向。

正是基于这种认识，我们组织编写了《肉牛生态养殖关键技术》。参与编写的人员，既有较深的理论功底，也有一整套较丰富的生态养殖的实践经验。在编写过程中，我们也吸纳了国内外一些先进的实用技术，更适合农民和基层技术服务人员学习使用。当然，由于生态养殖在我国起步较晚，技术体系尚不成熟，很多方面的技术也仍处在探索阶段，因此，书中介绍的有些技术难免有一定的局限性，甚至还有些偏颇，希望读者在使用中多提宝贵意见，以便再版时修改和进一步完善。

编者

2015年3月

目　　录

第一章　肉牛生态养殖概述

第一节　生态养殖和现代生态养殖

一、中国式生态农业与生态养殖

中国式生态农业模式，即吸取西方生态农业的有益经验，依据中国现代科学技术和传统农业的有效经验，以生态效益为第一性中心、经济效益为第二性中心，运用生态经济原理指导和组织农业生产，把人类的农业生产活动纳入生态循环链内，参与生态系统的生物共生、轮流交换和物质循环，以求生态、经济和社会效益协调发展，建成高产、优质、高效、低耗的现代农业生产体系。

生态养殖是指根据不同养殖生物间的共生互补原理，利用自然界物质循环系统，在一定的养殖空间和区域内，通过相应的技术和管理措施，使不同生物在同一环境中共同生长，实现保持生态平衡、提高养殖效益的一种养殖方式。这一定义，强调了生态养殖的基础是根据不同养殖生物间的共生互补原理；条件是利用自然界物质循环系统；结果是通过相应的技术和管理措施，使不同生物在一定的养殖空间和区域内共同生长，实现保持生态平衡、提高养殖效益。其中“共生互补原理”“自然界物质循环系统”“保持生态平衡”等几个关键词，明确了“生态养殖”的几个限制性因子，区分了“生态养殖”与“人工养殖”的根本不同点。

相对于集约化、工厂化养殖方式来说，生态养殖是让畜禽在自然生态环境中按照自身原有的生长发育规律自然地生长，而不是人为地制造生长环境和用促生长剂让其违反自身原有的生长发育规律快速生长。如农村一家一户少量饲养的不喂全价配合饲料的散养畜禽，即为生态养殖。

二、现代生态养殖

随着人们生活水平的不断提高，用集约化、工厂化养殖方式生产出来的品质、口感均较差的畜禽产品已不能满足广大消费者日益增长的消费需求，而农村一家一户少量饲养的不喂全价配合饲料的散养生态畜禽，因其产量低、数量少，也满足不了消费者对生态畜禽产品的消费需求，因而现代生态养殖应运而生，而且赋予了生态养殖更新的理念。

现代生态养殖就是将生态养殖的系统理论或原理应用于规模化养殖之中，通过优良品种的选用、生态环境的控制、饲料的配制、良好的饲养管理和防疫技术，满足动物福利需求，获得高效生产效率、高质量的动物产品和高额养殖利润，同时保护环境，实现生态平衡。现代生态养殖是介于散养和集约化养殖之间的一种规模养殖方式，它既有散养的特点——畜禽产品品质高、口感好，也有集约化养殖的特点——饲养量大、生长相对较快、经济效益高。

搞好现代生态养殖，没有一个统一的标准与固定的模式。根据近几年各地搞生态养殖摸索出来的经验，要想搞好现代生态养殖，必须注意以下几点。

（一）选择合适的自然生态环境

合适的自然生态环境是进行现代生态养殖的基础，没有合适的自然生态环境，生态养殖也就无从谈起。发展生态养殖必须根据所饲养畜禽的天性，选择适合畜禽生长的无污染的自然生态环境，有比较大的天然活动场所，让畜禽自由活动、自由采食、自由饮水，让畜禽自然生长。如目前一些地方采取的林地养殖等就是很好的生态养殖模式。

现代生态养殖也是一种规模养殖，即可以按照畜禽在自然生态系统中的天性，人为创造一个适宜它生存的小环境，并模拟它在自然生态系统中的摄食习惯和需求，提供饲料饲草（又称舍饲方式）。在这种方式下，畜禽的饲养管理都是在舍内进行的，舍外可以设置自由活动的空间，即运动场，以迎合畜禽生活在自然生态环境中的天性，更好地满足其福利，从而获得最大的饲养效益。

（二）进行现代生态养殖仍要使用配合饲料

使用配合饲料是进行现代生态养殖与农村一家一户散养的根本区别。如仅是在合适的自然生态环境中散养而不使用配合饲料，则畜禽的生长速度必然很慢，其经济效益也就很低，这不仅影响饲养者的积极性，而且也不能满足消费者的消费需求，因此，进行现代生态养殖仍然要使用配合饲料。但所使用的配合饲料中不能添加促生长剂与动物性饲料，因为添加促生长剂虽然可加快畜禽的生长速度，但其在畜禽产品中的残留却降低了畜禽产品的品质，也降低了畜禽产品的口感，满足不了消费者对优质畜禽产品的消费需求。配合饲料中添加动物性饲料同样影响畜禽产品的品质和口感。

（三）注意收集和处理畜禽粪尿

生态放养的畜禽大部分时间是处在散养自由活动状态，随时随地都有可能排出粪尿，特别是现代生态养殖，每天的粪尿集中，量也很大。这些粪尿如不能及时清理和处理，则不可避免地会造成环境污染，也容易造成疫病传播，进而影响饲养者的经济效益和人们的身体健康。因此，应及时收集、清理并正确处理畜禽粪尿，减少环境污染，保证环境卫生。

（四）多喂青绿饲料

给畜禽多喂一些青绿饲料不仅可以为畜禽提供必需的营养，而且可提高畜禽机体的免疫力，促进畜禽身体的健康。饲养者可在畜禽活动场地种植一些耐践踏的青饲料供畜禽活动时自由采食，但仅靠活动场地种植的青饲料还不能满足生态养殖畜禽的需要，必须另外供给。另外供给的青饲料最好现采现喂，不可长时间堆放，以防堆积过久产生亚硝酸盐，导致畜禽亚硝酸盐中毒。青饲料采回后，要用清水洗净泥沙，切短饲喂。如果畜禽长期吃含泥沙的青饲料，可能引发胃肠炎。不要去刚喷过农药的菜地、草地采食青菜或牧草，以防畜禽农药中毒。菜地、草地喷过农药后须经 15 天后方可采集。饲喂青绿饲料要多样化，这样不但可增加适口性，提高畜禽的采食量，而且能提供丰富的植物蛋白和多种维生素。在冬季没有青饲料时，要多喂一些青干草粉以提高畜禽产品品质和口感。

（五）做好防疫工作

生态养殖的畜禽大部分时间是在舍外活动场地自由活动，相对于工厂化养殖方式更容易感染外界细菌、病毒而发生疫病，因此，做好防疫工作就显得尤为重要。防疫应根据当地疫情情况制定正确的免疫程序，防止免疫失败。

为避免因药物残留而降低畜禽产品品质，饲养者要尽量少用或不用抗生素预防疾病，可选用中草药预防，有些中草药农村随处可见。例如用马齿苋、玉米芯炭等可防止拉稀，五点草可增强机体免疫力。这样不仅可提高畜禽产品质量，而且可降低饲养成本。

（六）创建生态养殖品牌

建立生态养殖品牌，提高饲养者生态养殖的知名度，做好生态养殖宣传工作，建立生态养殖品牌是一项非常重要的工作。把宣传工作做好，让广大消费者了解你的畜禽或畜禽产品是真正按生态养殖方式生产出来的，是高品质的，这样才能使消费者接受相对较高的价格，从而提高饲养者的经济效益，促进生态养殖健康、稳定、快速发展。

第二节 生态养殖的类型

一、立体养殖模式

立体养殖能够促进农业的生态化发展，实现挖潜降耗、降低污染的目的，有利于保护生态环境。如："鸡—猪—蝇蛆—鸡、猪"模式，即是以鸡粪喂猪，猪粪养蝇蛆后肥田，蝇蛆制粉，蝇蛆粉含蛋白质高达63%，用来喂鸡或猪，饲养效果与豆饼相同，更重要的是，蝇蛆含有甲壳素和抗菌肽，可以大幅度提高猪、鸡的抗病力。这种模式，既节省了饲料粮和日常药物投入，又对鸡粪做了无害化处理，经济效益和环境效益均十分明显。与此相似的还有"鸡—鱼、藕"模式：架上养鸡，架下鱼池，池中养鱼、植藕；"水禽—水产—水生饲料"模式：坝内水上养鹅、鸭，水下养鱼、虾，水中养浮萍，同时，坝上还可养猪、鸡；还有"猪—沼—果（林、草、菜、渔）"等模式，都是非常好的立体养殖模式。

下面几种立体养殖模式也可供借鉴。

（一）稻鸭共育

稻鸭共育不同于过去的稻田养鸭，而是以水田为基础、种稻为中心、家鸭野养为特点的自然生态和人为干预相结合的复合生态系统。一般雏鸭圈养15~20天后放养在水田共育（共育期30~36天），水稻抽穗后结束共育，再经14~20天关养出栏，放养量每亩 15 只左右。稻鸭共育可免除稻田化学除草和灭螺，减少化肥、农药和饲料用量，提高水稻产量、鸭子肉质，经济效益好。

（二）五园养鸡

五园养鸡是遵循动物与自然和谐发展的自然规律及鸡的生活习性，在草坡、果园、竹园、林地、荒滩（即五园）上放养。由于活动空间大、空气清新、机体健康、抗病力强、成活率高，既降低了饲养成本，又增加了鸡的野性。养出的鸡羽毛光亮、冠头红润、肉色更黄、风味独特、肉质鲜嫩、鸡味浓。

（三）农饲结合

农饲结合是指围绕大面积的蔬菜基地下脚料、青玉米秆、瓜果藤蔓等，供应奶牛、羊和家禽生产，既可取得保护环境、资源综合利用的效果，又可使养畜成本大幅度下降。如某地西兰花种植面积很大，西兰花可食部分为花茎和花蕾组成的花球，而叶、茎为不可食部分。西兰花加工或采收后的叶与茎，因此成了废弃物。当地农民利用茎叶作为兔的青饲料发展长毛兔生产，并尝试利用茎叶生产青贮料用于奶牛养殖，还利用茎、叶脱水生产叶粉。一方面变废为宝，减少环境污染，满足当地草食动物生产对青饲料的需要；另一方面进行西兰花副产品产业开发，增加西兰花种植的经济效益。

（四）农牧循环

某地采用“零污染”干式法养猪新技术，在栏舍内铺上敷料，将猪的粪尿吸附混合，经生物处理后进行二次发酵，并经工艺处理成生态有机肥，解决了猪场环境污染的问题，此为农牧循环。猪舍干燥、无异味，猪场无污染排放，完全消除臭气和病菌，创造花园式的“零污染”养殖环境。使猪生活在安全舒适的环境中，减少疾病的发生，加快生长速度，缩短饲养期，从而使猪场既解决环境污染问题，又提高经济效益，为畜禽养殖业如何解决污染开辟了一条切实可行的技术途径。

（五）种草养殖

种草养殖是指冬季在晚稻收割以后种植黑麦草、紫云英等牧草作物，作为养鹅、养猪、养兔的饲料。采用一年生牧草与一年生牧草轮作方式，4 月下旬种苦荬菜或杂交狼尾草，9 月中旬清茬后种多花黑麦草或冬牧 70 黑麦草，翌年 4 月下旬清茬后再种苦荬菜或杂交狼尾草。如此反复，发展獭兔养殖业。

（六）草山牧业

利用自然草山饲养各种畜禽是传统的利用方式，牛、羊基本靠放牧为主。但利用草山养殖土鸡是近几年的创新，各地普遍利用自然草山放养土鸡，利用了各种杂草、嫩枝叶，使土鸡的放养空间更大。

二、放归自然的生态放养

家禽过了人工给温期，就可以逐步将仔禽放养到果园、山林、草地或高秆作物地里，让牛、羊、驴、鸡等畜禽自由采食青草、野菜、草籽、昆虫。这种放归自然的饲养方式，好处甚多：一是减少了饲喂量，可以节省大量粮食；二是能有效清除大田害虫和杂草，达到生物除害的功效，降低人们的劳动强度，减少大田的药物性投入；三是能增强家禽机体的抵抗力、激活免疫调节机制，家禽得病少，节约预防性用药的资金投入；四是能大幅度提高禽肉、禽蛋的品质，生产出特别受人欢迎的绿色产品。有条件的地方，都可以利用滩涂、荒山等自然资源，建设生态养殖场所，以便生产出无污染、纯天然或接近天然的绿色产品，同时还能从本质上提高动物的抗病能力，减少预防性药物的投入。

第三节　生态养殖发展现状与问题

一、生态养殖需解决的问题

（一）认识与观念

“生态养殖”这一概念，其内涵与外延随社会的发展、科技的进步、人类对健康的需求的不断追求而不尽相同。就现在而言，生态养殖包括生态平衡、资源优化、动物保健、产品绿色等几个层面，需正确引领发展健康养殖，解决养殖中遇到的问题。

（二）科学的评价办法

由于养殖业的生态复杂性和形式的多样性，所以要正确合理地评价生态养殖的有效性相对困难，如何更加全面、客观、科学地评价某种养殖模式或技术方法的合理性，在现代养殖业中显得尤为重要。

二、发展生态养殖的迫切性和可行性

目前，我国养殖业发展迅猛，在追求数量的增长、集约化程度的提高和经济利润的同时，也不能忽略畜产品质量和生态效益的问题。

(1) 规模养殖使饲养周期缩短，出栏率大大提高，数量增幅加快，同时也存在着饲料报酬相对低、疾病蔓延、药物滥用、环境污染等一系列生产问题。畜禽养殖产生的污染已经成为我国农村污染的主要来源，养殖污染防治势在必行。

(2) 一些养殖场为了片面地追求高额利润，从开始促生长、控制疾病和提高瘦肉率等方面出发，使用大量的违禁添加剂、抗生素、防腐剂和类激素等。在饲料中添加促生长剂以提高饲料的利用率，造成猪体中大量的有害物质残留。如使用违禁“瘦肉精”，导致食品中毒多有发生，这给动物食品安全带来了隐患，致使我国畜产品质量安全问题成为全社会共同关注的焦点。

（3）我国作为畜禽生产和消费大国，畜产品的质量和安全性问题成为影响出口的主要障碍。人们逐渐认识到了问题的严重性，开始探索新的养殖模式，研究新养殖技术、方法等来减轻养殖环境压力，寻求养殖业的可持续发展。

三、发展生态养殖途径

（1）加强饲料安全管理，把好畜产品质量关和饲料的安全关。近年来，从禽流感到三鹿奶粉，畜产品中有毒金属及化合物、药物残留等安全问题引发的食品安全问题不断出现。对此，必须认真贯彻落实“无公害食品”的行动计划，建立安全饲料产品的生产技术规范等，确保畜产品质量。

（2）转化饲养模式，推行舍饲或半舍饲的饲养模式。牛羊养殖由传统的放牧为主改为现在实施的牛羊的舍饲圈养为主，改善草原生态环境、充分发挥和利用农作物秸秆资源，实现畜牧业生产可持续发展。

（3）建立完善的疫病防治体系。完善疫情疫病的防治，不仅关系到畜牧业的发展，而且关系到经济发展、人民健康和社会稳定。坚持预防为主，加大防疫力度，严防国外疫病传入。做好强制免疫，提高畜禽免疫率；执行严格的疫情报告制度；制定重大疫病防治应急措施，逐步建立起重大疫病的预防、监测、诊断体系和应急机制；加强检验检疫；尽快建立起完整的动物法律体系，真正意义上实现依法防治动物疫病。

四、国内生态养殖的发展现状

（一）我国养殖现状

我国是养殖大国，也是传统养殖模式弊端较大的国家。由于长期以来养殖基础设施差、研究薄弱、养殖技术及管理水平较低、盲目追求短期效益等原因，世界贸易壁垒的打破并未给我国养殖业带来春天，反而是一度刺激了我国低水平养殖的急剧膨胀，大量产品涌上市场，又在出口通道上遭遇绿色屏障；与此同时，随着人们食品消费意识的不断提高，“抗生素滥用、色素添加投喂、药残”等问题相继出现，使人们对许多养殖产品望而却步。加上日趋严重的生态危机、市场危机、诚信危机，使越来越多的人清醒地认识到发展健康养殖、迎头赶超国际先进水平，是我国养殖业发展的唯一出路。近年来，我国健康养殖研究蓬勃发展，在优化养殖环境、动物疫病防治、优质饲料配制、药物及饲料添加剂监管等方面取得了一定成效。但是，我国健康养殖研究还十分有限，加上对生态养殖的理解和认识上存在一定的片面与分歧，许多具体的“生态养殖模式”尚处于尝试、探索阶段。

（二）我国的健康养殖与国外的差距

1. 基础设施、设备落后 我国养殖业尤其是工业化养殖过程所用的设施还不够完善，自动化程度不够高，养殖污染物处理设备落后。国外有先进的工厂化养殖如微机控制技术、污染物达标排放、自动化投放饲料等。

2. 养殖技术落后 目前我国养殖技术普遍落后，饲养管理水平低，饲料搭配不合理，饲料利用率低，浪费严重，养殖污染严重。而国外大多采用转化效率高的人工优质配合饲料，饲养管理水平较高。

3. 健康养殖的意识淡薄 国外发达国家将养殖与环境保护紧密结合起来，注重人类生存环境与养殖业的协调发展，已形成健康养殖意识。而我国的养殖业普遍还处于粗放型养殖状态，养殖户的素质还较低，不注重养殖技术的提高，并且环保意识不够，健康养殖的意识不高。

第四节　肉牛生态养殖的类型

一、肉牛生态养殖模式

发达国家对生态农业的研究已有几十年的历程，1970 年，美国土壤学家 W. Albreche 首次提出生态农业的概念，而后，国外对生态农业模式和技术的研究也随之开展起来。我国对生态农业的研究也有 30 年的历史。但是，到目前为止，我国仍缺乏规范化的生态农业模式。

生态畜牧业是生态农业的重要组成部分，一般认为建设生态畜牧业有两个内涵：一是要恢复生态，保护生态；二是家畜养殖头数要达到一定规模，质量符合天然绿色无公害，同时满足市场需求。在恢复生态和发展畜牧业的问题上比较突出的矛盾是畜草矛盾、放牧与禁牧的矛盾，虽然看似简单，但实际上需要多方协调，解决矛盾过程中存在的一系列问题，比如草牧场的管理问题、农牧民的收入问题、林业公安与禁牧工作队职责的问题，等等。因此，建设生态畜牧业就成为一个庞大的农业系统工程，需要各级政府、各有关部门、全体养殖者的共同参与，需要制定科学的、符合实际的政策与措施，需要所有参与这个工程的单位、个人严格执行相关的政策和措施。由于我国目前还没有标准化的生态畜牧业模式，加上市场对生态畜牧业产品的需求，各地都将自己的生产称为生态养殖，肉牛养殖也是如此。

严格地说，生态肉牛养殖模式是利用生态学、生态经济学、系统工程以及清洁生产思想、理论和方法进行肉牛生产的过程，其目的在于达到保护环境、资源永续利用的同时生产优质的牛肉。生产模式的特点是在肉牛业全程生产过程中，既要体现生态学和生态经济学的理论，同时也要充分利用清洁生产工艺，从而达到生产优质、无污染和健康的牛肉产品；其模式的成功关键在于实现饲料基地、饲料及饲料生产、养殖及生物环境控制、废弃物综合利用及粪便循环利用等环节能够清洁生产，实现无废弃物或少废弃物生产过程。

肉牛规模化生态养殖场生产模式主要特点是以大规模肉牛养殖为主，但缺乏相应规模的饲料粮（草）生产基地和粪便承载场所，因此，需要通过一系列生产技术措施和环境工程技术进行环境治理，最终生产优质牛肉产品。

二、肉牛生态养殖方式

（一）放牧饲养方式

1. 原生态放牧饲养 原生态放牧饲养是利用天然草地、草山、草坡或湖海边沿滩涂自然生长的牧草放牧肉牛，从一个天然的生态系统中获得肉牛产品。这种方式在我国南北方都存在，是一种系统的饲养方式，也是一种传统比较落后的饲养方式。例如，青海牧区依当地自然条件将草地划分为3~4种类型，供不同季节使用。山间谷地、河边滩涂等地势较低的地区为冬、春季节草场，海拔较高的高山地区为夏季草场，海拔相对较低的山坡地段为秋季草场。每年由山谷河滩将家畜赶往高山地区，再转移到山腰，天冷后进入山谷，按季节迁移，如此循环，年复一年，各个草场都有1~2个水源供家畜饮用，牧民则携带帐篷及生活必需品，每到一处临时安家，同时修筑矮墙作为简易畜圈，供家畜夜间休息。

原生态放牧饲养的特点是季节性明显，定期转移场地，家畜生产性能受到生态系统中天然饲料的制约，主要受草地牧草生长好坏的制约，包括繁殖生产情况也受到制约。由于公母混群，往往受孕率高，繁殖成活率低；如公畜质量不好，则受孕率也不高。不测定产草量，自由放牧，生产性能不稳定，即所谓的靠天养畜。有些人认为这种方式产品质量好，实际上也不尽然。这种饲养方式受生态条件影响太大，如果生态条件恶劣、牧场饲草贫乏，肉牛得不到充足而平衡的营养，因此体内营养的沉积也会受到影响，甚至影响其代谢和健康。

2. 原生态人工控制放牧饲养　原生态人工控制放牧饲养是将肉牛放牧于一个天然生态系统中，运用科学技术手段指导肉牛放牧和管理，通过对生态系统中的饲草可利用和再生进行检测，合理安排肉牛放牧，有效利用天然生态条件的一种方式。无论是天然草地还是人工草地，都要在不同季节测定牧草产量，估计草场面积，计算可以承载的肉牛种类和头数，以及放牧日数，做出放牧和转移场地的计划，按计划实施放牧。这种生产方式比原生态放牧饲养在产品质量、生态条件的利用上都有明显的提升。

放牧的具体操作，依管理水平和条件分两种方式：一种是定牧，另一种是轮牧。定牧是将牛群固定在一片草场上放牧，白天放出去，晚上赶回牛圈。轮牧需要有围栏等设备条件，将草场划分成几个小区，编号、测定并记录每个小区的牧草产量。将肉牛先赶入第一区，依肉牛头数和产草量计算出放牧天数，通常每区放牧 6~7 天，然后赶到第二区，如此轮换。对放牧肉牛后的小区进行施肥灌溉，当肉牛轮换到第六或第七区时，第一区的牧草经过 35~40 天的恢复生长，又可再次放牧。这种将草场划分成小区，轮回放牧的方式就是轮牧，是畜牧业发达国家比较先进的生态养殖方式。

原生态人工控制放牧饲养方式的最大特点是要有经过专业技术培训的放牧员和技术管理人员，要有围栏、灌溉等设施，牧草利用率高，肉牛生产性能稳定。原生态人工控制放牧饲养包含的内容很多，如放牧小区与牧道的布局、电围栏的安装或生物围栏的栽植、小区放牧或轮牧的计划与管理、牧草品种和营养与营养价值的估算，等等。

3. 人工生态放牧饲养 人工生态放牧饲养也叫种草养牛，是利用人工方法，采用农艺手段，为了一定的经济目的建立的草地生态肉牛生产系统。该系统中人工草地建设是核心，肉牛放牧方式与原生态人工控制放牧饲养基本相同。

人工草地建植是种草养畜的重要环节。合理运用人工草地不仅可以提升草地生产力水平，还能节约饲养成本。肉牛在人工草地上寻找食物，能够满足肉牛对于食物与营养的需要，同时也在这一过程中得到运动与阳光照耀，对肉牛的生长发育、繁殖、育肥以及畜产品质量都有着重要价值与作用。在进行放牧工作的时候，肉牛所排泄出的粪便能够给草地提供肥料，这样在很大程度上降低了人工的工作强度，同时也实现了对草地管理费用的有效控制。

（1）人工草地的建植：常见的种植模式主要包括育苗移栽、点播、条播以及撒播等，具体要结合实际的牧草品种类别、种植面积等决定。

（2）草地放牧管理：草地要合理利用。在进行放牧之前，要观察草地的实际大小以及具体产量，并从牛群的采食情况出发，最终选定放牧牛群的数量以及时间，确保适当，既不过重也不过轻。此外，要适时进行放牧，结合草地牧草的实际生长状况和具体的被利用状况，将放牧的时间加以严格限定，确保整个放牧过程都处于最好的状态之下，这样不仅能够对草地形成一定的保护作用，更为关键的是能够确保牛群的平稳生长。

（3）科学放牧：坚持放牧和补饲相结合。冬春时，草木一般都处于枯萎状态，在这种情况下，如果只是单纯地依靠放牧往往无法达到牛实际的营养摄入需求，因此需要进行补充饲养，可防止牛群体力的过度消耗，从而满足保膘的效果。在秋季，要尽可能地经常放牧，确保牛群对牧草的摄入；在冬季，要尽可能地减少放牧次数，只要满足适当的运动量就可以了，另外注意高质量精饲料的补充；春季天气往往气温较低且变化较快，要让牛群多多摄入食物并减少运动；在夏季，气候较为炎热，应该将放牧时间尽可能地选在早晨与晚上气温较低时；放牧时要让公母牛分开，强壮牛群与瘦弱牛群分开，妊娠期牛群单独放牧。

（二）半舍饲饲养方式

半舍饲饲养方式是利用天然生态系统辅助人工生态系统的饲养方式，是放牧和舍饲相结合。一般分为三种方式：一是草场面积不够，无论是建立人工草地或是天然放牧场，由于面积有限，无法扩大，只能按计划每天将牛群放牧一定时间或区域，然后赶回牛舍进行补饲；二是在气候条件比较恶劣的地区，夜晚寒冷或天气炎热时，需要将牛赶进牛舍饲养，以维持肉牛的正常生产；三是牛的生理阶段需要，如育肥前期架子牛生长阶段可在草地上放牧，等体重达到一定重量时，再转入舍饲，用干草和混合精料集中强度育肥直到出栏。犊牛在断奶后，青年牛或后备牛的饲养可先采取放牧，直到妊娠后期再转入舍饲，进行精细的饲养管理。在有条件的地区，一些管理水平较高的肉牛场，采用这种放牧和舍饲相结合的饲养方式能够最大限度地降低饲养成本，提高生产效率和设备利用率。如果技术管理水平不高，不能进行科学的放牧饲养，牧草的产量和质量不能满足青年牛生长发育的需要，不能按计划达到预期体重，则有可能延误配种日期，甚至影响肉牛的发育和健康。因此，这种饲养方式只有在具备条件的前提下才能采用。

（三）舍饲饲养方式

肉牛舍饲饲养方式是按照肉牛在天然生态系统中的习性，人工创造一个适宜肉牛生存的小环境，并模拟肉牛在天然生态系统中的摄食习惯和需求，提供饲草饲料，这种饲养方式多用于育肥期的肉牛。这种饲养方式下，肉牛的饲养管理都是在牛舍或棚圈内进行的，牛舍外有一小块供牛自由活动的运动场。舍饲可以减少放牧时的能量消耗，减轻亚热带地区草地蜱螨和北方草场牛虻、蚊虫等对牛的侵袭和伤害。实行完全舍饲的目的是缩短肉牛育肥期，提高出栏率。舍饲肉牛，除了要有牛舍建筑，还要有其他的附属设施，如饲料加工间、堆草场或贮草房、饲料仓库、青贮窖、运输机械等。管理上，要有周密的饲料供应计划，保证全年均衡供应；有相对稳定的饲养管理规范，使生产、牛群健康和肉牛产品质量都达到较高水平。

第二章　生态肉牛场的建设

第一节　生态肉牛场环境控制技术

一、温度控制

（一）牛舍温度要求

在所有气候因素中，环境温度对动物的影响是最大的，牛能在环境温度较大的变动范围内，借助其调节功能维持体温的恒定。但牛一般不能耐受高温，环境气温高于其体温 5℃，便不能长期生存。

牛舍温度对牛体健康和生产力的发挥影响最大，肉牛通过机体热调节来适应环境的变化。在进行新陈代谢过程中，牛体不断产热，并把热量散发到周围环境中而维持体温的恒定，在适宜的外界温度范围内，可使牛的代谢强度和产热量保持在生理最低水平，这一温度范围就是牛的最适温度区。研究表明牛的适宜环境温度为 9~21℃，在这个温度范围内，牛的增重速度最快，饲料利用率最高，抗病力最强，饲养经济效益最可观。温度过高，肉牛就会产生不适症，如高温引起肉牛食欲降低，瘤胃微生物发酵能力下降，影响牛对饲料的消化；因热应激抗病力下降，发病率升高；日增重、繁殖力下降，甚至引起热射病。温度过低引起牛食欲增加，显著增加饲料损耗，饲料转化率、繁殖力下降，甚至引起冻伤等。总的来说，肉牛由于单位体重表面积小、汗腺不发达、饲料在瘤胃发酵产热多，属于喜凉厌热的动物。不同生理阶段的牛因个体差异对环境温度要求不同，各种牛舍要求的温度见表 2-1。

表 2-1　牛舍空气温度参数

牛类别	适宜温度（℃）			饮水温度（℃）	
	最适宜温度	最高	最低	夏季	冬季
育肥牛	10~15	25	3	10~15	20~25
产犊母牛	12~15	25	10	20	20~25
一般母牛	10~15	25	3	10~15	15~25
幼犊	15~18	27	8	15~20	20~25
犊牛	10~12	27	7	15~20	20~25
育成牛	10~15	27	3	10~15	20~25

（二）牛舍温度控制

在生产上，应注意选择适宜地区。牛舍建筑设计时，充分考虑温度控制措施，如屋顶的热阻值要高于墙壁，屋顶保温材料可采用加气混凝土板、玻璃棉、聚苯乙烯泡沫板、聚氨酯板等材料。管理上做好防寒防暑工作，如夏季酷暑季节短时间持续高温对牛的影响很大，应采取必要的降温措施。以下重点介绍降温措施。

1. 喷淋降温系统　这是目前实用且有效的降温系统，即将细水滴喷到牛背上，湿润皮肤，利用风扇及牛体的热量使水分蒸发以达到降温的目的。喷淋降温系统包括水路管网、水泵、电磁阀、喷嘴、风扇，以及含继电器在内的控制设备。该系统是以牛舍的温度和湿度为主要控制参数，利用温度和湿度传感器对舍内的相关数据进行采集处理，并利用红外设备确定温度和湿度的调节范围，将传感器和红外设备采集到的信息传送到单片机控制中心，由该中心根据减轻牛热应激所需要的温度、湿度和喷淋时间的要求，输出信号到控制输出模块，控制输出模块按控制信号传输各降温设备所需的电动力，同时实现喷淋风机的交替运行。当牛离开后，喷淋降温系统会自动停止工作。

2. 湿帘-风机降温系统　湿帘风机降温技术是指将湿帘蒸发设备与负压机械通风联用的降温技术，一般用于密闭牛舍。该系统主要由风机、湿帘、水泵、循环水池、自动控制器等组成。湿帘-风机的距离以不超过 50 米为宜，过帘风速为 1~2 米/秒。通风量的配置方式主要有两种：一种是根据换气次数计算，夏季的换气次数为 0.5~1 次/分。另一种是根据牛的头数和每头牛夏季所需通风量计算，夏季牛的通风量为 0.7 米^3/小时。

3. 绿化、遮阳　绿化是成本最低、效果最好的降温方式。绿化不仅能遮阳、减少太阳辐射，还能改善空气质量、美化环境。研究表明，同一栋舍的东西侧墙，由于西侧有树木遮阳，实际测得的西墙外表面最高温度仅为 34.23℃，而东墙外表面最高温度为 44.71℃，二者相差约 10℃。

二、湿度控制

（一）牛舍湿度要求

湿度是表示空气潮湿程度的指标，一般用绝对湿度和相对湿度表示，其中相对湿度最常用。相对湿度是指空气中实际含水汽的克数占同温下饱和水汽克数的百分数。由于牛舍四周墙壁的阻挡，空气流通不畅，使牛舍内空气湿度大于舍外。舍内空气湿度来源于大气湿度（占 10%~15%）、肉牛呼吸道和皮肤蒸发的水汽（占 70%~75%）和墙壁及地面等物体的蒸发（占 10%~25%）。大气湿度高，肉牛呼吸道和皮肤蒸发的水汽，或排出的粪尿、用水冲刷地面、饮水器漏水等，均会增加潮湿程度，空气的温度升高，也会使蒸发量增大。

空气湿度大可加快微生物特别是病原微生物的繁殖，致使肉牛容易患皮肤病；建筑物以及设施中木质物体易腐烂，饲料、垫草受潮湿发霉，易引起肉牛呼吸道和消化道的疾病；低温伴随高湿会加快体热的散失，牛易患感冒等呼吸道疾病；高温伴随高湿时会抑制汗水的蒸发和体热散发，使牛体的最适温度区范围变窄，不利于牛体体温的调节，使饲料效率下降。空气过干时，不利于呼吸道的健康。

肉牛对牛舍的适宜环境相对湿度为55%~75%。

（二）牛舍湿度控制

牛舍湿度控制方法有：牛舍要建筑在高燥的地方，墙基、地面要设防潮层；加强舍内保温，舍内温度保持在露点温度（即空气中的水蒸气变为露珠时候的温度）以上，防止水汽凝结；尽量减少舍内用水；及时将粪、尿、污水排出；保证通风性能良好，将舍内多余水汽排出去，冬季通风和保温是很矛盾的，不容易处理好，应引起高度重视；铺垫草可以有效地防止舍内潮湿，如稻草吸水率为324%、麦秸吸水率为230%。但必须及时更换。使用垫草对犊牛培育特别重要。

三、有害气体控制

（一）牛舍有害气体要求

舍内的空气，受牛的呼吸、生产过程和有机物质分解等因素的影响，化学成分与大气差异很大，氮、氧和二氧化碳所占比例发生变化，增添了大气中没有或很少有的成分，主要有氨、硫化氢和甲烷，还有胺、酰胺、硫化物、二氧化硫、乙醇、2-丁酮、3-戊酮、粪臭素等。这些有害气体主要由粪、尿、饲料或其他有机物分解产生，对人和牛有直接毒害作用，阻碍正常生理过程。不良的气味还会影响人的感觉、情绪和工作效率，从而使生产受到影响。

1. 氨（NH_3）

（1）特性：相对分子质量为17.03，相对密度为0.593，容积为1 316毫升/毫克，有刺激性臭味。在水中的溶解度高，0℃时1升水可溶解907克氨，牛舍中氨常被溶解而吸附于潮湿地面、墙壁以及人和牛的黏膜、结膜上。牛舍中的氨是含氮有机物，由粪尿、垫草等分解产生。饲喂过量非蛋白氮时，牛嗳气排出的氨量也增加。

（2）对牛的影响：氨溶解在牛的黏膜、结膜上，会引起黏膜充血、水肿，刺激黏膜使其分泌物增多，引起流泪、喷嚏、咳嗽，浓度高时引起眼结膜炎、鼻炎、气管炎、肺炎和中枢神经麻痹。吸入肺部，经肺泡进入血液，与血红蛋白结合，破坏血液的运氧功能，引起氨中毒。浓度小、作用时间短时则变成尿素排出体外，低浓度氨长期作用，会使牛的体质变弱，抗病力降低，采食量、日增重、生产力下降，引起慢性中毒，不易被发现，危害极大。

（3）限量要求：牛舍空气中氨的限量为20毫克/米^3，舍内氨浓度大，细菌就多，影响生产和饲料报酬。持续时间越长，对健康影响越大。

2. 硫化氢（H_2S）

（1）特性：由含硫有机物质分解产生，如牛采食蛋白质含量高的饲料，或消化不良时由肠道排出大量硫化氢。硫化氢无色、易挥发、恶臭、易溶于水，相对分子质量为34.09，在标准状态下1升的重量为1.526克。相对密度大，为1.19，愈接近地面浓度愈高。

（2）对牛的影响：硫化氢与钠离子结合生成硫化钠，对黏膜产生刺激，引起眼炎、流泪、角膜混浊、畏光、鼻炎、气管炎；与三价铁结合，影响细胞氧化过程，使组织缺氧，浓度过高引起呼吸中枢麻痹，使牛窒息死亡。长期处于低浓度硫化氢的空气环境中，牛体质变弱，抗病力降低，给生产造成损失。浓度为20毫克/千克时，牛丧失食欲，表现神经质。

（3）限量要求：生产中，为确保牛的健康，牛舍空气中硫化氢限量为8毫克/米^3。

3. 二氧化碳（CO_2）

（1）特性：二氧化碳无色、无臭、略带酸味，相对分子质量为44.01，相对密度为1.524。标准状态下每升重量为1.98克，容积为0.509毫升/毫克。牛舍中的二氧化碳不易引起牛中毒，一般用作间接环境指标，二氧化碳含量多说明通风换气不良，各种污染的气体含量多。

（2）对牛的影响：长期处于高二氧化碳环境中，会造成牛抗病力下降，生活力下降，继发各种疾病。常见于封闭过严的犊牛舍。

（3）限量要求：牛舍空气中二氧化碳限量为1 500毫克/米^3。

不同生理阶段的牛对有害气体的适应性不同，为此应有不同的限量要求。不同生理阶段牛舍有害气体限量要求见表2-2。

表2-2　牛舍中有害气体限量要求

项目	二氧化碳（毫克/米^3）	氨（毫克/米^3）	硫化氢（毫克/米^3）
成年牛舍	1 500	20	8
犊牛舍	120	10~15	5~8
育肥牛舍	1 500	20	8

（二）牛舍有害气体控制

首先，应及时清除牛舍内的粪尿，尽量减少粪尿在牛舍内分解，保持牛舍内空气干燥。氨和硫化氢都易溶于水，舍内潮湿时，会因被溶解而附着在物体上，如牛舍内温度降到零点以下，水汽将在舍内墙壁、天棚处凝结，造成氨和硫化氢大量溶解。当牛舍内变得干燥，温度升高时，它们又挥发出来，污染空气，如舍内保持适宜的温度和湿度，合理的通风，就能防止有害气体的污染。舍内空气湿度对有害气体的影响见表 2-3。

表 2-3　舍内空气湿度对有害气体的影响

相对湿度（%）	二氧化碳（%）	氨（毫克/升）	硫化氢（毫克/升）
88	0.32	0.51	0.017
86.4	0.25	0.22	0.014
75.4	0.13	0.008 8	0.005

其次，保证良好的通风换气。可采取自然通风或机械通风。敞开式牛舍夏季一般采用自然通风，夏季牛舍四周的卷帘拉起后，封闭式牛舍就变成棚室牛舍，自然通风效果好；冬季利用风机进行机械通风，减少有害气体对牛的危害。

四、其他指标控制

（一）光照

1. 牛舍光照要求　光照对保持牛体生长发育和健康有十分重要的意义。阳光中的紫外线具有强大的生物效应，紫外线照射牛体皮肤，可使皮肤和皮下脂肪中的 7-脱氢胆固醇转变为维生素 D_3，有利于日粮中钙、磷的吸收和骨骼的正常生长和代谢。此外，紫外线具有强烈的杀灭细菌等有害微生物的作用，对牛舍进行阳光照射，可达到消毒的目的，也可增加牛体血液中红、白细胞数量，一定的阳光照射还可引起中枢神经相应部分的兴奋，对肉牛繁殖性能和生产性能有一定的作用。适当的光照，可使育肥肉牛采食量增加，日增重得到明显改善。但应注意到普通（钠）玻璃可阻止紫外线穿入。

一般要求牛舍的采光系数为1:16，犊牛舍为1:(10~14)。简单地说，为保持采光效果，窗户面积应接近于墙壁面积的1/4。

2. 牛舍光照控制 建设牛舍时应充分考虑牛舍走向。舍饲的双排肉牛舍可采取南北走向，使每排牛每日均有阳光照射的机会。其优点是两排牛床的温度变化相接近，日增重均匀；缺点是夏天舍内较热，不利于防暑。东西走向的牛舍，可增加采光系数，尽可能使阴面牛床获得光照，优点是有利于夏天防暑，但冬天南排牛床较北排温度高，造成两排饲喂效果有差别。合理设计可避免该现象的发生。如采用钟楼式或半钟楼式设计时，调整牛舍后墙高度和钟楼的高低，可达到采光的最优效果。

(二) 气流(风)

1. 牛舍气流要求 空气流动就是风，是由于空气气压不同而形成的，即牛体散热使周围一层空气加热而上升，再由其他冷空气流进。气流有利于肉牛体的散热。适当空气流动可以保持牛舍空气清新，维持牛体正常的体温。在炎热的条件下，气温低于皮温时，气流有利于对流散热和蒸发散热，因而对肉牛有良好的作用。冬季，气流会增强肉牛的散热，加剧寒冷的有害作用。气流能保持舍内空气组成均匀。即使在寒冷的气候条件下，舍内保持适当的气流，不仅可以使空气的温度、湿度和化学组成保持均匀一致，而且有利于将污浊的气体排出舍外。但要防止气流形成贼风，以免肉牛体局部受冷，引起关节炎、神经炎、冻伤、感冒等疾病。

牛舍内气流速度以0.2~0.3米/秒为宜，犊牛舍气流速度取低值，其他牛舍可取高值。气温超过30℃时，气流速度可提高到0.9~1米/秒，以加快降温。

2. 牛舍气流控制 牛舍气流的控制及调节，除受牛舍朝向与主风向进行自然调节以外，还可人为进行控制。如夏季通过安装电风扇等设备改变气流速度，冬季寒风袭击时，可适当关闭门窗，牛舍四周用篷布遮挡，使牛舍空气温度保持相对稳定，减少牛只呼吸道、消化道疾病。

（三）噪声

1. 牛舍噪声要求 自然界的声音无处不在，当声音过大、持续时间过长、超过一定限度时，就成为噪声。噪声从生物学观点看，凡是人们不需要的，令人烦躁的声音，统称为噪声。从物理学观点看，噪声是指频率杂乱无章，没有规律的声音。噪声强度用声级表示，声级的单位是贝尔，1/10 贝尔称作一分贝。牛舍内的噪声可由外界传入，如飞机、汽车、拖拉机、雷鸣等的声音；舍内机械产生，如风机、真空泵、除粪机、喂料机等；肉牛本身产生，如鸣叫、走动、采食、争斗等。

噪声可影响肉牛的反刍、休息和采食，进而影响牛的繁殖、生长、增重和生产力，并能改变牛的行为，最终影响生产性能的发挥。

牛舍噪声要求控制在 75 分贝以下。一般白天不超过 75 分贝，夜间不超过 50 分贝即可。

2. 牛舍噪声控制 生产实际中，噪声总是不可避免的，当噪声不大时，一般不必多虑，当噪声过大，如达到 75 分贝以上时，应隔离噪声。首先，牛场选址远离噪声源。其次，采用噪声控制装置。目前生产中常在房间表面装吸声材料，一类是多孔材料，如玻璃棉、泡沫塑料等；另一类是共振吸音结构或装消音器，如微孔板消音器，或采用隔声罩，或在振动源和它的基础间安装弹性隔振结构如装减振器等。再次，在牛场采用隔声屏障，如用白桦树和松林带间种数行效果最好。

（四）灰尘与微生物

1. 灰尘

（1）牛舍灰尘要求：牛舍内的灰尘，由大气带进一部分，大部分是由饲养管理工作引起的。如打扫牛圈，分发干草，粉碎饲料，翻动垫草，都会使灰尘大量增加，尤其是封闭舍中，灰尘含量很高。

牛舍中的灰尘对牛的影响很大。如果大量灰尘落在眼结膜上，会引起灰尘性结膜炎。大于10微米的灰尘，一般被阻留在鼻腔，5~10微米灰尘可达支气管，5微米以下可达细支气管。灰尘中夹杂的病原微生物能引起上呼吸道系统感染。灰尘落在牛体表，可与皮脂腺的分泌物、细毛、皮屑及微生物混在一起，黏结在皮肤上，使皮肤发痒以致发炎，引起皮脂腺、汗腺堵塞，皮肤变得干燥脆弱，体热调节被破坏，影响增重和产肉。

生产中对灰尘的表示方法有：一是可吸入颗粒物（PM_{10}），即空气动力学当量直径小于10微米的颗粒物；二是总悬浮颗粒物（TSP），即空气动力学当量直径小于100微米的颗粒物。一般要求牛舍内每立方空气中PM_{10}应小于2毫克，TSP应小于4毫克。

（2）牛舍灰尘控制：为减少灰尘，可在牧场周围种植防护林带，场内种树、作物或牧草；粉碎饲料和干草，或堆放干草的场地都要远离厩舍，饲喂时动作要轻；清扫牛舍，翻动和更换垫草，要求牛不在舍内时进行，特别是发霉干草、秸秆的翻动，会使大量霉菌孢子在空气中飞散，严重影响牛与工作人员的健康，以至患上难以治疗的霉菌性肺炎；要保证畜舍内通风性能良好，进气管可安装除尘器；尽可能利用避免尘埃的先进工艺、材料和设备。

2. 微生物 空气本身对微生物的生存是不利的，因为空气一般比较干燥，同时缺乏营养物质，而且太阳光线中的紫外线具有杀菌能力，但是空气中如夹杂着大量的水滴和灰尘，微生物可附着在它们上面而生存，所以空气中微生物的数量同灰尘的多少直接相关。牛舍中的微生物随空气中灰尘的增多而增加。牛舍中的微生物远比大气中多，其主要原因是，牛舍内有机性灰尘多，有利于微生物的附着、繁殖和生长。牛舍空气中微生物的来源，除灰尘外，还有牛粪便的蒸发、被毛的散失等。如牛的喷嚏产生大量飞沫和水滴，经蒸发后，留下较小的滴核，直径仅 1~2 微米，重量轻，能长期悬浮在空气中，滴核由唾液中的黏液素、蛋白质和盐类组成。因此，微生物能附着在滴核内并有蛋白质和黏液保护，不容易受到干燥空气和其他因素的影响，故能长期生存。这些滴核能进入支气管的深处和肺泡，对人和牛的危害都很大。生产过程往往产生大量的灰尘，微生物的量相应也增多。据测定在一般情况下，每立方米空气有 100 万个细菌。工作时则有 1 000 万~1 400 万个细菌，高出 10 倍以上。

灰尘上附着的微生物可传播疾病。病原微生物附着在灰尘上对牛造成的传染，叫灰尘性传染。附着在飞沫上的传染，叫飞沫性传染。牛粪便等排出物，干燥后经践踏、风吹或扫动，病原微生物会随灰尘飞扬起来，能飘到很远的地方，造成远距离的传染。如肺结核、牛的传染性胸膜炎以及呼吸道系统疾病的传染，主要是通过飞沫传播感染的。例如一头患结核病的牛可迅速使全舍牛受到污染。

预防微生物对生产的危害，应尽量减少牛舍内的灰尘和飞沫，尤其是全封闭式牛舍，牛头数多，密度大时更应注意。要建立严格的防疫制度，定期进行防疫注射，最好采用全进全出制，即使是粗放条件下饲养，也能采用全进全出制，这样可进行全面消毒，便于饲养管理。

第二节　生态肉牛场场址的选择与布局

一、环境要求

（一）场址要求

确保牛场不污染周围环境，周围环境也不污染牛场环境。肉牛场应建在地势高燥、通风和排水良好、易于组织防疫的地方，场区周围 1 000 米以内无大型化工厂、采矿厂、皮革厂、屠宰场、畜禽及其产品交易市场，距离干线公路、铁路、城镇、居民区和公共场所及养殖场 500 米以上。

（二）土壤质量

土壤环境质量应符合 GB 15618—2008《土壤环境质量标准》的规定。

（三）水质要求

水源充足，水质符合 NY 5027—2001《无公害食品畜禽饮用水水质标准》的规定。

（四）空气质量

场区环境空气质量符合 GB 3095—2012《环境空气质量标准》的规定。

二、场址选择

生态肉牛场是肉牛生活的小环境，也是肉牛的生产场所和生态化生产无公害牛肉的基础，健康牛群的培育依赖于防疫设备和措施完善的肉牛场。

（一）场址选择原则

（1）符合肉牛的生物学特性和生理特点。

（2）有利于保持牛体健康。

（3）能充分发挥其生产潜力。

（4）最大限度地发挥当地资源和人力优势。

（5）有利于环境保护。

（6）能保障安全环境。

根据上述原则，最大限度地满足上述要求进行选址是事关肉牛场经济效益的头等大事。

（二）场址选择依据

1. 地理位置与交通条件　为了保护人类赖以生存的环境，最大限度地降低牛场废弃物带来的污染，尽可能减少由此对人类造成的危害，避免人畜共患病的交叉传播，同时防止居民区对肉牛场的干扰，如居民生活垃圾中的塑料膜、食品包装袋、腐烂变质食物、生活垃圾中的农药等造成牛的中毒，带病菌的宠物传染疾病，生活噪声影响牛的休息和反刍等。因此，肉牛场应选择在居民点的下风向，径流的下方，距离居民点 500～1 000 米，其海拔不得高于居民点。为避免居民区与肉牛场的相互干扰，可在两地之间建立树林隔离区。

便利的交通是牛场对外进行物质交流的必要条件，但在距公路、铁路、飞机跑道过近的地方建场，交通工具所产生的噪声会影响牛的休息与消化，人流、物流频繁过往也易传染疾病，所以牛场应选择距离主要交通干线 500 米以上，距离一般交通线 200 米，便于防疫。

2. 地形与地势　地形与地势是指地面高低起伏的状况。场地应选择地势高燥、避风、阳光充足的地方，这样的地形地势可防潮湿，有利于排水，便于牛体生长发育，防止疾病的发生。与河岸保持一定距离，特别是在水流湍急的溪流旁建场时更要注意。一般要高于河岸，最低应高出当地历史洪水线以上。其地下水位应在 2 米以下，即最高地下水位需在青贮窖底部 0. 5 米以下，这样的地势可以避免雨季洪水的威胁，减少土壤毛细管水上升而造成的地面潮湿。要向阳背风，以保证场区小气候温热状况能够相对稳定，减少冬春季风雪的侵袭，特别是要避开西北方向的风口和长形谷地。牛场的地面要平坦稍有坡度（<2.5%），以便排水，防止积水和泥泞。地面坡度以1%~3%较为理想，最大坡度不得超过25%，总坡度应与水流方向相同。山区地形变化大，可酌情而定。但要避开悬崖、山顶、雷击区等地。场区面积可根据规模、饲养管理方式、饲料储存和加工等来确定。要求布局紧凑，地形应开阔整齐，尽量少占地，并留有余地为将来发展。牛场过于狭长和边角太多时，不利于布局整个牛场，使防护设施费用增加。

3. 土壤　根据土壤特性，将土壤分为沙土、黏土和沙壤土。沙土透气性好，吸湿性差，透水能力强，易导热，热容量小，毛细管作用弱，故易保持干燥，不利于细菌繁殖，但昼夜温差大，不利于牛体温的调节。黏土透气性差，吸湿性好，吸水能力强，不易导热，热容量大，毛细管作用明显，此类土壤的牛舍和运动场内潮湿、泥泞，不利于牛健康，但昼夜温差小，有利于牛体温的调节。沙壤土介于沙土和黏土之间，透气透水性强，毛细管作用弱，吸湿性小，导热性小，这样场址内较干燥，地温较恒定，是较理想的土壤。

生态肉牛场场址选择的土壤应符合土壤环境质量标准，见表2-4。

表2-4　肉牛场土壤环境质量要求

（单位：毫克/千克）

项目			pH值<6.5	pH值6.5~7.5	pH值>7.5
镉		≤	0.30	0.60	1.0
汞		≤	0.30	0.50	1.0
砷	水田	≤	30	25	20
	旱地	≤	40	30	25

续表

项目		pH 值<6. 5	pH 值 6. 5~7. 5	pH 值>7. 5
铜	农田等≤	50	100	100
	果园 ≤	150	200	200
铅	≤	250	300	350
铬	水田 ≤	250	300	350
	旱地 ≤	150	200	250
锌	≤	200	250	300
镍	≤	40	50	60
六六六	≤	0. 50		
滴滴涕	≤	0. 50		

注：重金属和砷均按元素量计，其标准值为表内数值的半数；六六六为四种异构体总量，滴滴涕为四种衍生物总量；水旱轮作地的土壤环境质量标准，砷采用水田值，铬采用旱地值。

4. 水源　水量充足，能满足牛场生产、生活用水，并应考虑防火和未来发展的需要，肉牛场需水量按成年牛当量计算，每头成年肉牛每日耗水量为 45~60 千克；水质良好，不经处理即能符合饮用标准的水最为理想，此外，在选择时要调查当地是否因水质不良而出现过某些地方性疾病等；便于防护，以保证水源水质经常处于良好状态，不受周围条件的污染；取用方便，设备投资少，处理技术简便易行。

可供肉牛场选择的水源有三类，即地表水、地下水和雨水，江、河、湖、水库等为地表水。地下水最为理想，地表水次之，雨水易被污染，最好不用。

（1）地表水的环境质量标准：见表 2-5。

表 2-5　绿色食品产地农田灌溉水中各项污染物的浓度限值

（单位：毫克/升）

项目	指标	项目	指标
pH 值	5.5~8.5	总铅	0.1
总汞	0.001	六价铬	0.1
总镉	0.005	氟化物	2.0
总砷	0.05		

（2）饮用水质卫生标准：见表 2-6、表 2-7、表 2-8。

表 2-6　畜禽饮用水中农药限量指标

（单位：毫克/升）

项目	限值	项目	限值
马拉硫磷	0.25	林丹	0.004
内吸磷	0.03	百菌清	0.01
甲基对硫磷	0.02	甲萘威	0.05
对硫磷	0.003	2，4-D	0.1
乐果	0.08		

表 2-7　绿色食品产地畜禽养殖用水各项污染物的浓度限值

（单位：毫克/升）

项目	标准值	项目	标准值
色度	15 度，无异色	氰化物	0.05
混浊度	3 度	总砷	0.05
臭和味	无异臭、异味	总汞	0.001
肉眼可见物	不得含有	总镉	0.01
总大肠菌群	3（个/升）	六价铬	0.05
总铅	0.05	细菌总数	100（个/毫升）
氟化物	1.0	pH 值	6.5~8.5

表 2-8　畜禽饮用水水质标准

	项目	标准值
感官性状及一般化学指标	色（度）	不超过 30
	混浊度（度）	不超过 20
	臭和味	不得有异臭、异味
	肉眼可见物	不得含有
	总硬度（以 $CaCO_3$ 计，毫克/升）	≤1 500
	pH 值	5. 5~9
	溶解性总固体（毫克/升）	≤4 000
	氯化物（Cl^-计，毫克/升）	≤1 000
	硫酸盐（SO_4^{2-} 计，毫克/升）	≤500
细菌学指标	总大肠菌群（个/升）	成年畜 100，幼畜 10
毒理学指标	氟化物（以 F^-计，毫克/升）	≤2. 0
	氰化物（毫克/升）	≤0. 2
	总砷（毫克/升）	≤0. 2
	总汞（毫克/升）	≤0. 01
	铅（毫克/升）	≤0. 1
	六价铬（毫克/升）	≤0. 1
	镉（毫克/升）	≤0. 05
	硝酸盐（以 N 计，毫克/升）	≤30

（3）畜禽产品加工用水：见表 2-9。

表 2-9　畜禽产品加工用水

	指标	卫生要求
感官和一般化学指标	色度	不得超过 20 度，并不得呈现其他异色
	混浊度	不得超过 10 度
	臭和味	不得有异臭、异味
	肉眼可见物	不得含有
	总硬度（以 $CaCO_3$ 计，毫克/升）	≤550

续表

指标		卫生要求
毒理学指标	氟化物（毫克/升）	≤1.2
	氰化物（毫克/升）	≤0.05
	总砷（毫克/升）	≤0.05
	总汞（毫克/升）	≤0.001
	总铅（毫克/升）	≤0.05
	六价铬（毫克/升）	≤0.05
	总镉（毫克/升）	≤0.01
	硝酸盐（以N计，毫克/升）	≤20
微生物指标	总大肠菌群（CFU/100毫升）	≤10
	粪大肠菌群（个/100毫升）	≤0

注：CFU为菌落形成单位，指单位体积中的活菌个数。

5. 饲草料来源 饲草料的来源，尤其是粗饲料，决定着牛场的规模。一般应考虑5 000米半径内的饲草料资源，距离太远经济不合算；根据有效范围内年产各种饲草、秸秆总量，减去原有草食家畜消耗量，剩余的富裕量便可决定牛场规模。粗饲料产量及各种牛用草量分别见表2-10、表2-11。

表2-10 粗饲料年产量（风干物，千克/公顷）

种类	籽实产量	秸秆产量
玉米	4 500	6 750~7 500
玉米	9 000	10 500~13 500
谷子	4 500	6 000~6 750
麦类	4 500	4 500~5 250
水稻	6 000	6 000~6 750
豆类	3 000	3 000~3 750

表 2-11　中等体形各年龄段牛用草、料计算（风干物，千克/年·头）

种类	精饲料	粗饲料	备注
育肥成年牛	1 500	3 000~3 500	以平均日增重 1.2 千克计算
育肥育成牛	700	2 000~2 300	6~18 月龄平均
犊牛	400	400~500	0~6 月龄平均
母牛	700	3 200~3 700	包括哺犊与妊娠母牛平均

6. 其他　生态肉牛场场址必须符合兽医卫生要求，一般不宜在旧养殖场建场，以避免毁灭性传染病的发生。牛场周围不应有污染严重的化工厂、屠宰厂、制革厂、制药厂、牲畜贸易市场等（距离大于 3 000 米）；以放牧为主的肉牛场，其牧道不得与主要交通线、铁路等交叉，以确保行走安全。

三、规划与布局

（一）肉牛场规划原则

肉牛场的规划和布局应本着因地制宜和科学管理的原则，以整齐、紧凑、提高土地利用率和节约基建投资，经济耐用，有利于生产管理和便于防疫、安全为目标。做到各类建筑布置合理，符合发展远景规划；符合牛的饲养、管理技术要求；放牧与交通方便，以便运输草料和牛粪及适应机械化操作要求；遵守卫生和防火要求。具体要求如下：

（1）各类建筑合理配置，协调一致，要符合发展远景规划的布局。

（2）符合牛的饲养管理技术要求。

（3）配置牛舍及其他房舍，要考虑交通便利，以便于给料给草、运输牛和粪及适应机械化工作的要求。

（4）各类建筑物要符合防疫卫生和防火的要求：宿舍距离

牛舍50米以上；牛舍之间应相隔；应有良好的供水、排水设备及绿化区；舍内配置应考虑兽医卫生要求；牛舍内的运粪口应通运动场，或设在牛舍的一端，不可与运草料共用一个出口。

（5）兽医室及病牛隔离室要建在下风头，并有围墙隔开。

（6）运动场距离牛舍6~8米，运动场四周应植树绿化，以防风、防暑。每头成年牛可按18~20平方米、幼牛按15平方米计算运动场的面积。

（7）人工授精室设在牛场的一侧，距离牛舍50米以上。

（二）平面布局

肉牛场的平面布局应周密考虑，根据牛场全盘规划来安排。肉牛场按功能可分：生活管理区、生产区和隔离区。功能区间距不少于50米，并有防疫隔离带或墙。分区规划首先从人畜保健的角度出发，使区间建立最佳生产联系和环境卫生防疫条件来合理安排各区位置，考虑地势和主风方向进行合理分区（图2-1、图2-2）。

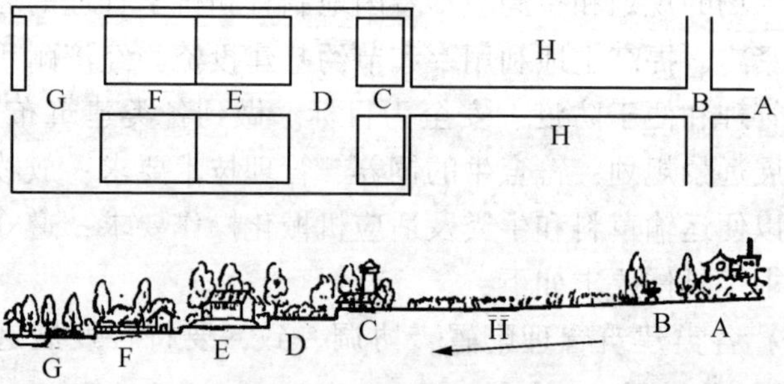

图2-1　牛场规划与布局示意图

A. 村镇　B. 公路支线　C. 牛场管理及生活区　D. 绿地　E. 干草、青贮、饲料加工区　F. 牛养殖区　G. 粪场、化粪池、病牛隔离区　H. 田野（注：箭头为风与径流流向）

图 2–2　肉牛场布局效果图

1. 生活管理区　生活管理区设在场区常年主导风向上风向及地势较高处，主要包括生活设施、办公设施、与外界接触密切的生产辅助设施，并设主大门。

2. 生产区　生产区是肉牛场的核心，应设在场区中间，主要包括牛舍与有关生产辅助设施。对生产区的规划布局应给予全面细致的考虑。肉牛场经营如果是单一或专业化生产，对饲料、肉牛舍以及附属设施也就比较单一。在饲养过程，应根据牛的生理特点，对肉牛进行合群、分舍饲养，并按群设运动场。饲料的供应、贮存、加工调制是肉牛场的重要组成部分，与之有关的建筑物，其位置的确定，必须兼顾饲料由场外运入，再运到肉牛舍进行分发这两个环节。与饲料运输有关的建筑物，原则上应规划在地势较高处，并应保证防疫卫生安全。

饲料库和饲料加工车间设在生产区与生活区之间，应方便车辆运输。草场设置在生产区的侧向。草场内建有青贮窖池、草垛等，有专用通道通向场外。草垛距房舍 50 米以上。牛舍一侧设饲料调制间和更衣室。

3. 隔离区 隔离区设在场区下风向或侧风向及地势较低处，主要包括兽医室、隔离牛舍、储粪场、装卸牛台和污水池。兽医室、隔离牛舍应设在距最近牛舍100米以外的地方，并设有后门。

除此之外，场内道路应分净道和污道，两者严格分开，不得交叉、混用。净道路面宽度不小于3.5米，转弯半径不小于8米。道路上空净高4米内没有障碍物。

第三节 生态肉牛场牛舍建筑

庭院式生态肉牛舍的建造比较简单，农户饲养规模在10头左右的小规模生态肉牛养殖，可在庭院内建造牛舍饲养。牛舍位置要建在庭院内地势高且干燥、排水良好的地方，建筑面积依据养牛规模，以饲养每头能繁母牛需牛舍占地面积8~10平方米、生长育肥牛7~8平方米的标准确定。牛舍类型根据气候条件和农村庭院养殖模式，建造单列式的半开放（砖、石墙或木围栏，房顶盖瓦）结构的牛舍比较适合。规格大致为：牛舍的跨度约4米，靠庭院的前檐高度约2.8米，后墙高约2.5米。四周为半截砖墙或木围栏，靠庭院的前墙（围栏）高约1.5米，其余三面高2~2.5米。牛舍地面向排粪沟倾斜2°左右。料槽和水槽设在前墙或便于饲喂的地方。牛舍后墙外设排粪沟，便于清除粪便和排水。

现代规模化生态肉牛场的建造技术如下。

一、牛舍类型

在生产中，牛舍类型多种多样，各地肉牛场可根据当地实际情况选择不同类型的牛舍。

（一）按屋顶结构分类

1. 钟楼式 钟楼式屋顶（图2-3）可使牛舍通风透光性好，

夏季防暑效果好，但不利于冬季防寒保温，同时构造复杂，造价高。此种形式适合于高温高湿地区。

图 2-3　钟楼式牛舍

2. 半钟楼式　在屋顶向阳面设有“天窗”，一般背阳面坡较长，坡度较大；向阳面坡短，坡度较小（图 2-4）。对舍内采光、防暑优于双坡式牛舍。其采光面积决定于天窗的高矮、窗面材料和窗的倾斜角度。夏天通风较好，但寒冷地区冬季不易保温。

图 2-4　半钟楼式牛舍

3. 圆拱式　圆拱式通常屋顶为圆拱状，由三面墙组成，南面打开。

图 2-5　圆拱式牛舍

4. 单坡式　单坡式牛舍通常多为单列开敞式饲养舍，由三面围墙组成，南面打开，肉牛舍内设有料槽和走廊，在北面墙上设有小窗（图 2-6）。采光、空气流通好，造价低。但温度和湿度不易控制，常随外界环境温度和湿度变化而改变。单坡式牛舍适于冬天不太冷的区域。

图 2-6　单坡式牛舍

5. 双坡式　双坡式牛舍（图2-7）设计、建造简单，相同规模下较单坡式节省投资和占地面积，适用性强。南方地区多建为敞篷式双坡式牛舍，在北方地区多建为封闭式或半封闭式双坡式牛舍。

图2-7　双坡式牛舍

（二）按四周墙壁封闭程度分类

1. 封闭式　封闭式牛舍（图2-8）四面有墙和窗户，顶棚全部覆盖，保温性能好，但通风换气能力、采光性能不及棚舍式，适宜于气温在26℃以下至-18℃以上的北方。

图2-8　封闭式牛舍

2. 半封闭式 半封闭式牛舍（图 2-9）三面有墙，向阳一面敞开，有部分顶棚，在敞开一侧可设围栏，水槽、料槽设在栏内，肉牛散放其中。半封闭式牛舍造价低，节省劳动力，但寒冷冬季防寒效果不佳。

图 2-9 半封闭式牛舍

3. 开放式 开放式牛舍（图 2-10）四面无墙和窗户，顶棚全部覆盖，通风换气能力、采光性能良好，但保温性能差，适宜于南方地区。

图 2-10 开放式牛舍

4. 棚舍式 棚舍式牛舍（图 2-11）适宜气候较温和的地

区，四边无墙只有房顶，形如凉棚，通风良好。多雨地区食槽可设在棚舍内。冬季北风较大的地区可在北面、东面、西面安装活动挡板墙，以防寒风侵袭；夏季将挡风装置撤除，以利通风。寒冷地区也可在北面及两侧设有门窗，冬季关上，夏季打开。

图 2-11　棚舍式牛舍

（三）按牛床列数分类

1. 单列式　单列式牛舍（图 2-12）适于小型肉牛养殖场，通风性能好，便于防疫。但占地面积相对于双列式要大，且不利于机械化操作。

图 2-12　单列式牛舍

2. 双列式 双列式牛舍（图 2-13）可节省建筑费用，也便于机械化操作，适宜于大型肉牛场、育肥牛舍、成母牛舍等，但同样情况下，通风性能不及单列式牛舍，也不便于预防传染病的传播。

图 2-13 双列式牛舍

（四）按牛生理阶段分类

根据牛生理阶段，又可将牛舍分为成年母牛舍、产房、犊牛舍、育成牛舍、育肥牛舍等。

二、建筑要求

（一）设计原则

（1）根据各地区全年的气温变化和牛的品种、用途、性别、年龄确定。

（2）因陋就简，就地取材，经济实用。

（3）符合兽医卫生要求。

（4）舍内干燥、保温，地面不透水、不滑。

（5）供水充足，污水及粪尿能排净，舍内清洁卫生。

(6) 要有一定数量和大小的窗户，保证阳光能射入。

(二) 建筑要求

1. 牛舍基础　牛舍基础包括地基和墙基。地基应为坚实的土层，具有足够的强度和稳定性，压缩性和膨胀性小，抗冲刷力强，地下水位在2米以下，无侵蚀作用。墙基指墙埋入土层的部分，是墙的延续，墙基要坚实，牢固，防潮、防冻、防腐蚀，比墙体宽10~15厘米。

2. 墙体　用普通砖和砂浆修建，厚度为25~37厘米，要设0.5~1.0米的墙裙，墙根地面向外有0.5米的滴水板，适当向外斜。南方用25墙，北方用37墙。墙厚时可增加防暑防寒能力，且能以墙代柱，改善舍内外整齐度，易消毒，但造价较高。

3. 地面　舍内地面要高出舍外20~30厘米，出入口采取坡道连接，不设台阶和门槛。地面有土地面、立砖地面、水泥地面、石头地面等。土地面不易清粪，不便消毒；立砖地面保温性能优于水泥，但不如水泥结实，宜作犊牛舍地面；水泥和石头地面结实耐用，便于消毒和冲洗，但保温性能差，地面有水时不防滑。成年牛舍一般常用水泥地面，用水泥地面要压上防滑纹(间距小于10厘米，纹深0.4~0.5厘米)（图2-14），以免牛滑倒，引起不必要的经济损失。

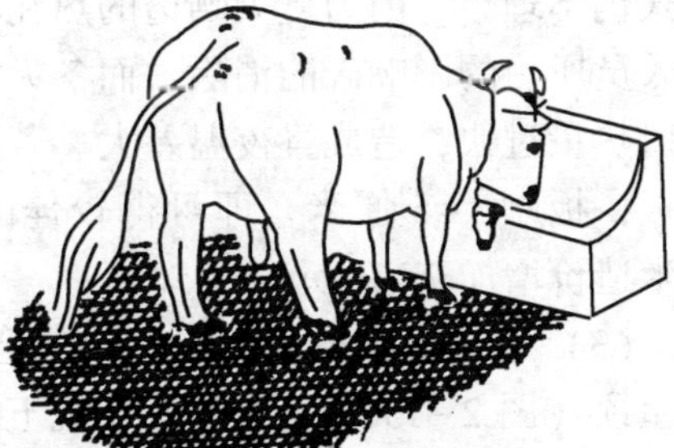

图2-14　牛床地面防滑纹

4. 屋顶　屋顶用于防雨雪、防风吹日晒，斜度应在25°~35°，降水较多时，斜度应大；较少时，斜度要偏小。肉牛舍的屋顶，以隔热性能好，便于消毒且造价低为宜。

(1) 砖券屋顶：常见的有砖石券顶加短的飞檐，这种结构节省木料、造价低、隔热性能好，可起到冬暖夏凉的作用，但其跨度受砖石硬度的限制。普通砖为材料时，跨度在5米以内为安全；超过5米，则要选用硬度大，抗压强度高的材料，如耐火砖、石块等。石块必须整形后才可靠，因而石块的造价较高，用耐火砖券，水泥灌缝，其跨度可达10米以上，但必须注意安全，应严格按建筑材料力学，决定相应的屋顶弧度、厚度和相配的厩舍钢筋水泥框架及每隔3米的拉杆的粗细与强度。一般跨度小的单列（单排）式牛圈采用券顶较为实用，见图2-15a。

（2）水泥瓦屋顶：比较经济的是轻质屋顶，采用钢架水泥瓦等材料（图2-15b），其造价低，但此种屋顶隔热性能差，使得冬天室温较低，而夏天太阳易晒透，瓦内温度往往达到50℃以上，热辐射使整个室温上升，使喜凉厌热的肉牛感到不适，甚至加深热应激；若采用双坡不对称气楼式屋顶，则可明显增加空气的自然对流、降低白天的室温，到冬天时关闭气窗阻止了对流，白天透过气窗的玻璃可射入阳光，使室温提高。但单采取气楼式仍不理想，因为夏天晒透的热瓦辐射使舍内地面、牛体、工作人员所受的影响未能消除，而冬天太阳落山后则通过瓦面向外辐射热量过快，造成昼夜温差大。若在水泥瓦下面衬垫工程硬海绵板，板厚3~5厘米，即可得较佳的保温隔热效果，不过每平方米造价增加7~10元。

（3）工程塑料屋顶：采用全工程塑料弧形轻质瓦顶或玻璃钢屋顶（图2-15c），可得到外观五彩缤纷，清静艳丽的效果，舍内整体消毒也方便。由于这些材料半透光，可大大改善舍内光照，使白天舍内明亮，冬天舍温明显提高，昼夜温差较小，但夏天烈日下，舍内温度偏高。这类屋顶只适合于纬度较高、夏季不热的地区。

若采用金字架梁，普通瓦的屋顶造价较高，但其隔热性能优于水泥瓦；采用气楼式效果尚佳。钢筋水泥平顶造价最高，其优点是结实耐用、维修费用少，综合价值是适宜的，但应加衬隔热层。

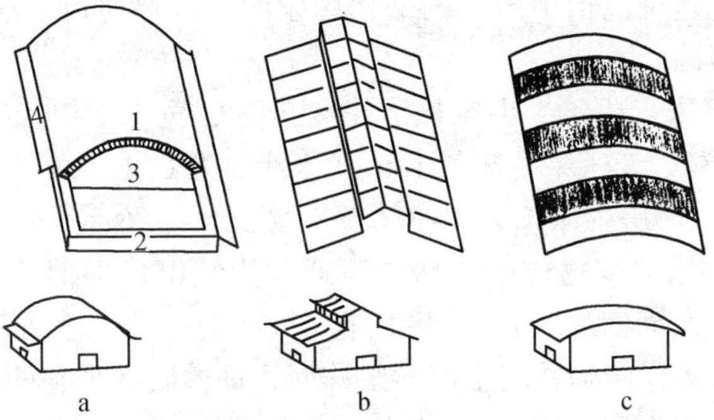

图 2-15 几种肉牛舍屋顶示意图

a. 砖券屋顶 b. 对称气窗（钟楼式）水泥瓦屋顶 c. 工程塑料屋顶

1. 砖券屋顶 2. 框架 3. 拉杆 4. 飞檐

（三）外观设计

1. 高度 以屋檐高计算，一般为 3.5~4.5 米，北方应稍低，南方应稍高，如果为半钟楼式屋顶，后檐比前檐高 0.5 米。

2. 跨度 跨度与牛舍性质、牛床列数以及是否带卧床等有关，成年牛双列式为 12~27 米，架子牛双列式为 10~12 米，单列式产房 5.5~6.8 米。

3. 长度 牛舍长度根据牛场规模、劳动定额、饲养员工作量等多方面考虑，一般每栋牛舍以饲养 60~100 头为宜。当不考虑牛舍内的其他附属建筑时，双排 100 头牛舍的长度为 43~55 米。

4. 窗户 一般要求窗户面积应为墙面积的 1/4 左右，距地面 1.2~1.5 米。

5. 门 门洞高低依墙高和是否使用移动式 TMR 搅拌机而定，一般为 2.0~2.8 米，宽为 1.8~2.2 米。若采用移动式 TMR

搅拌机，舍门高度至少 3 米，宽度至少 3 米。

(四) 舍内设计

舍内建筑包括牛床、饲槽、粪尿沟、饲喂通道、清粪通道、牛栏和颈枷。

1. 牛床 成年牛牛床长 1.6~2.4 米，宽 1.1~1.2 米，坡度为1%~2%。架子牛牛床长 1.6~1.8 米，宽 0.8~0.9 米，坡度为1%~3%。产房牛床长 2.4~3.6 米，宽 2.4~3.6 米。

2. 饲槽 饲槽位于牛床前，通常为统槽。饲槽长度与牛床总宽相等，饲槽底平面高于牛床。饲槽应坚固，表面光滑不透水。饲槽多为砖砌并用水泥砂浆抹面，饲槽底部平整两侧带圆弧形，以适应牛用舌采食的习性。饲槽前壁（靠牛床的一侧）以不妨碍牛的卧息为准，应做成一定弧度的凹形窝。也有采用无帮浅槽，把饲喂通道加高 30~40 厘米，前槽帮高 20~25 厘米（靠牛床），槽底部高出牛床 10~15 厘米。这种饲槽有利于饲料车运送饲料，饲喂省力，采食不“窝气”，通风好。

a　　b　　c　　d

图 2-16　牛常用饲槽种类

a. 下颈链饲槽　b. 走道与饲槽合一　c. 走道与饲槽合一（碗状）　d. 统槽

图 2-16a 所示为下颈链饲槽。图 2-16b 所示为走道与饲槽合一，便于机械化，但牛拱饲草料过远时，得人工扫草回牛跟前；常用于散放饲养的饲喂棚，育成牛、成年牛通用。图 2-16c 所示为走道与饲槽合一，但每头牛跟前砌成碗状，牛不易把草拱出，饲喂较图 2-16b 省工，也可砌成统槽，有利于牛的竞食性，提高

干物质采食量。图 2-16d 为带简易水槽的饲槽。

饲槽尺寸见表 2-12。

表 2-12　饲槽尺寸（单位：厘米）

饲槽类别	槽内（口）宽	槽有效深	前槽沿高	后槽沿高
成年牛	60	35	45	65
育成牛	50~60	30	30	65
犊牛	40~50	10~12	15	35

3. 粪尿沟　粪尿沟位于牛床与清粪走道之间，宽 40 厘米左右，深 10~20 厘米，向排水降口倾斜，坡度 1.5%~2%。当深度超过 20 厘米时，应设漏缝沟盖，以免胆小牛不越或失足时下肢受伤。降口处设下水篦栏。

4. 饲喂通道　饲喂通道是用于饲喂的专用通道，不是使用移动式 TMR 搅拌车的饲喂通道。通道宽度为 1.2~1.8 米，采用移动式 TMR 搅拌车的饲喂通道宽度为 3.8~4.5 米，贯彻牛舍中轴线。

5. 清粪通道　清粪通道处于粪尿沟与牛床之间，实际上与牛床融为一体，一般以能通过农用平车或清粪机械为宜。

6. 牛栏和颈枷　牛栏位于牛床与饲槽之间，和颈枷一起用于固定牛只，正规牛栏由横杆、主立柱、分立柱组成，每两个主立柱间距离与牛床宽度相等，主立柱之间有若干分立柱，分立柱之间距离为 0.10~0.12 米，颈枷两边分立柱之间距离为 0.15~0.20 米。牛用颈枷如图 2-17 所示。

肉牛场牛舍建筑参数因建设地条件、投资规模和气候条件等而异。各地肉牛场应根据实际情况灵活掌握。表 2-13 提供的牛舍建设参数，供参考。

图 2-17　牛用颈枷

表 2-13　肉牛场牛舍建设参数

牛舍类型	跨度	长度	牛舍面积	运动场面积
母牛舍	单列式 7 米；双列式（不带卧床）12 米；双列式（带卧床）27 米	据实际情况而定	8~10 米^2/头	20~25 米^2/头
产房	单列式 5.50~6.80 米；双列式 10~12 米	据实际情况而定	母牛 8~10 米^2/头；犊牛 2~3 米^2/头	20~25 米^2/头
犊牛舍	单列式 7 米；双列式 12 米	据实际情况而定	3~4 米^2/头	5~10 米^2/头
育成牛舍	单列式 7 米；双列式 12 米	据实际情况而定	4~6 米^2/头	10~15 米^2/头
育肥牛舍	单列式 7 米；双列式 12 米	据实际情况而定	拴系饲养 1.5~2 米^2/头；小群饲养 6~8 米^2/头	15~20 米^2/头

第四节　生态肉牛场辅助设施建设

生态肉牛场的辅助性建筑主要是指运动场、草库、饲料库、青贮窖、氨化池等。肉牛场辅助性建筑须建于地势较高、排水通畅、地下水位低的地方。

一、运动场

运动场是牛活动、休息、饮水和采食的地方。一般育肥牛不需要运动场，但繁殖用母牛、育成牛、架子牛等需有运动场。运动场的大小根据牛舍设计的养殖规模而定。此外，带犊母牛运动场一侧应设犊牛补饲栏，内设犊牛用饲槽，与母牛连接的栏高 1 米，两直立栏杆之间，犊牛能顺利通过，母牛不能通过。

运动场应有一定的坡度，以利排水，场内应平坦、坚硬，一般不硬化，或硬化一部分。场内设饮水池、补饲槽、凉棚等。

运动场的围栏高：成年牛为 1.2 米，犊牛为 1.0 米，埋入地下 0.5 米以上。立柱为水泥栏，间隔为 2～3 米，横栏为废旧钢管、木柱等，横栏间隙为 0.3～0.4 米。

二、饲料饲草加工与贮存设施

（一）草库

草库大小根据饲养规模、粗饲料的贮存方式、日粮的精粗比、容重等确定。一般情况下，切碎玉米秸的容重为 50 千克/米^3。在已知容重情况下，结合饲养规模、采食量大小做出对草库大小的粗略估计。用于贮存切碎粗饲料的草库应建得较高，为 5～6 米；草库的窗户离地面也应高，至少为 4 米以上。干草用切草机切碎后可直接喷入草库内，新鲜草要经过晾晒后再切碎，不然可引起草的霉变。草库应设防火门，外墙上设有消防用具，其距下风向建筑物应大于 50 米。

（二）饲料加工场地

饲料加工场地应包括原料库、成品库、饲料加工间等。原料库的大小应能贮存肉牛场 10～30 天所需的各种原料，成品库可略小于原料库，库房内应宽敞、干燥、通风良好。室内地面应高出室外 30～50 厘米，地面以水泥地面为宜，房顶要具有良好的隔热、防水性能，窗户要高，门、窗注意防鼠，整体建筑注意防火等。

（三）青贮窖池

青贮窖池（图 2–18）容积根据饲养规模和采食量而定。青贮贮备量按每头牛每天 20 千克计算，应满足 10～12 个月的需要，青贮窖池按 500～600 千克/米^3 设计容量。

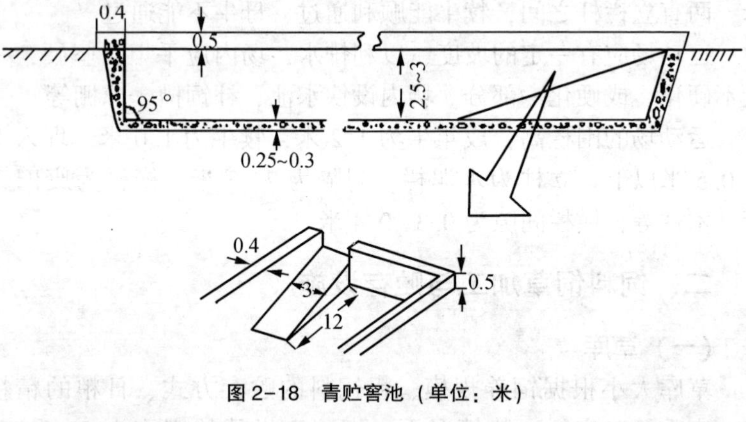

图 2–18　青贮窖池（单位：米）

（四）晾晒场

在夏秋季节，一些多余的天然或人工牧草、农作物秸秆，必须晒干后才可贮存。晾晒场一般由草棚和前面的晒场组成。晾晒场的地面应洁净、平坦，上面可设活动草架，便于晒制干草，草棚为棚舍式。

三、防疫与无害化处理设施

（一）防疫设施

1. 隔离沟　在疫情严重的地区，大型育肥场周围应设隔离沟，沟宽不少于6米，沟深不少于3米，水深不少于1米，最好为有源水，以防病原微生物的传播。

2. 隔离墙　育肥场周围应设隔离墙，以控制闲杂人员随意进入生产区。一般墙高不少于3米，把生产区、办公生活区、饲料存放加工区、粪场等隔离开，避免相互干扰。

3. 消毒池及消毒室　外来车辆进入生产区必须经过消毒池，严防把病原微生物带入场内。消毒池宽度应大于一般卡车的宽度，一般宽为2.5米以上，长度为4~5米，深度为15厘米，池沿采用15°斜坡，并设排水口。消毒室是为外来人员进入生产区消毒用的，消毒室大小根据可能的外来人员数量设置。一般为列车式串联两个小间，各5~8平方米，其中一个为消毒室，内设小型消毒池和紫外线灯。紫外线灯悬高2.5米，悬挂2盏，使每立方米功率不少于1瓦；另一个为更衣室，外来人员应在更衣室换上罩衣、长筒雨鞋后方可进入生产区。

4. 隔离牛舍　隔离牛舍为隔离外购牛或本场已发现的、可疑为传染病的病牛。以上两种牛应在隔离牛舍观测10~15天或以上。隔离牛舍床位数计算是：存栏周期的2倍（以月计）除年均存栏数。例如计划3个月出槽，圈存牛数为200头，则隔离牛舍牛床位数为33头；若计划8个月出栏，则隔离牛舍牛床位数为13头。隔离牛舍应在生产区的下风向50米以外。

5. 道路硬化与绿化　场内主要道路应用砖石或水泥硬化，主道宽6米，岔道为3~4米，主道应承重10吨以上，牛舍间、道路旁应植树、种草等，进行绿化。

（二）粪污无害化处理设施

粪污无害化处理设施主要包括堆肥场和沼气池等设施。

1. 堆肥场 堆肥场地一般应由粪便贮存池、堆肥场地以及成品堆肥存放场地等组成；采用间歇式堆肥处理时，粪便贮存池的有效体积应按至少能容纳6个月粪便产生量计算；场内应建立收集堆肥渗滤液的贮存池；应采取防渗漏措施，不得对地下水造成污染；应配置防雨淋设施和雨水排水系统。

2. 贮存池 贮存池的位置选择应满足HJ/T 81—2001《畜禽养殖业污染防治技术规范》第52条的规定。贮存池的总有效容积应根据贮存期确定。贮存池的贮存期不得低于当地农作物生产用肥的最大间隔时间和冬季封冻期或雨季最长降雨期，一般不得小于30天的排放总量。储存池的结构应符合GB 50069《给排水工程构筑物结构设计规范》的有关规定，具有防渗漏功能，不得污染地下水。对易侵蚀的部位，应按照GB 50046《工业建筑防腐蚀设计规范》的规定采取相应的防腐蚀措施。储存池应配备防止降水进入的措施。贮存池宜配置排污泵。

3. 沼气池（站） 有条件和投资能力的肉牛场，可根据实际情况修建沼气池或沼气站。

四、其他设施

（一）水井和水塔

1. 水井 水井应选在污染最少的地方。若井水已被污染，可采取过滤法去掉悬浮物，用凝结剂去掉有机物，用紫外线净水器杀灭微生物。但用氯和初生态氧杀灭微生物时，对瘤胃消化不利。水中矿物微量元素过量可采用离子交换法或吸附法除去。

2. 水塔 水塔应建在牛场中心，较建在其他地方相比，高度可适当低些，供水效能也高。牛场用水周径100米时，水塔高度不低于 5 米；用水周径 200 米时，水塔高度不低于 8 米。水塔的容积不少于全场 12 小时的用水量，高寒地区水塔应做防冻处理。也可配备相应功率的无塔送水器。供水主管道的直径由满足全场同时用水的需要而定。

（二）消音屏障

牛场选址时因条件限制，无法避开噪声源，或建场后新出现噪声源，造成生产损失时，可在迎噪声方向建立消音屏障，减弱和吸收噪声，使牛场噪声减弱至 60 分贝以下。

噪声的传播基本是直线传播。音障材料分两类：一类是反射噪声，把大部分噪声反射回去，这类音障材料为刚性材料，只要其厚度和整体尺寸不与噪音源共振即可。由于其反射了绝大部分噪声，造成其相反方向的噪声污染，综合效果不佳。反射噪声的材料有金属板、石墙、水泥墙等，砖砌建筑兼有反射和消音的双重功能，不过效果不太理想。另一类材料是吸音（消音）材料，均为柔性疏松性物品，如海绵、纤维板（低密度板）、软木板、草帘、加气砖、矿渣砖等。其中海绵效果最佳，5 厘米厚即达到消音效果，但由于海绵刚性差，须用刚性材料作为骨架制作。用加气砖砌成的隔声墙时，体积较大。简易消音屏障可用秸秆、树枝制作。

绿化带作音障时，必须兼用乔木和灌木，灌木的顶端与乔木的树干高度相似或高于乔木的树干，种植多排乔木和灌木时，一行乔木，一行灌木，错落有致，既可隔离噪声，还可防止环境污染，调节牛场小气候。见图 2-19。

用建筑物等作音障时，要根据噪声源高度、周围建筑物高度等确定音障建筑物的尺寸大小（图 2-20）。

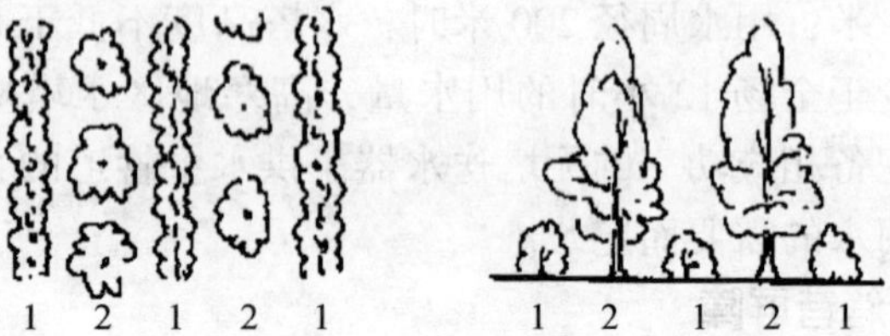

图 2-19　噪声屏障绿化带示意图

1. 常绿灌木　2. 常绿乔木

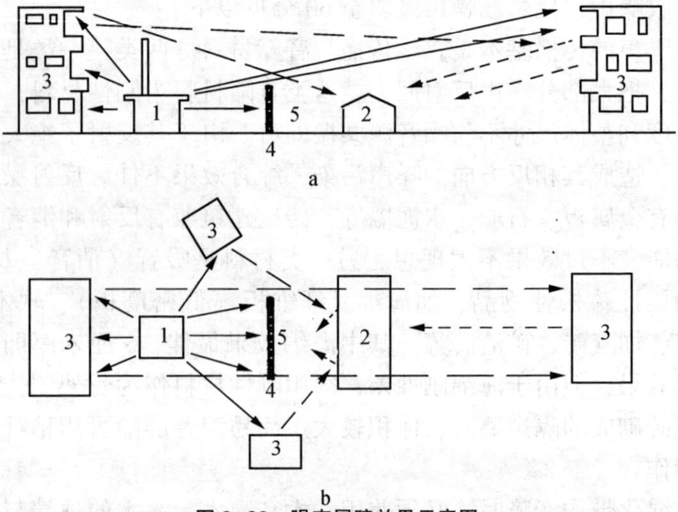

图 2-20　噪声屏障效果示意图

1. 噪声源　2. 牛场　3. 楼房等反射噪声的建筑物体

4. 噪声屏障　5. 噪声最小区

第五节　生态肉牛场粪污的无害化处理

一、生态肉牛场的清粪方式

生态肉牛场的清粪方式取决于该场肉牛的饲养管理方式，而肉牛饲养方式分为拴系式、散栏式和放牧与舍饲相结合等。利用舍饲育肥的肉牛场每天排粪尿量很大，污水也很多。如果不及时清除，对牛舍内的空气质量影响很大。目前采用的清粪方式主要有机械清粪、水冲清粪和人工清粪3种。

（一）机械清粪

机械清粪适用于跨度较大的牛舍，一般牛舍跨度在20~27米，清粪时可以保证机械设备的进入。对于粪尿分离，粪便呈半干状态时，可采用刮粪板设备进行粪便清除。连杆刮板式适用于单列牛床，环形链刮板式适于双列牛床，双翼形推粪板式适于舍饲散栏饲养牛舍。

为便于机械清粪，通常在牛舍中设置污水排出系统。尿液及污水经排水系统流入粪水池贮存，固体粪便由机械运至堆粪场。排水系统由排尿沟、水漏、地下排出管道及粪水池组成。

1. 排尿沟 排尿沟设置在牛床的后端，且牛床应有1.5%~2.5%的坡度向排尿沟倾斜，排尿沟的宽度为32~35厘米，若是明沟，其深度为5~8厘米；若是暗沟，其沟底应有0.5%~1.5%的纵向坡度。

2. 水漏 水漏是排尿沟衔接地下排水管的部分，其深度不大于15厘米。为防止粪草落入堵塞，上面应用铁篦子。

3. 地下排水管 地下排水管要保持3%~5%的坡度以便尿液及污水流入粪水池，距离较远时坡度为0.5%~1.5%即可，中途应设检查井。

4. 粪水池 粪水池设在牛舍外下风向地势较低的地方，根据饲养头数，按贮积20~30天，容积20~30立方米修建。

（二）水冲清粪

采用水冲清粪方式时，需要修建漏缝地面。水冲清粪系统由漏缝地面、粪沟和粪水池组成。

1. 漏缝地面 漏缝地面一般由混凝土制成，缝隙宽度4~

4.5 厘米，固体粪便被牛踩入沟内，少量残粪用水冲洗。

2. 粪沟 根据漏缝地面的宽度而定，深度为 0.7~0.8 米，倾向粪水池的坡度 0.5%~1%。

3. 粪水沟 在牛床和通道之间应设置粪尿沟。粪尿沟要求不渗漏和壁面光滑，沟宽 30~40 厘米，深 10~12 厘米，坡度 1%~2%。

（三）人工清粪

一般采用铁锹、手推车、笤帚等工具，劳动强度较大，但设备投入低。

二、生态肉牛场固体粪便处理

（一）自然腐熟堆肥

自然腐熟堆肥是指采用传统的手工操作和自然堆积方式，在好氧条件下，微生物利用粪便中的营养物质在适宜的 C/N 比、温度、通气量和 pH 值等条件下大量生长繁殖，通过微生物的发酵作用，高温杀死粪尿中的疫源微生物和寄生虫及卵，将对环境有潜在危害的有机质转变为无害的有机肥料的过程，同时达到脱水、灭菌的目的。在这个过程中，有机物由不稳定状态转化为稳定的富含氮、磷、钾及其他微量元素腐殖质物质。方法是将粪便经过简单处理堆成长、宽、高分别为 10~18 米、2~5 米、1.5~2 米的长方体垛，在 20℃、15~20 天的腐熟期内，将垛堆翻倒 1~2 次，静置堆放 3~5 个月即可完全腐熟。这是处理肉牛牛粪的传统方法，其成本低廉，处理方式简单，但是时间长，占地面积大，易污染水体。

（二）人工生物发酵

在粪便中加入微生物复合活菌和辅料，搅拌均匀，控制水分含量在 55%~65%的范围内，然后将湿粪迅速装入池中踏实，用塑料膜封严，在厌氧条件下发酵，一般气温在 5~10℃需要 10~

15 天，气温在 10~20℃需要 6~10 天，超过 20℃需 3~5 天。

（三）利用昆虫分解

先将粪便与秸秆残渣混合后堆沤腐熟，再将其按一定厚度铺平，然后放入蚯蚓、蝇、蜗牛或蛆使其繁殖，最终达到既能处理粪便又能生产动物蛋白质的目的。经过处理后的粪便残渣富含无机养分，是好肥料。同时，每平方米培养基的粪便可收获鲜蚯蚓 1.5 万~2 万条，重量为 30~40 千克，效益显著。

（四）自然干燥

在晴天将鲜粪摊在塑料布上或直接摊在水泥地上，经常翻动，利用太阳光对其进行干燥杀菌，一般 30~40 天便可完成干燥过程。此法投资小、易操作、成本低，但受天气及季节影响大，对环境也有较大污染，且具有占地面积大、处理规模小、生产效率低、不能彻底灭菌等缺点。

（五）机械干燥

目前使用的机械干燥方法主要有干燥机干燥和微波干燥等。

1. 干燥机干燥　干燥机多为回转式滚筒，可将高达 70%~80%含水量的粪便直接烘干至 13%的安全储藏水分。一般将脱水后的粪便加入干燥机后，在滚筒内抄板器翻动下均匀分散与热空气充分接触，加快干燥。不受季节、时间影响，可连续、大批量生产，干燥效率高、灭菌除臭效果好，能保留牛粪中的养分，同时达到除杂草、减少环境污染等效果。此法操作简单，干燥机便于保养；占地面积小；但一次性投入大，能耗大，处理时易产生恶臭。

2. 微波干燥　微波干燥是将牛粪倒入大型微波设备，在微波产生的热效应下，使牛粪中的水分蒸发，达到干燥、灭菌的效果。但对原料含水量要求高，能耗大，投资、处理成本高。

三、生态肉牛场污水的处理

（一）固液分离

牛场排放出来的废水中固体悬浮物含量高，相应的有机物含量也高，通过固液分离可使液体部分的污染物负荷量大大降低。通过固液分离可防止较大的固体物进入后续处理环节，防止设备的堵塞损坏等。此外，在厌氧消化处理前进行固液分离也能增加厌氧消化运转的可靠性，减小厌氧反应器的尺寸及所需的停留时间。

固液分离技术一般包括：筛滤、离心、过滤、浮除、沉降、沉淀、絮凝等工序。目前，我国已有成熟的固液分离技术和相应的设备，其设备类型主要有筛网式、卧式离心机、压滤机以及水力旋流器、旋转锥形筛和离心盘式分离机等。

（二）厌氧处理

厌氧处理技术已成为养殖场粪污处理中不可缺少的关键技术。对于养殖场这种高浓度的有机废水，采用厌氧消化工艺可在较低的运行成本下有效地去除大量的可溶性有机物，而且能杀死传染病菌，有利于养殖场的防疫。近年来，厌氧消化即沼气发酵技术已被广泛地应用于养殖场废物处理中，到 2002 年年底我国畜禽养殖场大中型沼气工程数量已经达到 2 000 余处，是世界上拥有沼气装置数量最多的国家之一。虽然，在我国的沼气工程建设中也不乏失败的例子，工程建设成功率仅为 85%，但这一技术不失为解决畜禽粪便污水的无害化和资源化问题的最有效的技术方案。畜禽粪便和养殖场产生的废水是有价值的资源，经过厌氧消化处理既可以实现无害化，同时还可以回收沼气和有机肥料，因此建设沼气工程将是中小型养殖场污水治理的最佳选择。

（三）好氧处理

利用好氧微生物处理牛场废水，可分为天然好氧生物处理和人工好氧生物处理两类。

天然好氧生物处理是利用天然的水体和土壤中的微生物来净化废水，主要有水体净化和土壤净化两种。水体净化主要有氧化塘（好氧塘、兼性塘、厌氧塘）和养殖塘等；土壤净化主要有土地处理（慢速渗滤、快速渗滤、地面漫流）和人工湿地等。这种方法不仅基建费用低，动力消耗少，而且对难生化降解的有机物、氮磷等营养物和细菌的去除率也高于常规处理。缺点主要是占地面积大和处理效果易受季节影响等。

人工好氧生物处理是采取人工强化供氧以提高好氧微生物活力的废水处理方法。该方法主要有活性污泥法、生物滤池、生物转盘、生物接触氧化法、序批式活性污泥法（SBR）、厌氧/好氧（A/O）及氧化沟法等。一般接触氧化法和生物转盘处理效果优于活性污泥法，中等规模的养殖场可选择这种方法。

四、生态肉牛场粪污的利用

（一）生产沼气

利用固液分离技术把粪渣和污水分开，粪液经过进一步净化处理达标排放或用于发酵沼气。沼气供生活使用或发电，沼液供农业灌溉、浸种、杀虫或养鱼；粪渣经过发酵、加工制成有机肥。这样不仅使粪污得到净化处理，而且可以获得沼气，排放的废渣和废液还可用于农业生产，减少化肥、农药的使用量，使粪渣、沼液得到充分利用。

（二）高温堆肥

牛粪堆肥发酵可有效处理牛场废弃物，且在改良土壤和绿色食品生产方面发挥着重要作用。但普通堆肥发酵在牛粪降解过程中会产生有害气体，如氨、硫化氢等，对大气构成威胁。因而，牛粪便须经无害化处理后再适度用于农田。无害化处理最常用的方法是高温堆肥，即将粪便堆积，相对湿度控制在70%左右，形成发酵的环境，使微生物大量繁殖，进而使有机物分解为能被植物吸收利用的无机物和腐殖质，抑制臭气产生，同时发酵的高温（50~70℃）可杀灭病原微生物、寄生虫卵、杂草种子等，达到无害化处理的目的。

（三）循环利用

将牛粪与猪、鸡粪按一定比例制成优质食用菌栽培料，种植食用菌，再将种植食用菌的废渣加工成富有营养价值的生物菌糠饲料。多次重复循环利用，不仅治理了牛场的污染，还充分利用了资源，创造出更高的经济效益。

第六节　病死牛无害化处理

生态肉牛场的病死牛无害化处理主要是指对病牛尸体或其组织脏器、污染物和排泄物等进行消毒，然后用深埋或焚烧等方法进行无害化处理的方式，目的是防止病原体传播、扩散。

一、深埋

（一）选择地点

深埋地应选择地势高燥、远离牛场（100 米以上）、居民区（1 000 米以上）、水源、泄洪区、草原及交通要道，避开岩石地区，位于主导风向的下方，不影响农业生产，避开公共视野的地方。

（二）挖坑

1. 挖掘及填埋设备　挖掘机、装卸机、推土机、平路机和反铲挖土机等，挖掘大型掩埋坑的适宜设备应是挖掘机。

2. 修建掩埋坑　掩埋坑的大小取决于机械、场地和所需掩埋物品的多少。深度 2~7 米，应保证被掩埋物的上层距离地表 1.5 米以上。宽度应能让机械平稳地水平填埋处理。长度则应由填埋尸体的多少来定。坑的容积大小一般不小于动物总体积的 2 倍。

(三) 掩埋

1. 坑底处理　在坑底撒漂白粉或生石灰，量可根据掩埋尸体的量确定（0.5~2.0 千克/米^3），掩埋尸体量大的应多加，反之可少加。

2. 尸体处理　动物尸体先用 10%漂白粉上清液喷雾（200 毫升/米^2），作用 2 小时。

3. 入坑　将处理过的动物尸体投入坑内，使之侧卧，并将污染的土层和运尸体时的有关污染物如垫草、绳索、饲料和其他物品等一起入坑。

4. 掩埋　先用 40 厘米厚的土层覆盖尸体，然后再放入未分层的熟石灰或干漂白粉 20~40 克/米^2（2~5 厘米厚），然后覆土掩埋，平整地面，覆盖土层厚度不应少于 1.5 米。

5. 设置标识　掩埋场应标志清楚，并得到合理保护。

6. 场地检查　应对掩埋场地进行必要的检查，以便在发现渗漏或其他问题时及时采取相应措施，在场地可被重新开放载畜之前，应对无害化处理场地再次复查，以确保对牲畜的生物和生理安全。复查应在掩埋坑封闭后 3 个月进行。

(四) 注意事项

石灰或干漂白粉切忌直接覆盖在尸体上，因为在潮湿的条件下熟石灰会减缓作用；任何情况下都不允许人到坑内去处理动物尸体。掩埋工作应在现场督察人员的指挥、控制下，严格按程序进行，所有工作人员在工作开始前必须接受培训。

二、焚烧

焚烧法处理病死牛尸体费钱费力，只有在不适合用掩埋法处理尸体时采用。焚化可采用的方法有柴堆火化、焚化炉和焚烧窖等，这里主要介绍常用的柴堆火化法。

（一）选择地点

应远离居民区、建筑物、易燃物品，上面不能有电线、电话线，地下不能有自来水、燃气管道，周围有足够的防火带，位于主导风向的下方，避开公共视野。

（二）准备火床

1. 十字坑法 十字坑法是指按十字形挖两条坑，其长、宽、深分别为2.6米、0.6米、0.5米，在两坑交叉处的坑底堆放干草或木柴，坑沿横放数条粗湿木棍，将尸体放在架上，在尸体的周围及上面再放些木柴，然后在木柴上倒些柴油，并压以砖瓦或铁皮。

2. 单坑法 单坑法是指挖一条长、宽、深分别为2.5米、1.5米、0.7米的坑，将取出的土堆堵在坑沿的两侧。坑内用木柴架满，坑沿横架数条粗湿木棍，将尸体放在架上，以后处理同上。

3. 双层坑法 双层坑法是指先挖一条长、宽各2米，深0.75米的大沟，在沟的底部再挖一长2米、宽1米、深0.75米的小沟，在小沟沟底铺以干草和木柴，两端各留出18~20厘米的空隙，以便吸入空气，在小沟沟沿横架数条粗湿木棍，将尸体放在架上，以后处理同上。

（三）焚烧

把尸体横放在火床上，尸体背部向下而且头尾交叉，尸体放置在火床上后，可切断四肢的伸肌腱，以防止在燃烧过程中肢体的伸展。当尸体堆放完毕且气候条件适宜时，用柴油浇透木柴和尸体。用煤油浸泡的破布引火，保持火焰的持续燃烧，在必要时要及时添加燃料。焚烧结束后，掩埋燃烧后的灰烬，表面撒布消毒剂。填土高于地面，场地及周围消毒，设立警示牌，查看。

（四）注意事项

点火前所有车辆、人员和其他设备都必须远离火床，点火时应顺风向点火。进行自然焚烧时应注意安全，须远离易燃易爆物品，以免引起火灾和人员伤害。运输器具应当消毒。焚烧人员应做好个人防护。焚烧工作应在现场督察人员的指挥、控制下，严格按程序进行，所有工作人员在工作开始前必须接受培训。

三、发酵

此法是将尸体抛入专门的尸体发酵池内，利用生物方法将尸体发酵分解，以达到无害化处理的目的。

（一）选择地点

发酵地应选择远离住宅、动物饲养场、草原、水源及交通要道的地方。

（一）建发酵池

发酵池池深 9~10 米，直径 3 米，池壁及池底用不透水材料制作。池口高出地面约 30 厘米，池口做一个盖，盖平时落锁，池内有通气管。尸体堆积于池内，当堆至距池口 1.5 米处时，再用另一个池。此池封闭发酵，夏季不少于 2 个月，冬季不少于 3 个月，待尸体完全腐败分解后，可以挖出作肥料，两池轮换使用。

第三章　适宜生态养殖的肉牛品种及杂交利用

第一节　肉牛的品种

世界上肉牛品种有 50 多个。按其来源、体形、产肉性能把肉牛品种可分为三类：

（1）中、小型早熟品种：其体形较小，体格不高；生长快，早熟，肉中脂肪较多，皮下脂肪较厚。成年公牛体重 550 ~ 700 千克，母牛体重 400 ~ 500 千克。如英国的海福特、短角牛、安格斯。

（2）大型品种：多产于欧洲，原为役用牛，后转为肉用。其体形很大，体躯很长，肌肉发达，骨骼粗壮，肉中脂肪较少，生长快，成熟晚。成年公牛体重可超过 1 吨，母牛体重在 700 千克以上。如法国的夏洛来、利木赞，意大利的契安尼娜牛，德国黄牛，瑞士的西门塔尔牛、瑞士褐牛等。

（3）瘤牛及含有瘤牛品种血液的品种：热带及亚热带地区的瘤牛种，适于炎热、潮湿气候地区饲养。本品种对壁虱及其他血液寄生虫的抵抗力较强，耳大下垂，颈垂十分发达，肩峰高，皮表面积大而借以散发体热，对热带条件的适应性远远优于欧洲温带品种。因此热带地区多用欧洲品种与瘤牛杂交，以培育适于热带气候条件的高产品种。

一、国内主要的肉牛良种

（一）晋南牛

1. 产地与分布　晋南牛产于山西省晋南盆地，包括运城市的万荣、河津、临猗、永济、运城、夏县、闻喜、芮城、新绛，以及临汾市的侯马、曲沃、襄汾等县市，以万荣、河津和临猗三县的数量最多、质量最好。

2. 品种的形成　晋南盆地农业开发早，养牛是当地的传统。农作物以棉花、小麦为主，其次为豌豆、黑豆等豆科作物，有天然草场。群众习惯将青苜蓿和小麦秸分层铺在场上碾压，晾干后作为黄牛枯草期的粗料。当地群众重视牛的体形、外貌、毛色一致。

3. 体形外貌　晋南牛公牛头中等长，额宽，鼻镜粉红色，顺风角为主，角形较窄，颈较粗短，垂皮发达，肩峰不明显。蹄大而圆，质地致密。母牛头部清秀，乳头细小。毛色以枣红为主，也有红色和黄色。成年公牛平均体重 660 千克，体高 142 厘米；成年母牛平均体重 442.7 千克，体高 133.5 厘米。该品种公牛和母牛臀部都较发达，具有一定肉用外形（图 3-1）。

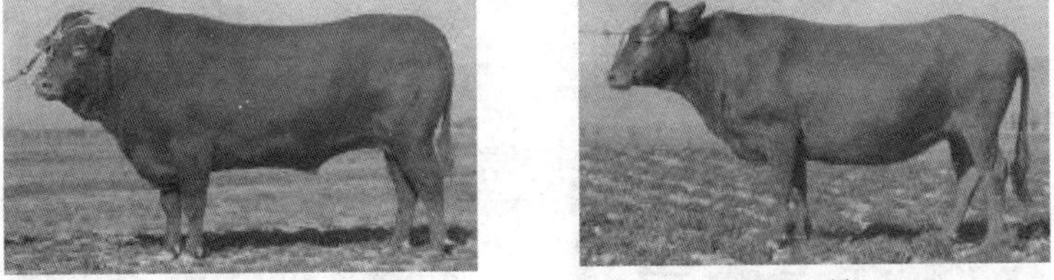

公　　　　母

图 3-1　晋南牛（摘自《中国牛品种志》）

4. 生产性能　成年牛在一般育肥条件下日增重可达 851 克，最高日增重可达 1.13 千克。在营养丰富条件下，12~24 月龄公牛日增重 1.0 千克，母牛日增重 0.8 千克。育肥后屠宰率可达 55%~60%，净肉率为 45%~50%。母牛产乳量 745 千克，乳脂率为 5.5%~6.1%，9~10 月龄开始发情，2 岁配种。产犊间隔为 14~18 个月，终生产犊 7~9 头。公牛 9 月龄性成熟，成年公牛平均每次射精量为 4.7 毫升。

（二）秦川牛

1. 产地与分布 秦川牛因产于陕西省关中地区的“八百里秦川”而得名。主要产地包括渭南、临潼、咸阳、扶风、岐山等 15 个县市。

2. 品种的形成 关中地区有种植苜蓿喂牛的习惯，主要农作物包括小麦、玉米、豌豆、棉花等。当地群众喜选择大牛作种用，饲养管理精细。

3. 体形外貌 秦川牛角短而钝、多向外下方或向后稍弯，角形非常一致。毛有紫红、红、黄三种，以紫红和红色居多。鼻镜多呈肉红色，亦有黑色、灰色和黑斑点等色。蹄壳分红、黑和红黑相间，以红色居多。成年公牛平均体重 620.9 千克，体高 141.7 厘米；成年母牛平均体重 416.0 千克，体高 127.2 厘米（图 3-2）。

公　　　　母

图 3-2　秦川牛（摘自《中国牛品种志》）

4. 生产性能 在中等饲养水平下，18~24 月龄成年母牛平均胴体重 227 千克，屠宰率为 53.2%，净肉率为 39.2%；25 月龄公牛平均胴体重372千克，屠宰率为63.1%，净肉率为52.9%。母牛产奶量715.8千克，乳脂率为4.70%。

（三）南阳牛

1. 产地与分布 南阳牛产于河南南阳地区白河和唐河流域的广大平原地区，以南阳市卧龙区、唐河、邓州、新野、镇平等为主要产区。

2. 品种的形成 南阳地区的农作物主要有小麦、玉米、甘薯、高粱、豌豆、蚕豆、黑豆、黄豆、水稻、谷子、大麦等，饲草料丰富，尤以豆类供应充足，群众有用豆类磨浆喂牛的习惯。长期选择体形高大、耕作力强的种牛而育成。

3. 体形外貌 南阳牛公牛角基较粗，以萝卜头角为主，母牛角较细。鬐甲较高，公牛肩峰8~9厘米。有黄、红、草白三种毛色，以深浅不等的黄色为最多，一般牛的面部、腹下和四肢下部毛色较浅。鼻镜多为肉红色，其中部分带有黑点。蹄壳多黄蜡、琥珀色，带血筋较多。成年公牛平均体重647千克，体高145厘米；成年母牛平均体重412千克，体高126厘米（图3-3）。

公

母

图3-3 南阳牛（摘自《中国牛品种志》）

4. 生产性能 公牛育肥后，1.5岁的平均体重可达441.7千克，日增重813克，平均胴体重240千克，屠宰率为55.3%，净肉率为45.4%。3~5岁阉牛经强度育肥，屠宰率可达64.5%，净肉率达56.8%。母牛产乳量600~800千克，乳脂率为4.5%~

7.5%。

(四) 鲁西牛

1. 产地与分布 鲁西牛主要产于山东西南部，以菏泽市的郓城、菏泽、巨野、梁山和济宁市的嘉祥、金乡、济宁、汶上等县为中心产区。

2. 品种的形成 汉代时的牛已具有现代鲁西牛的雏形，当地素有宴用牛的习惯，明、清两代以该牛为宫廷用牛，之后德国、日本先后选用该牛。由于肉牛以质论价，促进了群众养大型膘牛和选育大型牛的积极性。

3. 体形外貌 鲁西牛具有较好的役肉兼用体形。公牛头大小适中，多平角或龙门角；母牛头狭长，角形多样，以龙门角较多。鼻镜与皮肤多为淡肉红色，部分牛鼻镜有黑色或黑斑。角蜡黄色或琥珀色。骨骼细，肌肉发达。蹄质致密，但硬度较差，不适于山地使役。被毛从浅黄到棕红色都有，以黄色量多。多数牛有完全或不完全的“三粉”特征（指眼圈、口轮、腹下与四肢内侧色淡）。成年公牛平均体重 644 千克，体高 146 厘米；成年母牛平均体重 366 千克，体高 123 厘米（图 3-4）。

公

母

图 3-4 鲁西牛（摘自《中国牛品种志》）

4. 生产性能 鲁西牛以青草和少量麦秸为粗料。每天补喂混合精料 2 千克，1~1.5 岁牛平均胴体重 284 千克，平均日增重 610 克，屠宰率为 55.4%，净肉率为 47.6%。

（五）延边牛

1. 产地与分布　延边牛主要产于吉林省延边朝鲜族自治州的延吉、和龙、汪清、珲春及毗邻各省，分布于东北三省。

2. 品种的形成　清代以来，随着朝鲜民族的迁入，将朝鲜牛带入我国东北地区，带入的朝鲜牛和本地牛进行长期杂交，经过精心培育而育成延边牛。在形成过程中，导入了一些蒙古牛和乳用牛品种的血液。

3. 体形外貌　延边牛公牛头方额宽，角基粗大，多向外后方伸展成一字形或倒八字角。母牛头大小适中，角细而长，多为龙门角。毛色多呈浓淡不同的黄色，鼻镜一般呈淡褐色或带有黑斑点。成年公牛平均体重 465 千克，体高 131 厘米；成年母牛平均体重 365 千克，体高 122 厘米（图 3-5）。

4. 生产性能　延边牛公牛经 180 天育肥，屠宰率可达 57.7%，净肉率为 47.23%，日增重 813 克。母牛产乳量 500~700 千克，乳脂率 5.8%~8.6%。

公

母

图 3-5　延边牛（摘自《中国牛品种志》）

（六）郏县红牛

1. 产地与分布　郏县红牛原产于河南省郏县，毛色多呈红色，故而得名。郏县红牛现主要分布于郏县、宝丰、鲁山三个县和毗邻各县以及洛阳、开封等地区部分县境。

2. 品种的形成　郏县红牛是在当地优越的生态环境条件下，

经过劳动人民长期精心选育而形成的中国优良地方黄牛品种。1952 年参加全国第一届农产品展览会，1997 年发布了地方品种标准。

3. 体形外貌　郏县红牛体格中等大小，结构匀称，体质强健，骨骼坚实，肌肉发达。后躯发育较好，侧观呈长方形，具有役肉兼用牛的体形，头方正，额宽，嘴齐，眼大有神，耳大且灵敏，鼻孔大，鼻镜肉红色，角短质细，角形不一。被毛细短，富有光泽，分紫红、红、浅红三种毛色。公牛颈稍短，背腰平直，结合良好。四肢粗壮，尻长稍斜，睾丸对称，发育良好。母牛头部清秀，体形偏矮，腹大而不下垂，鬐甲较低且略薄，乳腺发育良好，肩长而斜。郏县红牛成年公牛体重 608 千克，体高 146 厘米，成年母牛体重 460 千克，体高 131 厘米（图 3-6）。

4. 生产性能　郏县红牛早熟，肉质细嫩，肉的大理石纹明显，色泽鲜红。据对 10 头 20~23 月龄阉牛肥育后屠宰测定，平均胴体重为 176.75 千克，平均屠宰率为 57.57%，平均净肉重为 136.6 千克，净肉率为 44.82%。12 月龄公牛平均胴体重为 292.4 千克，屠宰率为 59.9%，净肉率为 51%。

公

母

图 3-6　郏县红牛（摘自《中国牛品种志》）

（七）渤海黑牛

1. 产地与分布　渤海黑牛原产于山东省滨州市，主要分布于无棣县、沾化县、阳信县和滨城区。在山东省的东营、德州、潍坊三市和河北沧州也有分布。

2. 品种的形成　历史上蒙古草原游牧民族曾多次南迁至滨州地区，渤海黑牛极有可能是由蒙古牛经长期杂交选育而成。属于黄牛科，是世界上三大黑毛黄牛品种之一，因为它全身被黑，传统上一直称其为渤海黑牛，是山东省环渤海县经过长期驯化和选育而成的优良品种。

3. 体形外貌　渤海黑牛被毛呈黑色或黑褐色，有些腹下有少量白毛，蹄、角、鼻镜多为黑色；低身广躯，后躯发达，体质健壮，形似雄狮，当地称为“抓地虎”；头矩形，头颈长度基本相等。角多为龙门角。胸宽深，背腰长宽、平直，尻部较宽、略显方尻；四肢开阔，肢势端正。蹄质细致坚实。公牛额平直，眼大有神，颈短厚，肩峰明显；母牛清秀，面长额平，四肢坚实，乳房呈黑色。渤海黑牛成年公牛体重 487 千克，体高 130 厘米；母牛体重 376 千克，体高 120 厘米（图 3-7）。

公

母

图 3-7　渤海黑牛（摘自《中国畜禽遗传资源志——牛志》）

4. 生产性能　渤海黑牛未经肥育时公牛和阉牛屠宰率为 53.0%，净肉率为 44.7%，胴体产肉率为 82.8%，肉骨比 5.1∶1。在营养水平较好情况下，公牛 24 月龄体重可达 350 千克。在中等营养水平下进行育肥，14~18 月龄公牛和阉牛平均日增重达 1 千克，平均胴体重 203 千克，屠宰率为 53.7%，净肉率为

44.4%。

二、我国引进的主要肉牛良种

（一）西门塔尔牛

1. 原产地与分布 西门塔尔牛原产于瑞士阿尔卑斯山西部，为西门河谷的牛。19世纪初育成，是乳肉兼用牛。自20世纪50年代开始从苏联引进，20世纪70~80年代先后从瑞士、德国、奥地利等国引进，是目前群体最大的引进兼用品种，1981年成立中国西门塔尔牛育种委员会，多省联合育成中国西门塔尔牛。

2. 外貌特征 西门塔尔牛毛色多为黄白花或淡红白花，头、胸、腹下、四肢、尾帚多为白色。体格高大，成年母牛体重550~800千克，公牛体重1 000~1 200千克；成年母牛体高134~142厘米，公牛142~150厘米，犊牛初生重30~45千克。后躯较前躯发达，中躯呈圆筒形；额与颈上有卷曲毛；四肢强壮，蹄圆厚；乳房发育中等，乳头粗大，乳静脉发育良好（图3-8）。

公

母

图3-8 西门塔尔牛（摘自《肉用种公牛品种指南》）

3. 生产性能 西门塔尔牛肉用、乳用性能均佳，平均产乳量达4 700千克以上，乳脂率为4%。初生至1周岁平均日增重可达1.32千克，12~14月龄活重可达540千克以上。较好条件下屠宰率为55%~60%，育肥后屠宰率可达65%。耐粗饲，适应性强，有良好的放牧性能。四肢坚实，寿命长，繁殖力强。

4. 改良我国黄牛效果 西门塔尔牛与我国北方黄牛杂交，所生后代体格增大，生长加快，杂种2代公架子牛育肥效果好，精料50%时日增重达到1千克，受到群众欢迎。西杂2代牛年产奶量可达到2 800千克，乳脂率为4.08%。

（二）夏洛来牛

1. 原产地及育成经过 夏洛来牛是著名的大型肉牛品种，原产于法国中西部到东南部的夏洛来和涅夫勒地区。18世纪开始系统选育，主要通过本品种严格选育，1920年育成。

2. 外貌特征 夏洛来牛体躯高大强壮，全身毛色乳白或浅乳黄色。头小而短宽；嘴端宽方；角中等粗细，向两侧或前方伸展，角色蜡黄。颈短粗，胸宽深，肋骨弓圆，腰宽背厚，臀部丰满，肌肉极发达，使体躯呈圆筒形，后腿部肌肉尤其丰厚，常形成“双肌”特征，四肢粗壮结实。公牛常有双鬐甲和凹背者。蹄色蜡黄，鼻镜、眼睑等为白色。成年夏洛来公牛体高142厘米，体长180厘米，胸围244厘米，管围26.5厘米，体重1 140千克；相应成年母牛体高、体长、胸围、管围、体重分别为132厘米、165厘米、203厘米、21厘米、735千克。初生公犊重45千克，初生母犊重42千克（图3-9）。

公

母

图3-9 夏洛来牛（摘自《肉用种公牛品种指南》）

3. 生产性能 夏洛来牛以生长速度快、瘦肉产量高、体形大、饲料转化率高而著称。据法国的测定，在良好的饲养管理条件下，6 月龄公犊体重达 234 千克，母犊 210.5 千克，平均日增重公犊 1 000~1 200 克，母犊 1 000 克。12 月龄公犊重达 525 千克，母犊 360 千克。屠宰率为 65%~70%，胴体产肉率为 80%~85%。母牛平均产奶量为 1 700~1 800 千克，个别达到 2 700 千克；乳脂率为 4.0%~4.7%。青年母牛初次发情为 396 日龄，初配年龄为 17~20 月龄。但是该品种存在难产率高（13.7%）的缺点，影响了推广。

（三）利木赞牛

1. 原产地及育成经过　利木赞牛原产于法国中部利木赞高原，并因此而得名，在分布广度和数量方面，在法国仅次于夏洛来牛，利木赞牛源于当地大型役用牛，主要经本品种选育，1924 年育成。

2. 外貌特征　利木赞牛毛色多以红黄为主，腹下、四肢内侧、眼睑、鼻周、会阴等部位色较浅，为白色或草白色。头短，额宽，口方，角细，白色。蹄壳琥珀色。体躯冗长，肋骨弓圆，背腰壮实，荐部宽大，但略斜；肌肉丰满，前肢及后躯肌肉块尤其突出。在法国较好的饲养条件下，成年公牛体重可达 1 200~1 500 千克，体高 140 厘米；成年母牛 600~800 千克，体高 131 厘米。公犊初生重 36 千克，母犊 35 千克（图 3-10）。

公

母

图 3-10　利木赞牛（摘自《肉用种公牛品种指南》）

3. 生产性能　利木赞牛肉用性能好，生长快，尤其是幼年期，8 月龄小牛就可以生产出具有大理石纹的牛肉，在良好的饲养条件下，公牛 10 月龄能长到 408 千克，12 月龄达 480 千克。牛肉品质好，肉嫩，瘦肉含量高。利木赞牛具有较好的泌乳能力，成年母牛年平均泌乳量 1 200 千克，个别可达 4 000 千克，乳脂率为 5%。

（四）安格斯牛

1. 原产地及育成经过　安格斯牛是英国最古老的肉牛品种之一，产于英国苏格兰北部的阿伯丁、安格斯和金卡丁等郡，全称阿伯丁-安格斯牛。安格斯牛的有计划育种工作始于 18 世纪末，着重在早熟性、屠宰率、肉质、饲料转化率和犊牛成活率等方面进行选育。1862 年育成，现在世界上主要养牛国家大多数都饲养有安格斯牛。

2. 外貌特征　安格斯牛无角，毛色以黑色居多，也有红色或褐色（图 3-11）。体格低矮，体质紧凑、结实。头小而方，额宽，颈中等长且较厚，背线平直，腰荐丰满，体躯宽而深，呈圆筒形。四肢短而端正，全身肌肉丰满。皮肤松软，富弹性，被毛光泽而均匀，少数牛腹下、脐部和乳房部有白斑。成年公牛平均体重 700~750 千克，母牛 500 千克，犊牛初生重 25~32 千克。成年公牛体高 130.8 厘米，母牛 118.9 厘米。

3. 生产性能　安格斯牛具有良好的增重性能，日增重约为 1 000克。安格斯牛早熟易肥，胴体品质和产肉性能均高。育肥牛屠宰率一般为 60%~65%。年平均泌乳量 1 400~1 700 千克，乳脂率为 3.8%~4.0%。安格斯牛 12 月龄性成熟，18~20 月龄可以初配。产犊间隔短，一般为 12 个月左右。安格斯牛连产性好，初生重小，难产极少。安格斯牛对环境的适应性好，耐粗、耐寒，性情温和，抗某些红眼病，但有时神经质，不易管理，其耐粗饲性不如海福特。在国际肉牛杂交体系中被认为是较好的母系。

公　　母

公　　母

图 3-11　安格斯牛

（摘自《肉用种公牛品种指南》和《中国畜禽遗传资源志—牛志》）

（五）海福特牛

1. 原产地及育成经过　海福特牛是英国最古老的肉用品种之一，原产于英国英格兰西部威尔士地区的海福特县、牛津县及邻近诸县，属中小型早熟肉牛品种。海福特牛是在威尔士地方土种牛的基础上选育而成的。在培育过程中，曾采用近亲繁殖和严格淘汰的方法，使牛群早熟性和肉用性能显著提高，于 1790 年育成海福特品种。

2. 外貌特征　海福特牛体躯的毛色为橙黄色、黄红色或暗红色，头、颈、腹下、四肢下部和尾帚为白色，即“六白”特征。头短宽，角呈蜡黄色或白色。公牛角向两侧伸展，向下方弯曲，母牛角尖向上挑起，鼻镜粉红色。体形宽深，前躯饱满，颈短而厚，垂皮发达，中躯肥满，四肢短，背腰宽平，臀部宽厚，肌肉发达，整个体躯呈圆筒状，皮薄毛细（图 3-12）。海福特牛分有角和无角两种。

公　　　　　　　　母

图 3-12　海福特牛（摘自《肉用种公牛品种指南》）

成年海福特公牛体高 134.4 厘米，体长 196.3 厘米，胸围 211.6 厘米，胸深 77.2 厘米，尻宽 57.1 厘米，管围 24.1 厘米，体重 850~1 100 千克；相应成年母牛体高、体长、胸围、胸深、尻宽、管围、体重分别为 126.0 厘米、152.9 厘米、192.2 厘米、69.9 厘米、55.0 厘米、20.0 厘米、600~700 千克；初生公犊重 34 千克，初生母犊重 32 千克。

3. 生产性能　增重快，出生到 12 月龄平均日增重达 1 400 克，18 月龄体重 725 千克（英国）。据黑龙江省资料，海福特牛哺乳期平均日增重，公犊 1 140 克，母犊 890 克。7~12 月龄的平均日增重，公牛 980 克，母牛 850 克。屠宰率一般为 60%~64%，经育肥后，可达 67%~70%，净肉率达 60%。肉质嫩、多汁、大理石状花纹好，年产乳量 1 200~1 800 千克，但常有泌乳量不能满足哺乳的牛。海福特牛性成熟早，小母牛 6 月龄开始发情，15~18 月龄体重达 445 千克可以初次配种。该品种牛适应性好，在年气温变化为-48~38℃的环境中，仍然表现出良好的生产性能，如耐粗饲、放牧觅食性能好、不挑食、性情温顺，但反应迟钝。我国于 1974 年首次从英国引入海福特牛，以后陆续又从北美洲引进大型海福特牛。

（六）皮埃蒙特牛

1. 原产地及育成经过　皮埃蒙特牛原产于意大利北部皮埃蒙特地区，包括都灵、米兰等地，属于欧洲原牛与短角瘤牛的混合型，是在役用牛基础上选育而成的专门化肉用品种。本品种是目前国际上公认的终端父本，是肉乳兼用品种。

2. 外貌特征　皮埃蒙特牛体形较大，体躯呈圆筒状，肌肉发达（图 3-13）。毛色为乳白色或浅灰色，鼻镜、眼圈、肛门、阴门、耳尖、尾帚为黑色，犊牛幼龄时毛色为乳黄色，后变为白色。成年公牛体重 800 千克；母牛 500~600 千克。公牛体高 140 厘米，体长 170 厘米，胸围 210 厘米，管围 22 厘米；母牛分别为 136 厘米、146 厘米、176 厘米、18 厘米。公犊初生重 42 千克，母犊初生重 40 千克。

3. 生产性能　皮埃蒙特牛生长快，育肥期平均日增重 1 500 克。肉用性能好，屠宰率一般为 65%~70%，肉质细嫩，瘦肉含量高，胴体瘦肉率达 84.13%。但难以形成大理石状花纹肉，有较好的泌乳性能，年泌乳量达 3 500 千克。我国于 1987 年和 1992 年先后从意大利引进，展开了皮埃蒙特牛对中国黄牛的杂交改良工作。

公　　母

图 3-13　皮埃蒙特牛

（摘自《肉用种公牛品种指南》和《中国畜禽遗传资源志—牛志》）

（七）德国黄牛

1. 原产地　德国黄牛原产于德国和奥地利，其中德国数量最多，是瑞士褐牛与当地黄牛杂交育成的，可能含有西门塔尔牛的基因，1970 年出版良种登记册。为肉乳兼用品种。

2. 外貌特征和生产性能　德国黄牛毛色为浅黄色、黄色或淡红色（图 3-14）。体形外貌近似西门塔尔牛。体格大，体躯长，胸深，背直，四肢短而有力，肌肉强健。成年公牛体重 1 000~1 100 千克，母牛 700~800 千克；公牛体高 135~140 厘米，母牛 130~134 厘米。母牛乳房大，附着结实，泌乳性能好，年产奶量达 4 164 千克，乳脂率为 4.15%。

初产年龄为 28 个月，难产率低。公犊平均初生重 42 千克，断奶重 231 千克。育肥性能好，去势小牛育肥到 18 月龄体重达 600~700 千克，平均日增重 985 克。平均屠宰率为 62.2%，净肉率为 56%。1996 年和 1997 年，我国先后从加拿大引进纯种德国黄牛，其适应性强，生长发育良好。

公　　　　母

图 3-14　德国黄牛（摘自《中国畜禽遗传资源志—牛志》）

（八）契安尼娜牛

1. 原产地　契安尼娜牛原产于意大利多斯加尼地区的契安尼娜山谷，由当地古老役用品种培育而成。1931 年建立良种登记簿，是目前世界上体形最大的肉牛品种，现主要分布于意大利中西部的广阔地域。

2. 外貌特征 契安尼娜牛被毛白色，尾帚黑色，除腹部外，皮肤均有黑色素；犊牛初生时，被毛为深褐色，在60日龄内逐渐变为白色。体躯长，四肢高，体格大，结构良好，但胸部深度不够。成年公牛体重1 500千克，最大可达1 780千克，母牛800~900千克；公牛体高184厘米，母牛157~170厘米。公犊初生重47~55千克，母犊初生重42~48千克。

3. 生产性能 契安尼娜牛生长强度大，日增重达1 000克以上，2岁内最大日增重可达2 000克。牛肉量多而品质好，大理石纹明显；牛适应性好，繁殖力强，很少难产，抗晒耐热，宜于放牧。母牛泌乳量不高，但足够哺育犊牛。

（九）日本和牛

1. 原产地 日本和牛是在日本土种役用牛基础上经杂交而培育成的肉用品种。1870年起，日本和牛由役用逐渐向役肉兼用发展。1900年以后，先后引入德温牛、瑞士褐牛、短角牛、西门塔尔牛、朝鲜牛、爱尔夏牛和荷斯坦牛等与日本和牛杂交，目的是增大体格，提高肉、乳生产性能。但有计划的杂交却始于1912年。1948年成立日本和牛登记协会，1957年宣布育成肉用日本和牛。

2. 外貌特征和生产性能 日本和牛毛色多为黑色和褐色，少见条纹及花斑等杂色。体躯紧凑，腿细，前躯发育良好后躯稍差。体形小，成熟晚。公牛成年体重700千克，母牛400千克。公牛体高137厘米，母牛124厘米。经过一年或一年多的育肥，屠宰率可达60%以上，有10%可用作高级涮牛肉。日本和牛的产奶量低，年产约1 100千克。

三、肉牛养殖品种的选择要点

目前，在我国参与的肉牛生产多为我国品种牛以及引进品种的改良牛，尚没有大群引进的肉用品种牛的生产。在肉牛养殖生产中，应该根据资源、市场和经济效益等自身具体条件和要求选择养殖品种。

（一）按市场要求选择

（1）市场需要含脂肪少的牛肉时，可选择皮埃蒙特牛、夏洛来牛、比利时蓝白花牛、荷斯坦牛的公犊等引进品种的改良牛，改良代数越高，其生产性状越接近引进品种，但需要的饲养管理条件也得相应地与该品种一致，才能发挥该杂种牛的最优性状。如上述几个品种基本上均是农区圈养育成的，如改用放牧饲养于牧草贫乏的山区、牧区则效果不好。这类牛以长肌肉为主，日粮中蛋白质需求则要高一些，否则难以获得高日增重。

（2）需要含脂肪高的牛肉（牛肉中脂肪含量与牛肉的香味、嫩滑、多汁性均呈正相关）时，可选择处于我国良种黄牛前列的晋南牛、秦川牛、南阳牛和鲁西牛，以及引进品种安格斯牛、海福特牛和短角牛的改良牛。但要注意，引进品种中除海福特牛以外，均不耐粗饲。我国优良品种黄牛较为耐粗饲。这类牛在日粮能量高时即可获得含脂高的胴体。

（3）若要生产大理石花纹明显的“雪花”牛肉，则选择我国良种黄牛，以及引进品种安格斯牛、利木赞牛、西门塔尔牛和短角牛等改良牛。引进品种以西门答尔牛耐粗饲，这类牛在高营养水平下育肥获得高日增重的条件下易形成五花肉。

（4）生产犊白肉（犊牛肉）可选择乳牛养殖业淘汰的公牛犊，可得到低成本高效益。其次可选择夏洛来牛、利木赞牛、西门塔尔牛、皮埃蒙特牛等改良公犊。

（二）按经济效益选择

（1）生产“白肉”，必须按市场需求量，以销定产，因为投入极大。

（2）生产“雪花”牛肉，市场较广，是肥牛火锅、铁板牛肉、西餐牛排等的优选，但成本较高。生产时应按市场需求，以销定产，最好建立或纳入已有供销体系。

（3）杂种优势的利用。目前可选择具有杂种优势的改良牛饲养，可利用具杂种优势的牛生长发育快、抗病力强、适应性好的特点来降低成本，将来有条件时建立优良多元杂交体系，轮回体系，进一步提高优势率，并按市场需求，利用不同杂交系改善牛肉质量，达到最高经济效益。

（4）性别特点利用。公牛生长发育快，在日粮丰富时可获得高日增重、高瘦肉率。生产瘦牛肉时可优选性别，如生产高脂肪与五花牛肉时则以母牛为宜，但较公牛会多耗10%以上精料；阉牛的特性处于公、母之间。公牛、阉牛的增重速度见表3-1。

表3-1 公牛、阉牛和母牛增重速度的比较

项目	公牛	阉牛	母牛
头数	12	22	12
日龄	361	383	398
活重（千克）	386. 1	376. 9	345. 8
日增重（克）	1 070	984	869
胴体（克）	597	550	482
肌肉（克）	398	323	271
脂肪（克）	132	160	156
骨骼（克）	77	67	55
肌肉：脂肪	3. 02	3. 02	1. 74
肌肉：骨骼	5. 1	4. 8	4. 9

（5）老牛利用。健康的10岁以上老牛采取高营养水平育肥2~3个月也可获丰厚的效益，但千万别采用低日增重和延长育肥期；否则，牛肉质量差，且饲草消耗和人工费用增加。

（三）按资源条件选择

（1）山区与远离农区的牧区，应以饲养西门塔尔牛、安格斯牛、海福特牛等改良牛为主，为农区及城市郊区提供架子牛作为收入。

（2）农区土地较贫瘠、人占耕地面积大、离城市远的地方，可利用草地轮作饲养西门塔尔牛等品种改良牛，为产粮区提供架子牛及产奶量高的母牛来取得最大经济效益。

（3）农区特别是酿酒业与淀粉业发达地区则宜购进架子牛进行专业育肥，可取得最大效益，因为利用酒糟、粉渣等可大幅度降低成本。

（4）乳牛业发达的地区，则以生产白肉为有利，因为有大量奶公犊，并且可利用异常奶、乳品加工副产品搭配日粮，可降低成本。

（四）按气候条件选择

牛是喜凉怕热的家畜，气温过高（30℃以上）往往是育肥业的限制因子，若没有条件防暑降温，则应选择耐热品种，以圣格鲁迪牛、皮尔蒙特牛、抗旱王牛、婆罗福特牛、婆罗格斯牛、婆罗门牛等的改良牛为佳。

第二节　肉牛的经济杂交利用

不同品种间杂交，杂交后代生产性能超过双亲平均值的现象，称为杂种优势。通过两个或两个以上不同品种的公母牛交配，将杂种后代用于生产中，能提高育肥的经济效益。其好处表现为：①杂交改良牛种生长速度快，饲料转化率高，可提高20%

左右；②屠宰率可提高3%~8%，多产牛肉10%左右；③杂种牛体重大，能达到外贸出口标准，牛肉品质好，能提高经济效益。

杂交是肉牛生产不可缺少的手段，采取不同品种的牛进行品种间杂交，不仅可以相互补充不足，也可以产生较大的杂种优势，进一步提高肉牛生产力。经济杂交是采用不同品种的公母牛进行交配，以生产性能低的母牛或生产性能高的母牛与优良公牛交配来提高子代经济性能，其目的是利用杂种优势。经济杂交可分为二元杂交和多元杂交。

一、二元杂交

二元杂交是指两个品种间只进行一次杂交，所产生的后代不论公母牛都用于商品生产，也叫简单经济杂交，其杂交体系见图3-15。二元杂交在选择杂交组合方面比较简单，只测定一次杂交组合配合力。但是没有利用杂种一代母牛繁殖性能方面的优势，在肉牛生产早期不宜应用，以免由于淘汰大量母牛从而影响肉牛生产，在肉牛养殖头数饱和之后可用此法。

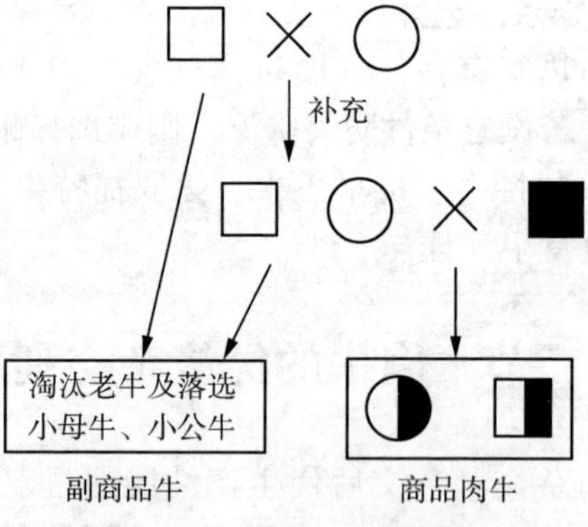

图3-15　二元杂交体系示意图

二、多元杂交

多元杂交是指三个或三个以上品种间进行的杂交，是复杂的经济杂交。即用甲品种牛与乙品种牛交配，所生杂种一代公牛用于商品生产，杂种一代母牛再与丙品种公牛交配，所生杂种二代父母用于商品生产，或母牛再与其他品种公牛交配，其杂交体系见图 3-16。其优点在于杂种母牛留种，有利于杂种母牛繁殖性能上优势得以发挥，犊牛是杂种，也具杂种优势。其缺点是所需公牛品种较多，需要测试杂交组合多，必须保证公牛与母牛没有血缘关系，才能得到最大的杂交优势。

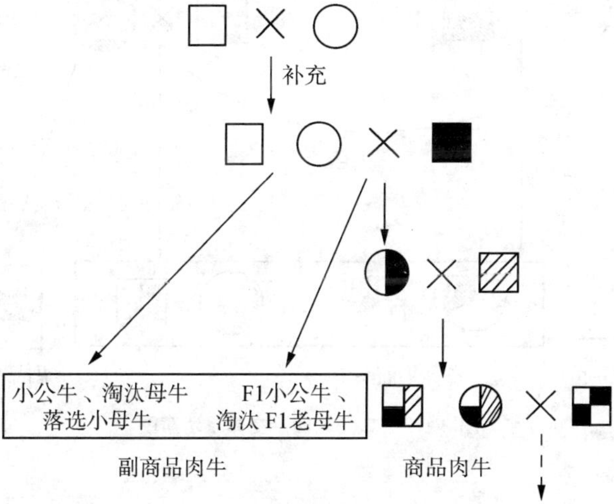

图 3-16　多元杂交体系示意图

三、轮回杂交

轮回杂交是指用两个或更多种进行轮番杂交，杂种母牛继续繁殖，杂种公牛用于商品肉牛生产。分为二元轮回杂交和多元轮回杂交。二元轮回杂交体系见图 3-17。其优点是除第一次外，母牛始终是杂种，有利于繁殖性能的杂种优势发挥，即犊牛每一代都有一定的杂种优势，并且杂交的两个或两个以上的母牛群易于随人们的需要动态提高，达到理想时可由该群母牛自繁形成新品种。本法缺点是形成完善的两品种轮回则需要 20 年以上的时间，各种生产性杂交效益比较见表 3-2、表 3-3。轮回杂交是目前肉牛生产中值得提倡的一种方式。

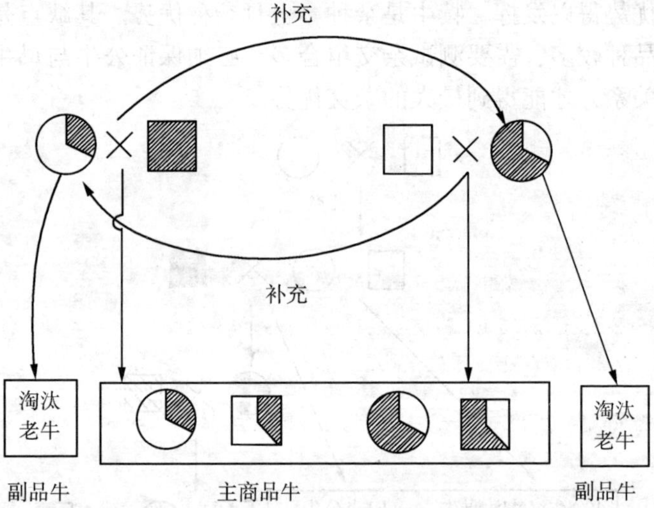

图 3-17　二元轮回杂交体系示意图

表 3-2　各种杂交利用母牛群结构及商品牛（%）

杂交体系	繁殖成活率	纯种母牛群				两品种杂种母牛		商品牛（商品数/母牛总数）						
								主商品		副商品				
		总数	其中适龄母牛	用于本群纯繁母牛	用于生产杂种一代母牛	总数	其中适龄母牛	两品种杂种	三品种杂种	纯种小牛	纯种老牛	两品种杂种小牛	两品种杂种老牛	三品种杂种老牛
二元	90	100	76.92	23.07	53.85			48.46		13.08	7.69			
	50	100	76.92	41.54	35.28			17.69		13.08	7.69			
三元（二元终端公牛）	90	24.1	18.54	5.56	12.97	75.90	58.39		52.55	3.15	1.85	5.84	5.84	
	50	46.51	35.78	19.32	16.46	53.49	41.14		20.57	6.08	3.58	4.11	4.11	
二元轮回	90					100	76.92	61.54					7.69	
	50					100	76.92	30.77					7.69	
三元轮回	90					100	76.92		61.54					7.69
	50					100	76.92		30.77					7.69

注：（1）母牛平均利用年限为 13 岁。

（2）27 月龄产第一胎。

（3）纯种母牛选择率按 74%计算，即每生 27 头母犊，最后补充牛群 20 头，淘汰 7 头计。

表 3-3　各种杂交利用体系杂交利用率比较（%）

母牛繁殖成活率	二元杂交		三元杂交		二元轮回		三元轮回	
	杂交利用率	比较	杂交利用率	比较	杂交利用率	比较	杂交利用率	比较
90	55. 73	100	77. 02	138. 2	78. 92	141. 61	82. 38	147. 82
50	20. 34	100	34. 34	168. 83	43. 84	215. 54	45. 77	225. 02

注：（1）杂交利用率=商品率×（1+杂交优势）。

（2）本表未考虑纯种牛的销售价值。

四、地方良种黄牛杂交利用注意事项

通过十几年黄牛改良实践，用夏洛来牛、西门塔尔牛、利木赞牛、海福特牛、安格斯牛、皮埃蒙特牛与本地黄牛进行两品种杂交、多元杂交和级进杂交等，其杂种后代的肉用性能都得到显著的改善。改良初期都获得良好效果，后来认为以夏洛来牛、西门塔尔牛作为改良父本牛，并以多元杂交方式进行本地黄牛改良，效果更好。如果不断采用一个品种公牛进行级进杂交，3~4代以后会失掉良种黄牛的优良特性。因此，黄牛改良方案选择和杂交组合的确定，一定要根据本地黄牛和引入品种牛的特性以及生产目的确定，以杂交配合力测定为依据确定杂交组合。为此，在地方良种黄牛经济杂交中应注意：

（一）良种黄牛保种

我国黄牛品种多，分布区域广，有对当地自然条件具有良好适应性、抗病力、耐粗饲等优点，其中地方良种黄牛，如晋南牛、秦川牛、南阳牛、鲁西牛、延边牛、渤海牛等具有易育肥、形成大理石状花纹肉、肉质鲜嫩而味美的优点，这些优点已超过这些指标最好的欧洲各种安格斯牛，这些都是良好的基因库，是形成优秀肉牛品种的基础，必须进行保种。这些品种还应进行严格的本品种选育，加快纠正生长较慢的缺点，成为世界级的优良品种。

（二）选择改良父本

父本牛的选择非常重要，其优劣直接影响改良后代肉用生产性能。应选择生长发育快、饲料利用率高、胴体品质好、与本地母牛杂交优势大的品种，而且是适合本地生态条件的品种。

（三）避免近亲

杂交应防止近亲交配，避免退化，严格执行改良方案，以免非理想因子增加。

（四）加强改良后代培育

杂交改良牛的杂种优势表现仍取决于遗传基础和环境效应，其培育情况直接影响肉牛生产，应对杂交改良牛进行科学的饲养管理，使其改良的优势得以充分发挥。

（五）黄牛改良的社会性

由于牛的繁殖能力非常低，世代间隔非常长，所以黄牛改良进展极慢，必须多地区协作经几代人努力才能完成。

第四章　生态肉牛场青粗饲料加工与利用技术

第一节　生态肉牛场放牧草地的培育与应用

一、放牧对草地的影响

（一）放牧的优越性

放牧是最简单、最直接的生态养牛模式，也是我国牧区肉牛饲养的主要方式。其优点包括：放牧青草具有良好的营养价值，富含蛋白质、维生素、矿物质及其他营养物质。与其他饲料相比，放牧青草适口性好、营养价值高、营养成分完善，它优于同类青草所调制的干草或青贮料（表 4–1）。

表 4–1　1 千克放牧青草与其他饲料营养价值的比较

饲草种类	饲料单位	可消化蛋白质(克)	钙（克）	磷（克）	胡萝卜素(毫克)
草地青草	1.13	115	9.6	4	300~400
草地干草	0.6	44	7.1	2.5	20~50

放牧饲养能促进肉牛的健康生长。在放牧过程中，牛经常处于空气新鲜、阳光充足的环境中，而且通过放牧的不断运动促进牛的新陈代谢，增强体质和抗病力，从而提高了牛的生活力和生产力。

放牧也是草地管理的重要环节，合理的放牧可以在满足肉牛生长发育需要的同时，维持草地的正常生长能力。

通常国外草地畜牧业发达国家把放牧作为草地管理的重要环节，如在草地进行分区轮牧、确定适宜的载畜量和放牧强度。

（二）放牧对草地的影响

在草地上，肉牛、植被和土壤是一个有机联系的整体。肉牛通过采食牧草、践踏土壤和牧草及粪便排泄影响着草地的植被和土壤，从而影响到草地的生产力。反之，草地对肉牛也可产生一定的影响，这表现在牧草的数量和质量，寄生虫的发生及牧草和土壤中矿物质的含量方面。

有史以来，肉牛一直在草原上放牧，然而我们并不完全了解放牧对草地带来的影响。近几十年来，由于草地上家畜的数量日益增加，放牧对草地的影响也更加明显，并逐渐为人们所认识。

1. 放牧对植物（牧草）的影响（采食牧草）

（1）放牧对牧草生长发育的影响：在草地上放牧肉牛，必然要采食牧草，减少了牧草的叶面积，从而影响牧草营养物质的合成和积累、牧草的再生、根系的生长和草层的形成，特别是在早春和晚秋季放牧时，易引起牧草消耗与贮藏养分之间的失调。据测定，不同种类的牧草，光合速度为每小时制造 0.8~1.8 克糖/米^2 叶面积。

如果放牧过度，牧草光合作用的能力降低，其自身制造的光合产物不能满足生长需要，那么牧草的生长发育就会受到抑制。

放牧也影响牧草根系生长，由于牧草的地上部分与根系在生长过程中互通有无，相互依赖。肉牛采食牧草后光合营养物质减少，影响根系的生长。过度放牧使得牧草根系变短，根量减少。

（2）放牧对牧草繁殖的影响：牧草的繁殖以种子繁殖和营

养繁殖两种方式进行，放牧对牧草繁殖有有利影响，也有不利影响。在适度放牧情况下，放牧可刺激牧草的再生，肉牛践踏土壤可使落地的牧草种子入土发芽。但在过度放牧时，却会影响牧草的繁殖与更新。一些借种子繁殖的牧草，不能形成生殖枝或种子不饱满没有生命力；一些靠营养繁殖的牧草，它们的营养繁殖器官则会变短，根茎重量也减少，影响牧草下部分如根茎、块茎、球茎、鳞茎等器官的发育。

(3) 放牧对草群成分的影响：草地在不断放牧利用下，草群种类成分将出现以下变化：①草群中高大草类将消失，同时为下繁草类的生长发育创造了有利条件。②借种子繁殖的草类数量会大大减少或完全消失。③适口性好的牧草数量减少或衰退，而适口性差的牧草或肉牛不吃的牧草数量增加。④草群中出现莲座状植物、根出叶植物及匍匐植物，不易被肉牛采食，此为适应强度放牧的结果。⑤草群中的灌木增加。

2. 放牧对土壤的影响 肉牛放牧对土壤有直接和间接的影响。直接影响是牛群践踏，在放牧适度时，牛蹄的践踏具有耘耙镇压的作用，可以改善土壤结构；但在放牧过重时，改变土壤的物理性状，使土壤渗透水能力、通气性、蓄水能力、根的穿透深度和土壤微生物的活动大大减弱。间接影响是肉牛采食牧草造成数量减少，从而影响到土壤水土保持的能力。

3. 放牧对草地的其他影响 肉牛的粪尿对土壤肥力和养分循环以及牧草的生长也产生一定的影响，肉牛粪尿散布于草地，可增加土壤肥力。

放牧对草地的影响是一个十分复杂的问题，其影响的程度也受多种因素的制约，如放牧强度、肉牛分布、植物种类、利用季节、放牧家畜的种类等。因此，在制定放牧制度和管理措施时，要结合这些影响因子进行全面考虑。

二、放牧地的合理利用

放牧地是一种可更新的自然资源，无限制地利用草地，使草地生态系统长期损耗的营养物质和能量得不到补充，输入与输出失调，导致能量流动逐级降低，破坏了整个生态系统。因此天然草地合理放牧、保持好生态平衡是个核心问题，也是持续获得经济效益的前提。

放牧地的合理利用，就是在正确处理植物生产与动物生产这个基本矛盾的基础上，一方面把植物生产的有机物质最有效地转化为畜产品；同时又通过动物生产的活动，不断地提高植物产品的产量和品质。两者的结合就可使草地牧业获得持续高产。肉牛合理放牧的标准，简要地说，就是肉牛在草地上放牧，草地在正确的管理下能长期保持稳定的生产力，相对稳定的草地群落结构，土壤不出现沙化、碱化或水土流失，肉牛的各项生产指标（生长、繁殖、产肉）处于良好状态。

合理放牧需采取的技术措施包括：

（一）放牧的适宜时间

放牧地从适宜放牧开始到适宜放牧结束这一段时间，叫放牧地的放牧时期或放牧季。放牧季是指草地适宜于放牧利用的时期，而不是针对肉牛来说的。我们把肉牛的实际放牧时期叫放牧日期。

1. 适宜于开始放牧的时期　牧草返青后完全依靠贮藏物质，直到草类开始发育 15~18 天后，消耗的营养物质才能得到补充，这段时间为牧草发育的临界期。

从牧草生长发育情况来看，开始放牧的适宜时期一般是：以禾本科为主的放牧地，应在不迟于禾本科牧草拔节期，此时草高 5~7 厘米；以豆科或杂类草为主的放牧地，应在分枝开始时放牧，此时牧草高 5~10 厘米；以莎草科为主的放牧地，应在分蘖停止或叶片生长到成熟大小时放牧，避开牧草的“忌牧期”。

在我国西北地区，多根据节气确定开始放牧的适宜时期，如甘肃北部的牧民，认为适宜开始放牧的时间是：高山草原为夏至前后，亚高山草原为芒种前后，湿润草原和干旱草原为小满前后。

实际上，气候条件受多种因素的限制，但主要取决于海拔和纬度的高低，大概海拔每相差150米，南北相差150千米，牧草生长早迟相差4~5天。

早春利用牧草过早的害处是：牧草贮藏养分用尽耗竭，丧失生机；萌发早或适口性好的牧草先被采食，杂草、毒草、害草繁盛，影响草地的利用价值；肉牛“抢青”“跑青”严重，即早春正是“草色遥看近却无”的时节，会消耗肉牛体能，甚至造成死亡。

2. 适宜于结束放牧的时期 放牧停止期也不能过早或过迟。牧草在生长结束前，需要贮藏一定的营养物质，以用于牧草的再生。因此，在牧草停止生长前一个月应停止放牧。若此后再行放牧，对草地的影响显著。

（二）草地利用率

1. 草地利用率 草地利用率是指在适度放牧情况下的采食量与产草量之比。

草地利用率（%）= 适当采食量/某地段总产量×100

在适宜利用条件下，草地的表现是既不放牧过重也不放牧过轻，牧草正常生长，并能维持肉牛的正常生产生活。但是肉牛实际采食的情况不总是符合利用率的要求，或偏高或偏低。

不同类型草地在不同利用季节放牧草地的利用率见表4-2。依据利用方式确定表中规定的利用率幅度，采用轮牧、围栏划区轮牧利用方式的草地，取表中利用率的上限；采用连续自由放牧、散牧利用方式的草地，取表中利用率的下限。

表 4-2　不同类型草地在不同利用季节放牧草地的利用率（单位:%）

草地类型	夏季放牧利用（Ew）	春秋季放牧利用（Es）	冬季放牧利用（Ec）	全年放牧利用（Ey）
低地草甸类	50~55	40~50	60~70	50~55
温性山地草甸类、高寒沼泽化草甸亚类	55~60	40~45	60~70	55~60
高寒草甸类	55~65	40~45	60~70	50~55
温性草甸草原类	50~60	30~40	60~70	50~55
温性草原类、高寒草甸草原类	45~50	30~35	55~65	45~50
温性荒漠草原类、高寒草原类	40~45	25~30	50~60	40~45
高寒荒漠草原类	35~40	25~30	45~55	35~40
沙地草原（包括各种沙地温性草原和沙地高寒草原）	20~30	15~25	20~30	20~30
温性荒漠类和温性草原化荒漠类	30~35	15~20	40~45	30~35
沙地荒漠亚类	15~20	10~15	20~30	15~20
高寒荒漠类	0~5	0	0	0~5
暖性草丛、灌草丛草地	50~60	45~55	60~70	50~60
热性草丛、灌草丛草地	55~65	50~60	65~75	55~65
沼泽类	20~30	15~25	40~45	25~30

2. 采食率　我们把肉牛实际采食牧草的量占牧草总产量的百分比叫采食率。

采食率（%）= 实际采食量/牧草总产量×100

3. 采食量测定方法　采食量测定方法以双样方法、三氧化二铬法和食道瘘管法三种比较准确。

（1）双样方法：在放牧前，测定草地的产草量（A），放牧之后，测定牧草的剩余量（B）二者之差（A-B）即为肉牛的采食量。

（2）三氧化二铬法：根据肉牛粪便中有机物质量（食入牧草的不消化部分）及牧草有机物质的消化量来测定肉牛采食量。

（3）食道瘘管法：可直接测定采食量。

4. 草地的放牧强度 确定了利用率，就能根据采食率来检查放牧场的利用是否符合规定的利用程度。利用程度也称放牧强度。

放牧强度是指放牧草地表现出来的放牧轻重程度。

其在理论上的表现为：采食率=利用率时为放牧适宜；利用率>采食率时为轻度放牧；利用率<采食率时为过度放牧。

（三）草地载畜量的测定

草地载畜量指在一定放牧时期内，一定草地面积上，在不影响草地生产力及保证肉牛正常生长发育时所能容纳放牧肉牛的数量。它是反映草地本身生产力水平的重要指标。

从定义中看出，载畜量包括两个内容和三项要素，内容为：保证肉牛的正常生长发育；不影响草地生产力，即不使草地发生退化。要素：肉牛的数量、放牧时间、草地面积。三项当中以后两项作应变量，一项作自变量，即可说明载畜量。有以下三种表示法：

（1）时间单位法：头·日/公顷。即在单位面积的草地上，一定数量的肉牛能放牧的日数。如 1 公顷放牧地可供 12 头牛放牧 90 天，载畜量为 90×12=1 080 头·日/公顷。

（2）面积单位法：表示在一定时期内，单位数量肉牛所需草地的面积（千米^2/牛）。

（3）家畜单位法：表示在一定面积单位上，一年内放牧饲养肉牛头数。我国使用“绵羊单位”，即在单位面积草地上，一年内能放牧饲养的成年母羊及其羔羊只数。

A. 羊单位：1 只体重 50 千克并哺半岁以内单羔，日消耗 1.8 千克标准干草的成年母绵羊，或与此相当的其他家畜为 1 个标准羊单位。

B. 标准干草：达到最高月产量时，收割的以禾本科牧草为主的温性草原，或山地草甸含水量 14%的干草。

估测载畜量的方法很多，如根据经验直接估测、根据肉牛健康状况估测、根据牧草产量估测、根据草地面积估测以及用放牧试验直接测定等。载畜量的确定相当复杂，载畜量的大小受多种因素影响，需要经常加以调整。

三、放牧制度和方法

规模化生态放养肉牛，对放养的草地要进行合理利用，必须建立合理的放牧制度。特别是在生产不断发展、人们对畜产品的需求越来越大的情况下，一方面要在有限的草地面积上获得更多的有价值的产品，另一方面又出现了对草地利用不当而引起草地退化，影响和阻碍了生产的进一步发展。因此确定合理的放牧制度就显得必要。

所谓放牧制度，就是对草地进行放牧利用的一种基本制度，它规定了肉牛对放牧地利用的时间和空间上的通盘安排，属于一种战略措施，每种放牧制度又包括一系列的放牧方式。

（一）放牧制度的发展

历史上看，放牧制度大致经历了以下四个阶段。

1. 原始游牧制　原始游牧制主要是逐水草迁徙。这一阶段几乎自人类开始利用草地起，直到 20 世纪止延续千年之久，我国有些地区甚至延续到新中国成立前为止，特点是完全靠天养畜，生产力低下。蒙古包就是游牧时期留下的遗产。

2. 季节性游牧制　季节性游牧制未脱离游牧方式，但放牧范围小得多了，并不是全年都在游牧。

3. 半定居放牧制 半定居放牧制具有比较固定的居所，一部分人在外进行游牧，一部分人从事其他劳作。这是从游牧向定居转化的过渡形式。

4. 定居放牧制 定居放牧制是近代和现代国内外放牧业采用的主要放牧制度。放牧者有固定的住所、固定的畜群，甚至固定的草地范围。

（二）定居放牧前提下的放牧方式

目前在定居放牧的前提下，从狭义范围来讲主要有自由放牧和分区轮放两种方式。

1. 自由放牧 自由放牧就是对草地无计划的利用，放牧畜群无一定的组织管理，牲畜可以随意走动，任意选择所采食牧草。又分以下几种放牧方式。

（1）连续放牧：不分季节，全年都在同一草场上连续不断地放牧利用，使草场破坏严重。

（2）季节营地（牧场）放牧：将牧场分成不同的季节营地，每一季节营地都在一定的放牧季中利用。

（3）抓膘放牧：夏末秋初进行，在条件好的草地上，让牲畜选择采食最好的草，短期达到膘肥体壮。

（4）就地宿营放牧：放牧地无严格次序，放到哪住到哪。

（5）羁绊放牧：用脚绊将牲畜绊住，慢慢采食不至走远。

以上各种利用方式比较原始和不完善，牧草浪费严重，而且草地易发生退化，肉牛奔走频繁浪费体力，长期在一个地方放牧易引起寄生虫病的感染。

2. 划区轮牧 划区轮牧就是按一定的放牧方案，在放牧区域内，严格控制肉牛的采食时间和采食范围，使草地和肉牛都获得较大利益。

（1）划区轮牧的优点：同自由放牧相比，分区轮牧有很多优点，减少牧草浪费，节约草地面积；改进植被成分，提高牧草的产量和品质，即轮牧均匀利用草地，防止杂草滋生，优良牧草较多，而自由放牧摧残优良牧草致植被成分变坏；轮牧避免肉牛活动过多消耗热能，均匀利用草地，促肉牛健康生长发育；加强放牧地的管理，利于有计划采取相应的农业技术措施；防止肉牛寄生蠕虫病的传播，即轮牧经安排不在同一草地连续放牧6天以上，减少感染幼虫的机会。

(2) 划分季节放牧地：目前，我国放牧利用的草地，多是根据季节来划分放牧地，也就是每年依照季节的更替来轮流更换放牧的草地。

A. 划分原则。主要是根据放牧地的自然条件。

★地形地势：是影响放牧地势条件的重要因素。在山地草原，地势条件表现得较为突出。地势不同，气候条件差异甚大，山地草原植被垂直分布明显。在这些地区季节放牧地是按海拔高度划分的，而在一些海拔差别不大的地区，决定放牧地势条件分布及其利用适宜性的主要是中小地形，夏季以凉爽的岗地、台地较好；冬季以温暖的洼地、谷地和低地为宜。

★植被条件：选择季节放牧地时应注意草层的植物组成、牧草的营养价值和适口性等。牧谚有“四季气候四季草”，说明不同季节内，草地植被有一定的适宜利用时期。芨芨草夏秋季肉牛不食，冬春季饲用良好；蒿类植物夏季含有浓厚苦味，牛不喜食，秋季下霜后苦味减轻，是冬季放牧的重要饲料。

★水源条件：肉牛的正常生长发育必须满足饮水需要。不同季节由于气候条件不同，肉牛生理需要有差异，其饮水次数和饮水量也不一样，如暖季多于冷季。

此外，划分季节牧地时，还需考虑补饲矿物质饲料、草地面积、交通条件、防寒措施与饲料基地远近等。

B. 季节放牧地的选择。冬季牧场，气候寒冷，牧草枯黄，冬季又是母牛的怀孕后期，冬季放牧地应具备的条件要求低凹避风向阳的地形，如沟谷、沙窝子、盆地等。要求植物枝叶保有良好，覆盖度大，如芨芨草、滩羊草、针茅及蒿类等。要求距居民点、割草地、饲料地较近，运输方便，附近应有水源，以便人畜饮水；同时必须有棚圈设备。

早春气候寒冷且变化无常，肉牛经过漫长的冬季，体力消耗甚多，又处于产仔、哺乳和培育幼畜时期，急需各种养分，草地草产量低，要求春季牧场开阔向阳，并且是风小、植物萌发较早的地方。

夏季牧草生长茂盛、产量高、质量较好，但夏季炎热、蚊蝇较多，影响牛安静采食，因此，牧物要求地势高燥、凉爽而通风，如山地、台地、岗地等。并且水源充沛，植物生长旺盛。

秋季天气凉爽，转向寒冷，要求牧场是开旷的平川和滩地。

由于各地自然经济条件不同，草地基本情况差异很大，在划分季节营地时，也各有特点，总的来说可分为四季牧场、三季牧场、两季牧场及不划分季节的全年性放牧场四种。

(3) 划区轮牧的基本原则：

A. 轮牧周期。划区轮牧时，自第一区至最末区均利用一遍后再返回第一区的轮牧时间，称为轮牧周期。轮牧周期长短取决于以下四个方面：牧草再生能力强弱、气候条件优劣、管理条件好坏、利用时期。

放牧后牧草恢复越迅速，轮牧周期就会越短，无法做统一规定。

轮牧周期（天）= 每一分区放牧时间（天）×分区数

一般认为，干草原为 30~35 天、荒漠草原为 40~45 天、草甸及森林草原为 25~30 天、山地草甸为 30~45 天、南方草山草坡为 20~25 天。

B. 放牧频率。放牧频率指放牧季节内各小区放牧的次数，与牧草再生速度成正比，与轮牧同期成反比。

★小区放牧天数：每小区放牧天数，考虑到蠕虫感染和牧草再生，一般不超过 6 天。

★小区数目：小区数目=轮牧周期/每小区放牧天数+辅助小区数。

★放牧季长度：放牧季长度=每小区放牧天数×小区数目×放牧频率

不同地带以及不同草地类型的生产力和牧草再生力不同，轮牧分区的数目不同，其关系理论值见表 4-3。

表 4-3　不同草地类型的轮牧周期、频率、小区数和放牧季长度(理论值)

草场类型	轮牧周期（天）	放牧频率（次）	小区数目（个）	放牧季（天）
草甸草原	25~30	3~4	12~24	145~155
干草原	30~35	3	24~35	130~140
山地草原	30~45	3	24~30	120~130
荒漠草原	40~60	2~3	24~35	160~180
荒漠	180~365	1~2	33~61	180~365

★小区面积：取决于草地生产力、牲畜头数、放牧天数及肉牛的日食量。

小区面积=牛群头数×日食量×放牧天数/放牧场可利用产草量

★小区形状与布局：形状无严格要求，由于修建围栏费用很高，生产上常以自然障碍物（森带、河流、湖、沟等）为分区边界。小区形状可不规范，如果在开阔平整的地方以长方形为优，长宽之比为 3∶1 或 2∶1。

布局以进出、饮水方便，少走路，不影响牛健康，不影响环境为原则。

四、放牧牛群的组织管理

（一）牛群的组织

各种家畜的采食习性以及对草场条件的要求是不同的，就是同种家畜由于品种、年龄、性别不同，它们对草场条件的要求和生产性能也有差异。因此在组织畜群时，必须根据年龄、性别、生产性能等不同特点进行分群，如乳牛群、干乳牛群、犊牛群、育成牛群、肥育牛群等，分配给不同的草地，这样做不仅便于管理，而且也可充分发挥草地和家畜的生产潜力。

（二）放牧方法和技术

放牧技术是牧工控制畜群的一种手段，放牧技术的好坏，直接影响到草地的利用程度，为保证肉牛的膘情好，应做到“三勤三稳”：嘴勤、腿勤、手勤，放牧时稳、出入圈时稳、饮水时稳。

我国牧民经常采用的放牧队形有如下几种。

1. 一条鞭式 肉牛排成一字横队前进，牧工在牛群前 8~10 米的地方面对牛群，使草地的利用比较均匀，且采食新鲜牧草。适于开阔、平坦、生长均匀的草地。

2. 满天星式 肉牛均匀散布在一定面积的草地上。自由采食，不分首尾。适于各种地形条件及季节。

（三）饮水、补饲和舔盐

1. 饮水 各种家畜的饮水次数，因种类、气候状况、饲料含水量多少而不同。牛每天需水 40~50 千克。

2. 补饲 肉牛对营养物质的长年需要性与牧草生长的季节性形成季节性不平衡状态。在牧草产量和品质降低时需要进行补饲尤其是补饲干草，以改变这种不平衡状态。

3. 舔盐 矿物质是各种家畜维持正常生长发育所不可缺少的，虽然它的需要量不多，但不可缺少。食盐是矿物质主要饲料之一。肉牛每月盐的补给量为 1~3 千克。

第二节　生态肉牛场主要牧草栽培技术

青绿饲料含水60%以上，干物质总量相对较低，但干物质中粗蛋白质含量较高，尤其是豆科牧草，维生素、矿物质和必需氨基酸含量丰富、平衡，适口性好，易被消化吸收。青绿饲料随着生长期的延长而老化，养分含量减少，不易消化的粗纤维增加，因此要注意及时收割和贮存。利用青饲料时要防止亚硝酸盐中毒，不可堆放过久，煮熟后不要盖锅盖焖放过夜。水生饲料含水在90%以上，营养价值低，寄生虫或虫卵多，不提倡用来喂牛。

一、豆科牧草

豆科牧草富含蛋白质，人工栽培相对较多，其中紫花苜蓿、沙打旺、红豆草等适合中原地区栽培，尤其紫花苜蓿，栽培面积广，营养价值高。豆科牧草有根瘤，根瘤菌有固氮作用，是改良土壤肥力的前茬作物。

（一）紫花苜蓿

注意选择适于当地的品种。播种前要翻耕土地、耙地、平整、灌足底水，等到地表水分合适时进行耕种，施足底肥，有机肥以3 000~4 000千克/亩为宜。一般在9月至10月上中旬播种，北部早，南部稍晚。播种量为0.75~1千克/亩，面积小可撒播或条播，行距为30厘米。每亩用3~4千克颗粒氮肥作种肥。播种深度以1.5~2厘米为好，土壤较干旱而疏松时播深可至2.5~3厘米。也可与生命力强、适口性好的禾本科草混播。因苜蓿种子“硬实”比例较大，播种前要进行播前处理。

科学的田间管理可保证较高的产草量和较长的利用期。紫花苜蓿苗期生长缓慢，杂草丛生影响苜蓿生长，应采取加强中耕锄草、使用除草剂、适时收割等措施。缺磷时苜蓿产量低，应在播前整地时施足磷肥，以后每年在收割头茬草后再适量追施一次磷肥。

紫花苜蓿的收割时期根据目的来定，调制青干草或青贮饲料时在初花期收获，青饲时从现蕾期开始利用至盛花期结束。收割次数因地制宜，中原地区可收4~6次，北方地区可收割2~3次，留茬高度一般4~5厘米，最后一茬可稍高，以利越冬。

苜蓿既可青饲，也可制成干草、青贮饲料饲喂。不同刈割时期的紫花苜蓿干草喂肉牛的效果不同。现蕾至盛花期刈割的苜蓿干草对肥育牛的增重效果差异不大，成熟后刈割的干草饲料报酬显著降低（表4-4）。

表4-4　不同生长期苜蓿干草对肉牛增重的影响（单位：千克）

生长期	每增重50千克需干草量	每亩干草产量	每亩获得牛体增重量
现蕾期	814	680.5	41.8
1/10开花期	1 043	886.3	41.5
盛花期	1 081.5	945.3	43.4
成熟期	1 955	955.3	24.5

（二）沙打旺

沙打旺也叫直立黄芪，抗逆性强、适应性广、耐旱、耐寒、耐瘠薄、耐盐碱、抗风沙，是黄土高原的当家草种。播种前应精细整地和进行地面处理，清除杂草，保证土墒，施足底肥，平整地面，使表土上松下实，确保全苗壮苗。撒播播种量每亩2.5千克。沙打旺一年四季均可播种，一般选在秋季播种好。

沙打旺在幼苗期生长缓慢，易被杂草抑制，要注意中耕除草。雨涝积水应及时开沟排除。有条件时，早春或刈割后灌溉施肥能增加产量。

沙打旺再生性差，一年可收割两茬，一般用作青饲料或制作干草，不宜放牧。最好在现蕾期或株高达70~80厘米时进行刈割。若在花期收获，茎已粗老，影响草的质量，留茬高度为5~

10 厘米。当年亩产青草 300 千克，两年后可达 3 000～5 000 千克，管理不当 3 年后衰退。沙打旺有苦味，适口性不如苜蓿，不可长期单独饲喂，应与其他饲草搭配。沙打旺与玉米等青贮，可改善肉牛适口性。

（三）红豆草

红豆草最适生长于石灰性壤土，在干旱瘠薄的沙砾土及沙性土壤上也能生长。红豆草耐寒性不及苜蓿。不宜连作，须隔 5～6 年再种。种植前应清除杂草，深耕施足底肥，尤其是磷、钾肥和优质有机肥。单播行距 30～60 厘米，播深 3～4 厘米。生产干草单播行距 20～25 厘米，以开花至结荚期刈割最好。混播时可与无芒雀麦、苇状羊茅等混种。年可刈割 2～4 次，均以第一次产量最高，占全年总产量的 50%。一般红豆草齐地刈割不影响分枝，而留茬 5～6 厘米更利于红豆草再生。红豆草的饲用价值可与紫花苜蓿媲美，苜蓿被称为“牧草之王”，红豆草被称为“牧草皇后”。青饲红豆草适口性极好，效果与苜蓿相近，肉牛特别喜欢吃。开花后品质变粗变老，营养价值降低，纤维增多，饲喂效果差。

豆科还有许多优质牧草，如小冠花、百脉根、三叶草等。

二、主要禾本科牧草

（一）无芒雀麦

无芒雀麦适于寒冷干燥气候地区种植。大部分地区宜在早秋播种。无芒雀麦竞争力强，易形成草层块，多采取单播。条播行距 20～40 厘米，播种量 1.5～2.0 千克/亩，播深 3～4 厘米，播后镇压。栽培条件良好，鲜草产量可达 3 000 千克/亩以上，每次种植可利用 10 年。每年可刈割 2～3 次，以开花初期刈割为宜，过迟会影响草质和再生。无芒雀麦叶多、茎少，营养价值很高，幼嫩无芒雀麦干物质中所含蛋白质不亚于豆科牧草。可青饲、青贮或调制干草。

（二）苇状羊茅

苇状羊茅耐旱、耐湿、耐热，对土壤的适应性强，是肥沃、贫瘠、酸性和碱性土壤都可种植的多年生牧草。苇状羊茅为高产型牧草，要注意深耕和施足底肥。一般春、夏、秋播均可，通常以秋播为多，播量为0.75~1.25千克/亩，条播行距30厘米，播深2~3厘米，播后镇压。在幼苗期要注意中耕除草，每次刈割后也应中耕除草。青饲在拔节后至抽穗期刈割；青贮和调制干草则在孕穗至开花期。每隔30~40天刈割1次，每年刈割3~4次。每亩可产鲜草2 500~4 500千克。苇状羊茅鲜草青绿多汁，可整草或切短喂牛，与豆科牧草混合饲喂效果更好。苇状羊茅青贮和干草，都是牛越冬的好饲草。

（三）象草

象草又名紫狼尾草，为多年生草本植物。栽培时要选择土层深厚、排水良好的土壤，结合耕翻，每亩施厩肥1 500~2 000千克作基肥。春季2~3月间，选择粗壮茎秆作种用，每3~4节切成一段，每畦栽两行，株距50~60厘米。种茎平放或芽朝上斜插，覆土6~10厘米。每亩用种茎100~200千克，栽植后灌水，10~15天即可出苗。生长期注意中耕锄草，适时灌溉和追肥。株高100~120厘米即可刈割，留茬高10厘米。生长旺季，25~30天刈割1次，年可刈割4~6次，每亩产鲜草1万~1.5万千克。象草茎叶干物质中含粗蛋白质10.6%，粗脂肪2%，粗纤维33.1%，无氮浸出物44.7%，粗灰分9.6%。适期收割的象草，鲜嫩多汁，适口性好，肉牛喜欢吃。适宜青饲、青贮或调制干草。

禾本科牧草还有黑麦草、羊草、披碱草、鸭茅等优质牧草，均是肉牛的优良饲草。

三、青饲作物

利用农田栽培农作物或饲料作物，在其结实前或结实期收割作为青饲料饲用，是解决青饲料供应的一个重要途径。常见的有青割玉米、燕麦、大麦、大豆苗、蚕豆苗等。一般青割作物用于直接饲喂或青贮。青割作物柔嫩多汁，适口性好，营养价值比收获籽实后的秸秆高得多，尤其是青割禾本科作物，其无氮浸出物含量丰富，用作青贮效果很好，生产中常把青割玉米作为主要的青贮原料。此外，青割燕麦、青割大麦也常用来调制干草。青割幼嫩的高粱和苏丹草中含有氰苷配糖体，肉牛采食后会在体内转变为氢氰酸而中毒。为防止中毒，宜在抽穗期收割，也可调制成青贮或干草，使毒性减弱或消失。

第三节　干草的晒制技术

人工栽培牧草及饲料作物、野青草在适宜时期收割加工调制成干草，降低了水分含量，减少了营养物质的损失，有利于长期储存，便于随时取用，可作为肉牛冬春季节的优质饲料。

一、干草的收割

青饲料要适时收割，兼顾产草量和营养价值。收割时间过早，营养价值虽高，但产量会降低，而收割过晚会使营养价值降低。所以，适时收割牧草是调制优质干草的关键。一般禾本科牧草及作物，如黑麦草、苇状羊茅、大麦等，应在抽穗期至开花期收割；豆科牧草，如紫花苜蓿、三叶草、红豆草等，应在开花初期到盛花期收割；另外收割时还要避开阴雨天气，避免晒制和雨淋使营养物质大量损失。

二、干草的调制

适当的干燥方法，可防止青饲料过度发热和霉烂，最大限度地保存干草的叶片青绿色泽、芳香气味、营养价值以及适口性，保证干草安全贮藏。要根据本地条件采取适当的方法，生产优质的干草。

（一）平铺与小堆晒制结合

青草收割后采用薄层平铺暴晒 4~5 小时使草中的水分由 85%左右减到约 40%，细胞呼吸作用迅速停止，减少营养损失。水分从 40%减到 17%非常慢，为避免长久日晒或遇到雨淋造成营养损失，可堆成高 1 米、直径 1.5 米的小垛，晾晒 4~5 天，待水分降到 15%~17%时，再堆于草棚内以大垛储存。一般晴日上午把草割倒，就地晾晒，夜间回潮，次日上午无露水时搂成小堆，可减少丢叶损失。在南方多雨地区，可建简易干草棚，在棚内进行小堆晒制。棚顶四周可用立柱支撑，建于通风良好的地方，进行最后的阴干。

（二）压裂草茎干燥法

压裂草茎干燥法是指利用牧草压扁机把牧草茎秆压裂，破坏茎的角质层膜和表皮及微管束，让它充分暴露在空气中，加快茎内的水分散失，可使茎秆的干燥速度和叶片基本一致的干燥方法。一般在良好的空气条件下，干燥时间可缩短 1/3~1/2。此法适合于豆科牧草和杂草类干草调制。

（三）草架阴干法

在多雨地区收割苜蓿时，用地面干燥法调制不易成功，可以采用木架或铁丝架晾晒，其中干燥效果最好的是铁丝架干燥，其取材容易，能充分利用太阳热和风，在晴天经 10 天左右即可获得水分含量为 12%~14%的优质干草。据报道，用铁丝架调制的干草，比地面自然干燥的营养物质损失减少 17%，消化率提高 2%。由于色绿、味香，适口性好，肉牛采食量显著提高。铁丝架的用材主要为立柱和铁丝。立柱由角钢、水泥柱或木柱制成，直径为 10~20 厘米，长 180~200 厘米。每隔 2 米立一根，埋深 40~50 厘米，呈直线排列（列柱），要埋得直，埋得牢，以防倒伏。从地面算起，每隔 40～45 厘米拉一横线，分为三层。最下一层距地面留出 40～45 厘米的间隔，以利通风。用塑料绳将铁丝绑在立柱或横杆上，以防挂草后沉重坠落。每两根立柱加拉一条对称的跨线，以防被风刮倒。大面积牧草地可在中央立柱，小面积或细长的地可在地边立柱。立柱要牢固，铁丝要拉紧和绑紧，以防松弛和倾倒。其做法可参照图 4-1。

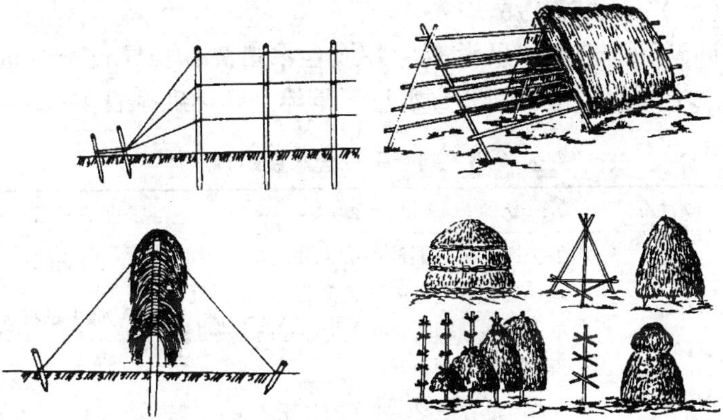

图 4-1　晒制干草的草架

（四）人工干燥法

1. 常温鼓风干燥法　常温鼓风干燥法是指将收割后的牧草田间晾到含水量 50%左右时，放到设有通风道的草棚内，用鼓风机或电风扇等吹风装置，进行常温吹风干燥的方法。先将草堆成 1.5～2 米高，经过 3～4 天干燥后，再堆高 1.5～2 米；也可继续堆高，总高不超过 4.5～5 米。一般每立方米草每小时鼓入 300～350 立方米空气。这种方法在干草收获时期，白天、早晨和晚间的相对湿度低于 75%，温度高于 15℃时可以使用。

2. 高温快速干燥法　高温快速干燥法是指将牧草切碎，放到牧草烘干机内，通过高温空气使牧草快速干燥的方法。干燥时间取决于烘干机的种类、型号及工作状态，从几小时到几十分钟，甚至几秒，使牧草含水量从80%左右迅速降到15%以下。有的烘干机入口温度为75~260℃，出口为25~160℃；有的入口温度为420~1 160℃，出口为60~260℃。虽然烘干机内温度很高，但牧草本身的温度很少超过30~35℃。这种方法牧草养分损失少。

三、干草的贮藏与包装

（一）干草的贮藏

调制好的干草如果没有垛好或含水量高，会导致干草霉变、腐烂。堆垛前要正确判断含水量。具体判断标准见表4-5。

表4-5 判断干草含水量的方法

干草含水量	判断方法	是否适合堆垛
15%~16%	用手搓揉草束时能沙沙响，并发出嚓嚓声，但叶量丰富低矮的牧草不能发出嚓嚓声。反复折曲草束时茎秆折断。叶子干燥卷曲，茎上表皮用指甲几乎不能剥下	适于堆垛保藏
16%~18%	搓揉草时没有干裂响声，而仅能沙沙响。折曲草束时只有部分植物折断，上部茎秆能留下折曲的痕迹，但茎秆折不断。叶子有时卷曲，上部叶子软。表皮几乎不能剥下	可以堆垛保藏
19%~20%	握紧草束时不能产生清脆声音，但粗黄的牧草有明显干裂响声。干草柔软，易捻成草辫，反复折曲而不断。在拧草辫时挤不出水来，但有潮湿感觉。禾本科草表皮剥不掉。豆科草上部茎的表皮有时能剥掉	堆垛保藏危险
23%~25%	搓揉没有沙沙的响声。折曲草束时，在折曲处有水珠出现，手插入干草里有凉的感觉	不能堆垛保藏

现场常用拧扭法和刮擦法来判断水分含量，即手持一束干草进行拧扭，如草茎轻微发脆，扭弯部位不见水分，可安全贮藏；或用手指甲在草茎外刮擦，如能将其表皮剥下，表示晒制尚不充

分，不能贮藏；如剥不下表皮，则表示可将干草堆垛。干草安全贮藏的含水量，散放为25%，打捆为20%~22%，铡碎为18%~20%，干草块为16%~17%。含水量高不能贮藏，否则会发热霉烂，造成营养损失，随时可能引起自燃，甚至发生火灾。

干草贮藏有露天堆垛、草棚堆垛和压捆等方法，贮藏时应注意以下几点。

1. 防止垛顶塌陷漏雨　干草堆垛后2~3周，易发生塌顶现象，要经常检查，及时修整。一般可采用草帘呈屋脊状封顶、小型圆形垛可采用尖顶封顶、麦秸泥封顶、农膜封顶和草棚等形式。

2. 防止垛基受潮　要选择地势高燥的场所堆垛，垛底应尽量避免与泥土接触，要用木头、树枝、石头等垫起铺平并高出地面40~50厘米，垛底四周要挖排水沟。

3. 防止干草过度发酵与自燃　含水量在17%以上时，由于植物体内酶及外部微生物的活动常引起发酵，使温度上升至40~50℃。适度发酵可使草垛坚实，产生特有的香味，但过度发酵会使干草品质下降，因此应将干草水分含量控制在20%以下。发酵产热温度上升到80℃左右时，接触新鲜空气即可引起自燃。此现象在贮藏30~40天时最易发生。若发现垛温达到65℃以上时，应立即采取相应措施，如拆垛、吹风降温等。

4. 减少胡萝卜素的损失　堆或垛外层的干草因受阳光的照射，胡萝卜素含量最低；中间及底层的干草，因挤压紧实，氧化作用较弱，胡萝卜素的损失较少。贮藏青干草时，应尽量压实，集中堆大垛，并加强垛顶的覆盖。

5. 准备消防设施，注意防火　堆垛时要根据草垛大小，将草垛间隔一定距离，防止失火后全军覆没。为防不测，提前应准备好防火设施。

（二）干草的包装

干草的包装有草捆、草垛、干草块和干草颗粒等 4 种包装形式。

1. 草捆 草捆常规为正方体、长方体。目前我国的干草多为长方体草捆，每捆约重 50 千克。也有球形草捆，如在草地上大规模储备草时多为大球形草捆，其直径可达 1.5~2 米。

2. 草垛 草垛是将长草吹入拖车内并以液压机械顶紧压制而成的。呈长方体，每垛重 1~6 吨。适于在草场上就地储存。由于体积过大，不便运输。这种草垛受风吹日晒雨淋的面积较大，若结构不紧密，可造成雨雪渗漏。

3. 干草块 干草块是最理想的包装形式。可实行干草饲喂自动化，减少干草养分损失，消除尘土污染，采食完全，无剩草，不浪费，有利于提高牛的进食量、增重和饲料转化效率，但成本高。

4. 干草颗粒 干草颗粒是将干草粉碎后压制而成的。优点是体积小于其他任何一种包装形式，便于运输和贮藏，可防止牛挑食和剩草，消除尘土污染。

另外，也有采用大型草捆包塑料薄膜来贮藏干草的。

四、干草的品质鉴别

干草品质鉴定方法有感官（现场）鉴定、化学分析与生物技术法，生产中常通过感官鉴定判断干草品质的好坏。

（一）感官鉴定

1. 颜色气味 干草的颜色是反映品质优劣最明显的标志，颜色深浅可作为判断干草品质优劣的依据。优质青干草呈绿色，绿色越深，营养物质损失越小，所含的可溶性营养物质、胡萝卜素及其他维生素越多，品质也越好。茎秆上每个节的茎部颜色是干草所含养分高低的标记，如果每个节的茎部呈现深绿色部分越长，则干草所含养分越高；若是呈现淡的黄绿色茎部越长，则养分越少；呈现白色时，则养分更少，且草开始发霉；变黑时，说明已经霉烂。适时刈割的干草都具有浓厚的芳香气味，能刺激肉牛的食欲，增加适口性；若干草具有霉味或焦灼的气味，则品质不佳。

2. 叶片含量　干草中叶片的营养价值较高。优良干草要叶量丰富，有较多的花序和嫩枝。叶中蛋白质和矿物质含量比茎多1~1.5倍，胡萝卜素多10~15倍，粗纤维含量比茎少50%~100%，叶营养物质的消化率比茎高40%。干草中的叶量越多，品质就越好。鉴定时可取一束干草，看叶量的多少，优良的豆科青干草叶量应占干草总重量的50%以上。

3. 牧草形态　初花期或初花期前刈割的干草中含有花蕾、未结实花序的枝条较多，叶量也多，茎秆质地柔软，适口性好，品质也佳。若刈割过迟，干草中叶量少，带有成熟或未成熟种子的枝条数目多，茎秆坚硬，适口性、消化率都下降，品质变劣。

4. 含水量　干草的含水量应为15%~18%。

5. 病虫害情况　有病虫害的牧草调制成的干草营养价值较低，且不利于肉牛健康，鉴定时查其叶片上是否有病斑出现、是否带有黑色粉末等，如果发现带有病症，不能饲喂肉牛。

（二）干草分级

现将一些国家的干草分级标准（表4-6、表4-7、表4-8、表4-9）介绍如下，作为评定干草品质的参考。

内蒙古自治区制定的青干草等级标准如下：

一等：以禾本科草或豆科草为主体，枝叶呈绿色或深绿色，叶及花序损失不到5%，含水量15%~18%，有浓郁的干草香味，但由再生草调制的优良青干草，可能香味较淡，无沙土，杂类草及不可食草不超过5%。

二等：草种较杂，色泽正常，呈绿色或淡绿色。叶及花序损失不到10%，有香草味，含水量15%~18%，无沙土，不可食草不超过10%。

三等：叶色较暗，叶及花序损失不到15%，含水量15%~18%，有香草味。

四等：茎叶发黄或变白，部分有褐色斑点，叶及花序损失大于20%，香草味较淡。

五等：发霉，有霉烂味，不能饲喂。

表4-6 国外人工豆科干草的分级标准

	豆科牧草（%）≥	有毒有害物（%）≤	粗蛋白质（%）≥	胡萝卜素（毫克/千克）≥	粗纤维（%）≤	矿物质（%）≤	水分（%）≤
1	90	—	14	30	27	0.3	17
2	75	—	10	20	29	0.5	17
3	60	—	8	15	31	1.0	17

表4-7 国外人工禾本科干草的分级标准

	禾本科（%）≥	有毒有害物（%）≤	粗蛋白质（%）≥	胡萝卜素（毫克/千克）≥	粗纤维（%）≤	矿物质（%）≤	水分（%）≤
1	90	—	10	20	28	0.3	17
2	75	—	8	15	30	0.5	17
3	60	—	6	10	33	1.0	17

表4-8 国外豆科和禾本科混播干草的分级标准

	豆科（%）≥	有毒有害物（%）≤	粗蛋白质（%）≥	胡萝卜素（毫克/千克）≥	粗纤维（%）≤	矿物质（%）≤	水分（%）≤
1	50	—	11	25	27	0.3	17
2	35	—	9	20	29	0.5	17
3	20	—	7	15	32	1.0	17

表 4-9　国外天然刈割草场干草的分级标准

	禾本科和豆科（%）≥	有毒有害物（%）≤	粗蛋白质（%）≥	胡萝卜素（毫克/千克）≥	粗纤维（%）≤	矿物质（%）≤	水分（%）≤
1	80	0.5	9	20	28	0.3	17
2	60	1.0	7	15	30	0.5	17
3	40	1.0	5	10	33	1.0	17

五、干草的饲喂

优质干草可直接饲喂，不必加工。中等以下质量的干草喂前要铡短到 3 厘米左右，主要是防止第四胃易位和满足牛对纤维素的需要。为了提高干草的进食量，可以喂干草块。

肉牛饲喂干草等粗料，按每百千克体重计算，以 1.5～2.5 千克干物质为宜。干草的质量越好，肉牛采食干草量越大，精料用量越少。按整个日粮总干物质计算，干草和其他粗料与精料的比例以 50∶50 最合理。

第四节　青贮饲料的调制与利用

青贮饲料是将青绿饲料采用青贮技术保存饲料中主要营养成分的一类饲料，其主要原理是利用青绿饲料厌氧发酵过程中产生的大量乳酸菌，降低饲料酸碱度（pH 值），抑制其他微生物繁殖，从而达到保存饲料营养成分的目的，可以全年平衡地供应青饲料。青贮饲料在喂牛前要检查其品质，品质好的应当是呈绿色或黄绿色，具有酸香味，质地柔软湿润，茎叶基本保持原样，凡是发霉变质的、腐烂的不能喂牛。

一、青贮原理

青贮饲料是指在密闭的青贮设施（窖、壕、塔、袋等）中，或经乳酸菌发酵，或采用化学制剂调制，或降低水分而保存的青绿多汁饲料。青贮是调制和贮藏青饲料、块根块茎类、农副产品的有效方法。青贮能有效保存饲料中的蛋白质和维生素，特别是胡萝卜素的含量，青贮比其他调制方法都高；饲料经过发酵，气味芳香，柔软多汁，适口性好；可把夏、秋多余的青绿饲料保存起来，供冬春利用，利于营养物质的均衡供应；调制方法简单，易于掌握；不受天气条件的限制；取用方便，随用随取；贮藏空间比干草小，可节约存放场地；贮藏过程中不受风吹、雨淋、日晒等影响，也不会发生自燃等火灾事故。

青贮发酵是一个复杂的生物化学过程。青贮原料入窖后，附着在原料上的好气性微生物和各种酶，利用饲料受机械压榨而排出的富含碳水化合物等养分的汁液进行活动，直至容器内氧气耗尽，1~3 天在形成厌氧环境时才停止呼吸。醋酸菌大量繁殖，产生醋酸，酸浓度的增加，抑制了醋酸菌的繁殖。随着酸度、厌氧环境的形成，乳酸菌开始生长繁殖，生成乳酸。15~20 天后窖内温度由 33℃降到 25℃，pH 值由 6 下降到 3.4~4.0，产生的乳酸达到最高水平。当 pH 值下降至 4.2 以下时只有乳酸菌存在，下降至 3 时乳酸菌也停止活动，乳酸发酵基本结束。此时，窖内的各种微生物停止活动，青贮饲料进入稳定阶段，营养物质不再损失。一般情况下，糖分含量较高的原料如玉米、高粱等在青贮后 20~30 天就可以进入稳定阶段（豆科牧草需 3 个月以上），如果密封条件良好，这种稳定状态可继续数年。

玉米秸、高粱秸的茎秆含水量大、皮厚，极难干燥，因而极易发霉。及时收获穗轴进行青贮，可免霉变损失。

二、青贮容器

（一）青贮窖

青贮窖有地下式和半地下式两种，如图 4-2a、4-2b 所示。

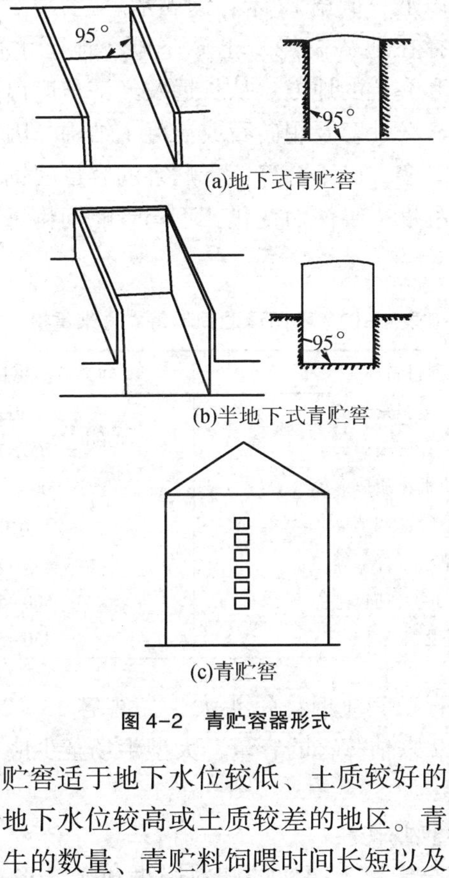

图 4-2　青贮容器形式

地下式青贮窖适于地下水位较低、土质较好的地区，半地下式青贮窖适于地下水位较高或土质较差的地区。青贮窖的形状及大小应根据肉牛的数量、青贮料饲喂时间长短以及原料的多少而定。原则上料少时宜做成圆形窖，料多时宜做成长方形窖。圆形窖直径与窖深之比为 1∶1.5。长方形窖的四壁呈 95°角倾斜，即窖底的尺寸稍小于窖口，窖深以 2～3 米为宜，窖的宽度应根据牛群日需要量决定，即每日从窖的横截面取 4～8 厘米为宜，窖的大小以集中人力 2～3 天装满为宜。青贮窖最好有两个，以便轮换进行氨化秸秆。大型窖应用链轨拖拉机碾压，一般取大于其链轨间距 2 倍以上，最宽 12 米，深 3 米。

窖址应选择在地势高燥、土质坚硬、地下水位低、靠近牛舍、远离水源和粪坑的地方。从长远及经济角度出发，不可采用土窖，宜修筑永久性窖及用砖石或混凝土结构。因为土窖既不耐久，原料霉坏又多，极不合算。青贮窖的容量因饲料种类、含水量、原料切碎程度、窖深而变化，不同青贮饲料每立方米重量见表 4–10。

表 4–10　不同青贮饲料每立方米重量

饲料名称	每立方米重量（千克）
叶菜类，紫云英	800
甘薯藤	700～750
甘薯块根，胡萝卜等	900～1 000
萝卜叶，苦荬菜	610
牧草，野青草等	600
青贮玉米，向日葵	500～550
青贮玉米秸	450～500

当全年喂青贮为主时，每头大牛需窖容 13～20 立方米，小牛以大牛的 1/2 来估算窖的容量，大型牛场至少应有 2 个以上的青贮窖。

（二）圆筒塑料袋

选用 0. 2 毫米以上厚实的塑料膜做成圆筒形，与相应的袋装青贮切碎机配套，如不移动可以做得大些；如要移动，以装满后两人能抬动为宜。塑料袋可以放在牛舍内、草棚内和院子内，最好避免直接太阳照射使塑料袋老化碎裂，要注意防鼠、防冻。

（三）草捆青贮

草捆青贮主要用于牧草青贮，将新鲜的牧草收割并压制成大圆柱草捆，装入塑料袋，系好袋口便可制成优质的青贮饲料。注意保护塑料袋，不要让其破漏。草捆青贮取用方便，在国外应用较多。

（四）堆贮

堆贮是在砖地或混凝土地上堆放青贮的一种形式。这种青贮只要加盖塑料布，上面再压上石头、汽车轮胎或土就可以。但堆垛不高，青贮品质稍差。堆垛应为长方形而不是圆形，开垛后每天纵切4~8厘米，保证让牛天天吃上新鲜的青贮饲料。

另外，在国外也有用青贮塔，即为地上的圆筒形建筑，金属外壳，水泥预制件作为衬里。青贮塔长久耐用，青贮效果好，塔边、塔顶很少霉坏，便于机械化装料与卸料。青贮塔的高度应为其直径的2~3.5倍，一般塔高12~14米，直径3.5~6米。在塔身一侧每隔2米高开一个0.6米×0.6米的窗口，装时关闭，取空时敞开，如图4-2c所示。可用于制作低水分青贮、湿玉米粒青贮或一般青贮，青贮饲料品质优良，但成本较高。

三、青贮饲料的制作

（一）青贮原料及其收获

许多青饲料均能青贮，以含糖量多的青饲料较好。从表4-11可以看出含糖量高的禾本科作物或牧草易于青贮；豆科作物或牧草含蛋白高，易腐烂，难以青贮，须用其他含糖量高的禾本科青饲料与之混合青贮。

表 4-11　一些青贮原料的含糖量

易于青贮的原料			不易青贮的原料		
饲料	青贮后 pH 值	含糖量（%）	饲料	青贮后 pH 值	含糖量（%）
玉米植株	3.5	26.8	草木樨	6.6	4.5
高粱植株	4.2	20.6	箭舌豌豆	5.8	3.62
菊芋植株	4.1	19.1	紫花苜蓿	6.0	3.72
向日葵植株	3.9	10.9	马铃薯茎叶	5.4	8.53
胡萝卜茎叶	4.2	16.8	黄瓜蔓	5.5	6.76
饲用甘蓝	3.9	24.9	西瓜蔓	6.5	7.38
芜菁	3.8	15.3	南瓜蔓	7.8	7.03

原料适时收割，可以获得最大营养物质产量，水分和可溶性碳水化合物含量适当，有利于乳酸发酵，易于调制优质青贮料。一般禾本科牧草宜在孕穗至抽穗期，豆科牧草宜在现蕾至开花初期进行收割。收获果穗后的玉米秸青贮，宜在玉米果穗成熟、玉米茎叶仅有下部 1~2 片叶黄时，立即收割玉米秸青贮；或玉米七成熟时，削尖青贮，但削尖时果穗上部要保留一张叶片。

（二）原料含水量的调节

含水量是调制优质青贮的关键之一。普通青贮原料含水量为 65%~75%。原料质地不同，适宜含水量也有差别。质地粗硬的原料，含水量可高达 75%~78%；收割早、幼嫩、多汁柔软的原料，含水量以 60%为宜。对含水量过高或过低的原料，青贮时均应处理或调节。通常是通过延长生育期、混贮、调萎或添加干料等方法来进行调节。

青贮原料的含水量最好用分析方法测定。但生产实践中常难以测定，一般用手挤压大致判别：用手握紧一把切碎的原料，如水能从手指缝间滴出，其水分含量在 75%~85%；如水从手指缝间渗出并未滴下来，松手后原料仍保持球状，手上有湿印，其水分在 68%~75%；手松后若草球慢慢膨胀，手上无湿印，其水分在 60%~67%，适于豆科牧草的青贮；如手松后草球立即膨胀，其水分约在60%以下，不宜做普通青贮，只适于幼嫩牧草低水分青贮。

（三）青贮的制作

青贮前，先将窖底及四周清扫干净并衬上塑料薄膜（水泥地面可免），将青贮原料切碎（愈短愈好，便于压实）添装到窖中，边装边压实，特别是窖的四周及四角处更要压实，一般小窖用人工踩实，大型窖则应从窖的一端开始压制，每天压制窖长方向3～10米，当所装原料高出窖口60厘米以上时，用无毒塑料薄膜（最好用双层）覆盖，塑料薄膜宜覆盖到窖口四周1米左右，使窖顶呈馒头状或屋脊状，以利排水和密封，然后在塑料薄膜上平铺一层薄土即可。封口时，撒上些尿素或碳酸氢铵，可减少表层饲料的霉败损失。大型青贮窖青贮制作如图4-3所示。

图4-3 大型青贮窖制作

封窖后3～5天，应注意检查窖顶，及时填补窖顶下陷处及裂缝处，防止漏水漏气。用禾本科植物制作的青贮，夏天一般在装窖20天以后就可开窖；纯豆科植物青贮，40天以后才可开窖。长方形窖应从背风的一头开窖，每天切取4厘米以上。小窖可将顶部揭开，每天水平取料5厘米以上。取完料后再用塑料膜盖住，防止日晒雨淋和二次发酵损失。取出的青贮料应马上饲喂；冬季应放在室内或圈舍，解冻后再饲喂，以免引起母牛流产。

（四）黄贮

黄贮是指将收获了籽实的作物秸秆切碎后喷水（或边切碎边喷水），使秸秆含水量达到40%的贮存方式。为了提高黄贮质量，可按秸秆重量的0.2%加入尿素，3%～5%加入玉米面，5%加入胡萝卜。胡萝卜可与秸秆一块切碎，尿素可制成水溶液均匀地喷洒于原料上。然后装窖、压实，覆盖后贮存起来，密封 40 天左右即可饲喂。

（五）尿素青贮

在一些蛋白质饲料缺乏的地区，制作尿素青贮是一种可行的方法。玉米青贮干物质中的粗蛋白含量较低，约为 7.5%，在制作青贮时，按原料的 0.5%加入尿素，这样含水 70%的青贮料干物质中即有 12%～13%的粗蛋白质，不仅提高了营养价值，还可提高牛的采食量，抑制腐生菌繁殖导致的霉变等。

制作尿素青贮时，先在窖底装 50～60 厘米厚的原料，按青贮原料的重量算出尿素需要量（可按 0.4%～0.6%的比例计算），把尿素制成饱和水溶液（把尿素溶化在水中），按每层应喷量均匀地喷洒在原料上，以后每层装料 15 厘米厚，喷洒尿素溶液一次，如此反复直到装满窖为止，其他步骤与普通青贮相同（图 4-4）。

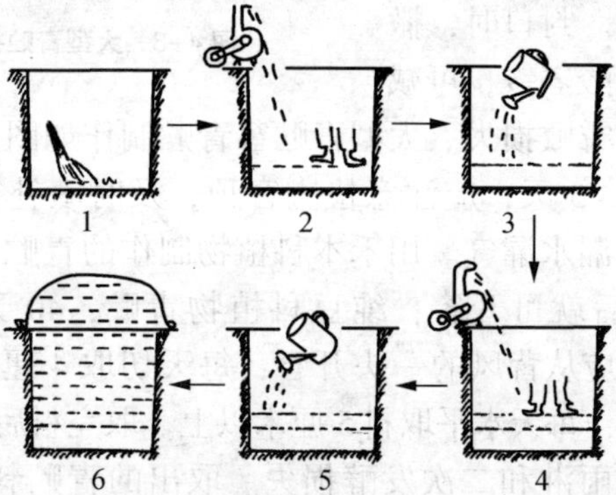

图 4-4 尿素青贮制作

1. 清扫窖底 2. 装料 50～60 厘米踩实 3. 喷入 1/M 尿素（M=总层数） 4. 再装料 15 厘米，踩实 5. 喷入 1/M 尿素 6. 以后每装料 15 厘米，踩实，喷入 1/M 尿素，装料到高出窖 1～1.5 米，用塑料薄膜密封

制作尿素青贮时，要求尿素水溶液喷洒均匀，窖存时间最好在 5 个月以上，以便于尿素渗透、扩散到原料中。饲喂尿素青贮

量要逐日增加，经 7~10 天后达到正常采食量，并要逐渐降低精饲料中的蛋白质含量。

（六）青贮添加剂

1. 微生物添加剂 青绿作物叶片上天然存在的有益微生物（如乳酸菌）和有害微生物之比为 10：1，采用人工加入乳酸菌有利于乳酸菌尽快达到足够的数量，加快发酵过程，迅速产生大量乳酸，使 pH 值下降，从而抑制有害微生物的活动。将乳酸菌、淀粉、淀粉酶等按一定比例配合起来，便可制成一种完整的菌类添加剂。使用这类复合添加剂，可使青贮的发酵变成一种快速、低温、低损失的过程，从而使青贮的成功更有把握。而且，当青贮打开饲喂时，稳定性也更好。

2. 不良发酵抑制剂 不良发酵抑制剂能部分或全部地抑制微生物生长。常用的有无机酸（不包括硝酸和亚硝酸）、醋酸、乳酸和柠檬酸等，目前用得最多的是甲酸和甲醛。对糖分含量少、较难青贮的原料，可添加适量甲酸，禾本科牧草添加量为湿重的 0.3%，豆科牧草为 0.5%，混播牧草为 0.4%。

3. 好气性变质抑制剂 好气性变质抑制剂即抑制二次发酵的添加剂，丙酸、己酸、焦亚硫酸钠和氨等都属于此类添加剂。生产中常用丙酸及其盐类，添加量为 0.3%~0.5%时可很大程度地抑制酵母菌和霉菌的繁殖，添加量为 0.5%~1.0%时绝大多数的酵母菌和霉菌都被抑制。

4. 营养性添加剂 营养性添加剂可补充青贮饲料营养成分和改善发酵过程。常用的有以下两种。

（1）碳水化合物：常用的是糖蜜及谷类，它们既是一种营养成分，又能改善发酵过程。糖蜜是制糖工业的副产品，禾本科牧草或作物青贮时加入量为 4%，豆科青贮为 6%。谷类含有 50%~55%的淀粉以及 2%~3%的可发酵糖，淀粉不能直接被乳酸菌利用，但是，在淀粉酶作用下可水解为糖，为乳酸菌利用。

例如，大麦粉在青贮过程中能产生相当于自身重量30%的乳酸。每吨青贮饲料可加入50千克大麦粉。

（2）无机盐类：青贮饲料中加石灰石不但可以补充钙，而且可以缓和饲料的酸度。每吨青贮饲料碳酸钙的加入量为4.5~5千克。添加食盐可提高渗透压，丁酸菌对较高的渗透压非常敏感而乳酸菌却较为迟钝。添加0.4%的食盐，可使乳酸含量增加，醋酸减少，丁酸更少，从而使青贮品质改善，适口性也更好。

虽然每一种添加剂都有在特定条件下使用的理由，但是，不应当由此得出结论：只有使用添加剂，青贮才能获得成功。事实上，只要满足青贮所需的条件，在多数情况下无须使用添加剂。

四、青贮品质鉴定

青贮饲料品质的评定有感官（现场）鉴定法、化学分析法和生物技术法，生产中常用感官鉴定法。

（一）感官鉴定

感官鉴定是指通过色、香、味和质地来评定青贮饲料。评定标准见表4-12。

表4-12 青贮饲料感官鉴定标准

等级	颜色	酸味	气味	质地
优良	黄绿色，绿色	较浓	芳香酸味	柔软湿润、茎叶结构良好
中等	黄褐色，墨绿色	中等	芳香味弱、稍有酒精或酪酸味	柔软、水分稍干或稍多、结构变形
低劣	黑色，褐色	淡	刺鼻腐臭味	黏滑或干燥、粗硬、腐烂

（二）化学分析鉴定

1. 酸碱度 酸碱度是衡量青贮饲料品质好坏的重要指标之一。实验室可用精密酸度计测定，生产现场可用精密石蕊试纸测定 pH 值。优良的青贮饲料 pH 值在 4.2 以下，超过 4.2（低水分青贮除外）说明青贮发酵过程中腐败菌活动较为强烈。

2. 有机酸含量　测定青贮饲料中的乳酸、醋酸和酪酸的含量是评定青贮料品质的可靠指标。优良的青贮料含有较多的乳酸，少量醋酸，不含酪酸。品质差的青贮饲料，含酪酸多而乳酸少，如表 4-13 所示。

3. 其他　一般情况下，青贮料品质的评定还要进行腐败和污染鉴定。青贮饲料腐败变质，其中含氮物质分解成氨，通过测定氨可知青贮料是否腐败。污染常是使青贮饲料变坏的原因之一，因此常将青贮窖内壁用石灰或水泥抹平，预防地下水的渗透或其他雨水、污水等流入。鉴定时可根据氨、氯化物及硫酸盐的存在来评定青贮饲料的污染度。

表 4-13　不同青贮饲料中各种酸含量（%）

等级	pH 值	乳酸	醋酸		酪酸		氨态氮/总氮
			游离	结合	游离	结合	
良好	3.8~4.4	1.2~1.5	0.7~0.8	0.1~0.15	—	—	小于 10%
中等	4.5~5.4	0.5~0.6	0.4~0.5	0.2~0.3	—	0.1~0.2	15%~20%
低劣	5.5~6.0	0.1~0.2	0.1~0.15	0.05~0.1	0.2~0.3	0.8~1.0	20%以上

五、青贮饲料饲喂

青贮饲料发酵成熟后即可开窖取用，如发现表层呈黑褐色并有腐臭味及结块霉变味时，应把表层弃掉。对于直径较小的圆形窖，应由上到下逐层取用，保持表面平整。对于长方形窖，宜从一端开始分段取用，先铲去约 1 米长的覆土，揭开塑料薄膜，由上到下逐层取用直到窖底。然后再揭去 1 米长的塑料薄膜，用同样方法取用。每次取料的厚度不应少于 9 厘米，不要挖窝掏取。每次取完后应用塑料薄膜覆盖露出的青贮饲料，以防雨雪落入及长时间暴露在空气中引起二次发酵；乳酸氧化为丁酸可造成营养物质损失，甚至变质霉烂。

青贮饲料是肉牛的一种良好的粗饲料，一般占日粮干物质的50%以下，初喂时有的牛不喜食，喂量应由少到多，逐渐适应后，即可习惯采食。喂青贮饲料后，仍需喂给精饲料和干草(一般2~4千克/天)。每天根据喂量，用多少取多少，否则容易腐臭或霉烂。劣质的青贮饲料不能饲喂，冰冻的青贮饲料应待冰融化后再喂。青贮饲料的日喂量对成年肥育牛每100千克体重为4~5千克；对犊牛，6月龄以上一般能较好地采食，6月龄前需要制备专用青贮饲料；3月龄以前最好不喂青贮饲料。

优良的青贮饲料，动物采食量和生产性能随青贮饲料消化率的提高而提高，仅喂带果穗青贮饲料可使肉牛的日增重维持在0.8~1.0千克。青贮饲料的饲养价值受牧草干物质、青贮添加物和牧草切短程度等的影响。

第五节　秸秆饲料的加工调制技术

目前我国加工调制秸秆与农副产品的方法很多，有物理、化学和生物学方法。物理法有切碎、粉碎、浸泡、蒸煮、射线照射等，化学法有碱化、氨化、酸化、复合处理等，生物法主要有微贮等。但应用效果较好的是化学方法。

一、碱化

秸秆类饲料主要有稻草、小麦秸、玉米秸、谷草、高粱秸等，其中稻草、小麦秸和玉米秸是我国乃至世界各国的主要三大秸秆。这三类秸秆的营养价值很低，且很难消化，尤其是小麦秸秆。如果能将其进行碱化处理，不仅可提高适口性，增加采食量，而且可使消化率在原来基础上提高 50%以上，从而提高饲喂效果。

（一）石灰水碱化法

石灰水碱化法是先将秸秆切短，装入水池、水缸等不漏水的容器内，然后倒入 0.6%的石灰水溶液，浸泡秸秆 10 分钟。为使秸秆全部被浸没，可在上面压一重物。之后将秸秆捞出，置于稍有坡度的石头、水泥地面或铺有塑料薄膜的地上，上面再覆盖一层塑料薄膜，堆放 1~2 天即可饲喂。注意选用的生石灰应符合卫生条件，各有害物质含量不超过标准。

（二）氢氧化钠碱化法

氢氧化钠碱化法是湿碱化法，是将切碎的秸秆装入水池中，用氢氧化钠溶液浸泡后捞出，清洗，直至秸秆没有发滑的感觉，控去残水即可湿饲。池中氢氧化钠可重复使用（图 4-5）。

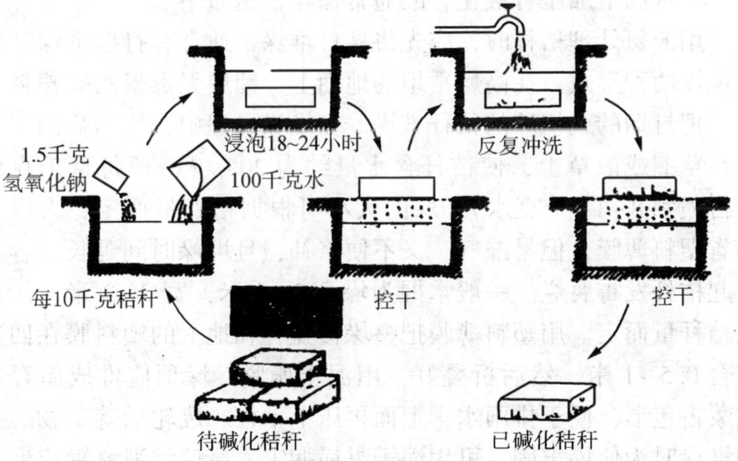

图 4-5 氢氧化钠碱化法

另外，把秸秆切碎，按每百千克秸秆用 13%~25%氢氧化钠溶液 30 千克喷洒，边喷边搅拌，使溶液全部被吸收，搅匀后堆放在水泥、石头或铺有塑料薄膜的地面上，上面再罩一层塑料薄膜，几天后即可饲喂。

用氢氧化钠处理（碱化）的秸秆，提高了采食量、消化率和牛的日增重，但碱化秸秆使牛饮水量增大，排尿量增加，尿中钠的浓度增加，用其施肥后容易使土壤碱化。

二、氨化

秸秆经氨化后，可提高有机物消化率和粗蛋白含量；改善适口性，提高了采食量和饲料利用效率；氨还可防止饲料霉坏，使秸秆中夹带的野草籽不能发芽繁衍。目前氨化处理常用液氨、氨水、尿素和碳酸氢铵等。

（一）液氨氨化

液氨又名无水氨，在常温常压下为无色气体，有强烈刺激气味，在常温下加压可液化，故通常保存于钢瓶中。

用液氨处理秸秆时，应先将秸秆堆垛，通常有打捆堆垛和散草堆垛两种形式。在高燥平坦的地面上，铺展无毒聚乙烯塑料薄膜，把打捆的或切碎的秸秆堆垛。在堆垛过程中，均匀喷洒一些水在草捆或散草上，使秸秆含水量约为20%（一般每百千克秸秆再喷洒8~11千克水）。垛的大小可根据秸秆量而定，大垛可节省塑料薄膜，但易漏气，又不便修补，且堆垛时间延长，容易引起秸秆发霉腐烂。一般掌握为垛高2~3米，宽2~3米，长度依秸秆量而定。用塑料薄膜把整垛覆盖，和地上的塑料膜在四边重合0.5~1米，然后折叠好，用泥土压紧。垛顶应堆成屋脊形或蒙古包形，便于排雨水，上面再压上木杠、废轮胎等重物。打捆堆垛时为使垛牢固，可用绳子纵横捆牢。最后将液氨罐或液氨车用多孔的专用钢管每隔2米插入草堆通氨，总氨量为秸秆量的3%。通氨完毕，拔出钢管，立即用胶布将塑膜破口贴封好（图4-6）。

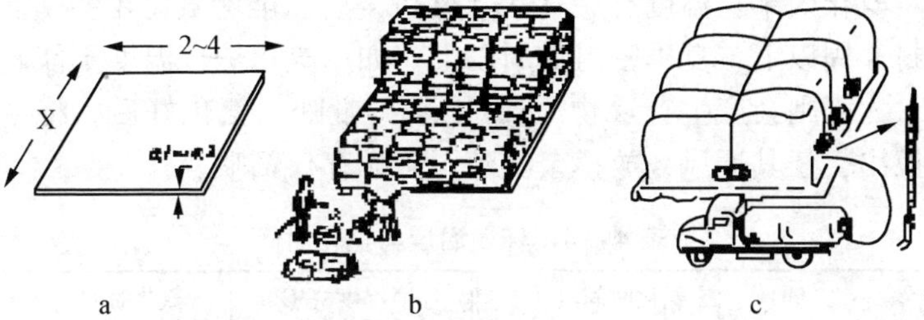

图 4-6　整捆堆垛氨化秸秆制作（单位：米）

a. 地面砌一高 10~15 厘米，宽 2~4 米，长则按制作量而定的垛　b. 把整捆秸秆用水喷洒，码垛高 2~3 米　c. 用厚无毒塑料薄膜密封，四周用石块和沙土把塑料薄膜边压紧，地面密封，用带孔不锈钢锥管按每隔 2 米插入，接上高压气管，通入氨气。为避免风把塑料薄膜刮掉，每隔 1~1.5 米，用绳子两端各拴 5~10 千克石块，搭在草垛上，把垛压紧

液氨堆垛氨化秸秆时，要防鼠害及人畜践踏塑料膜而引起漏气。为避免这一点也可用窖处理或氨化炉处理（图 4-7）。

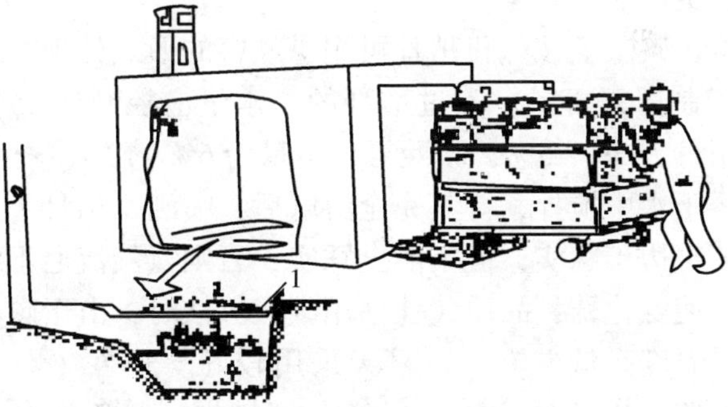

图 4-7　小型以煤为能源氨化炉

1. 不锈钢加热板　2. 板上放碳酸氢铵　3. 炉膛　4. 灰坑　5. 烟道　6. 带隔热层炉墙（氨化炉壁）　7. 带隔热层炉门（用电作能源更好操作）

氨化效果与温度有关（表4-14），所以堆垛氨化在冬季需要密封8周以上，夏季密封2周以上。如用氨化炉，温度不能超过70℃，否则会产生有毒物质4-甲基异吡唑，氨化好后，将草用车拉出，任其通风，放掉余氨晾干后贮存、饲喂。

表4-14　环境温度与氨化时间

环境温度（℃）	氨化时间（天）	环境温度（℃）	氨化时间（天）
0~5	>56	20~30	7~21
5~15	28~56	30~45	3~7
15~20	14~28	70	0.5~1

（二）尿素和碳酸氢铵氨化

尿素和碳酸氢铵已成为我国广大农民普遍使用的化肥。它们来源广，使用方便，效果仅次于液氨，广泛被各地采用。氨对人体有害，液氨处理不当时，会引起中毒甚至死亡，而且液氨运输、储存不便，因此，应用尿素或碳酸氨铵进行氨化更安全，而且适应性更广。

尿素、碳酸氢铵氨化秸秆可用垛或窖的形式处理。其制作过程相似于制尿素青贮，不过秸秆的含水量应控制在35%~45%；尿素的用量为3%~5%，碳酸氢铵用量为6%~12%。把尿素或碳酸氢铵溶于水中搅拌，待其完全溶解后，喷洒于秸秆上，搅拌均匀。边装窖边稍踩实，但不能全踩实，否则氨气流通不畅，不利于氨化，使氨化秸秆品质欠佳。用碳酸氢铵时，由于碳酸氢铵分解慢，受温度高低左右，以夏天采用较好。开窖（垛）后晾晒时间应长些，以使残余碳酸氢铵分解散失，避免牛多吃引起氨中毒。

氨化秸秆品质鉴别有感官鉴定、化学分析和生物技术法。生产中常用感官鉴定法进行现场评定，即通过检查氨化饲料的色泽、气味和质地，以判别其品质优劣。一般分为4个等级，如表

4-15 所示。

表 4-15　氨化饲料品质感官鉴定等级

等级	色泽	气味	质地
优良	褐黄色	糊香	松散柔软
良好	黄褐色	糊香	较柔软
一般	黄白或褐黑色	无糊香或微臭	轻度黏性
劣质	灰白或褐黑色	刺鼻臭味	黏结成块

氨化成熟的秸秆，需要取出在通风、干燥、洁净的水泥或砖铺地面上摊开、晾晒至水分低于 14%后储存。切不可从窖中取出后马上饲喂，虽表面无氨味，但秸秆堆内部仍有游离氨气，须晒干再喂，以免氨中毒。

氨化秸秆可作为成年役牛或 1～2 岁阉牛的主要饲料，每日可喂 8～11 千克，根据体重大小应有所不同；肉用或肉役兼用青年母牛，每日可喂 5～8 千克氨化秸秆；生长或肥育牛可据体重和日增重给予氨化秸秆。例如用 3%液氨处理的小麦秸、玉米秸、稻草喂黄牛，比未经氨化的日增重分别提高 13.8%、37%、16%，每增重 1 千克分别减少精料耗量 2.62 千克、0.49 千克、0.42 千克。

三、复合化学处理

用尿素单独氨化秸秆时，秸秆有机物消化率不及用氢氧化钠或氢氧化钙碱化处理；用氢氧化钠或氢氧化钙单独碱化处理秸秆虽能显著提高秸秆的消化率，但发霉严重，秸秆不易保存。二者互相结合，取长补短，既可明显提高秸秆消化率与营养价值，又可防止发霉，是一种较好的秸秆处理方法。

复合化学处理与尿素青贮方法相同。根据中国农业大学研究成果：秸秆含水量按 40%计算出加水量，按每百千克秸秆干物质计算，分别加尿素和氢氧化钙 2~4 千克和 3~5 千克，溶于所加入的水中，将溶液均匀喷洒于秸秆上，封窖即可。

根据秸秆营养价值改进研究课题组（国家八五攻关课题）山西农业大学子课题组的研究：小麦秸秆按每百千克加入碱法造纸第一次废液 20 千克，均匀喷洒于麦秸上，或按 0.6%加入食盐，再通入 3 千克液氨，进行复合化学处理，可明显提高秸秆中粗蛋白质含量，提高消化率、采食量和日增重等，较普通氨化效果好。

四、物理加工

（一）铡短和揉碎

将秸秆铡成 1~3 厘米长短，可使食糜通过消化道的速度加快，从而增加了采食量和采食率。以玉米秸为例，喂整株秸秆时，采食率不到 40%；将秸秆切短到 3 厘米时，采食率提高到 60%~70%；铡短到 1 厘米时，采食率提高到 90%以上。粗饲料常用揉碎机，如揉搓成柔软的“麻刀”状饲料，可把采食率提高到近 100%，而且保持有效纤维素含量。

（二）制粒

把秸秆粉制成颗粒，可提高采食量和秸秆的利用效率，但消化率并未提高。颗粒饲料质地坚硬，能满足瘤胃的机械刺激，在瘤胃内降解后，有利于微生物发酵及皱胃的消化。草粉的营养价值较低，若能与精料混合制成颗粒饲料，则能获得更好的效果（表 4-16）。

牛的颗粒饲料可较一般畜禽的大些。试验表明，颗粒饲料可提高采食量，即使在采食量相同的情况下，其利用效率仍高于长草。但制作过程所需设备多，加工成本高，各地可酌情使用。

表 4-16　颗粒饲料配方例（单位：克/千克）

玉米秸	玉米粉	豆饼	棉籽饼	小麦麸	磷酸氢钙	食盐	碳酸氢钠
600	125	166	51	33	19	4	2

（三）麦秸碾青

将 30~40 厘米厚的青苜蓿夹在上下各有 30~40 厘米厚的麦秸中进行碾压，使麦秸充分吸附苜蓿汁液，然后晾干饲喂。这种方法减少了制苜蓿干草的机械损失和暴晒损失，较完整地保存了其营养价值，而且提高了麦秸的适口性。

第五章　生态肉牛场的精饲料加工调制技术

第一节　生态肉牛场可用的饲料和添加剂要求

饲料问题对于生态肉牛养殖至关重要。一些不合格牛肉中的药物残留和有害化学物质含量超标，均是由饲料中添加违禁药物或没有规范使用添加剂引起，还有饲喂了一些霉变或细菌超标的饲料引起牛疾病等。肉牛生态养殖，需严格遵守农业部颁布的《无公害肉牛饲养饲料使用准则》、国家《饲料卫生标准》和《饲料和饲料添加剂管理条例》的规定，严把饲料原料质量关，规范使用饲料添加剂、浓缩料和全价配合饲料。

一、生态养殖肉牛对饲料原料的要求

肉牛生态饲养，要求使用无公害饲料，要求饲料的原料来自非污染地区，感官上应有一定的新鲜度，具有该品种应有的色、嗅、味和组织形态特征，没有发霉、变质、结块、异味及异嗅。有害物质及微生物允许量符合国家《饲料卫生标准》（GB 13078—2001），另外，制药工业的副产品不允许用作肉牛饲料原料。严禁在肉牛饲料中使用肉骨粉等动物性饲料（蛋、乳制品除外），其主要目的是预防疯牛病在我国蔓延。一些工农业副产品饲料原料应来自无公害产品的副产品。一些转基因饲料原料应严

格执行《农业转基因生物安全管理条例》有关规定，未经允许不得使用。

所有的饲料原料都要符合标准才能配制生态肉牛生产需要的饲料。比如饲料中使用最多的黄玉米一定要干燥、无霉变、无虫蛀，玉米发霉会产生黄曲霉毒素，黄曲霉毒素危害牛的健康和牛肉质量；虫蛀的玉米营养成分含量会降低。原料中的有毒有害物质和微生物的含量不能超标，有毒有害物质主要是农药残留、重金属离子、细菌，还有就是霉菌毒素。青绿饲料容易出现的问题是农药残留和发霉问题。石粉、磷酸氢钙等矿物饲料原料容易出现的是重金属离子超标或者有毒物质超标，如磷酸氢钙中的氟超标。人吃多了含氟元素多的食物，会造成氟斑牙，即在牙齿上形成很多斑点，非常难看；在一些地下水含氟高的地区经常见到氟斑牙的人群，大家一眼就能看出他们那里的水质情况。磷酸氢钙中氟超标是经常出现的现象，不同的矿山生产的石粉中重金属离子的含量不同，在选择使用石粉的时候要进行化验。

豆粕是优质的不可缺少的原料，配饲料时蛋白质饲料原料以豆粕为主，使用杂粕的量不宜过大。杂粕主要指棉粕、菜籽粕、花生粕、葵花籽粕等。由于杂粕的价格低，所以有些饲料企业使用比例很高，测出的饲料粗蛋白含量符合要求，但是消化率低。这些杂粕有些氨基酸失衡，有些含有如上面讲的有毒物质，比如棉粕含有的棉酚，长期大量饲喂对牛的繁殖性能有害。

禁止在饲料中加入抗生素或生产抗生素的药渣来提高肉牛的生产性能，如土霉素、土霉素渣等是严禁向饲料中添加的。

从整体上讲，青绿饲料、干粗饲料不应发霉、变质；有毒有害物质及微生物允许量应符合饲料及饲料添加剂的卫生指标（表5-1），以及饲料原料及肉牛饲料安全卫生指标（表5-2）的要求；含有饲料添加剂的应做相应说明；非蛋白氮类饲料的用量，非蛋白氮提供的总氮含量应低于饲料中总氮含量的10%；饲料如经发酵处理，所使用的微生物制剂应是农业部允许使用的饲料添加剂品种目录中所规定的微生物品种和经农业部批准的新饲料添加剂品种；不应使用除蛋、乳制品外的动物源性饲料；不应使用抗生素滤渣作肉牛饲料原料；不应使用激素、类激素产品。

表 5-1　饲料及饲料添加剂的卫生指标

序号	安全卫生指标项目	产品名称	指标	试验方法	备注
1	砷（以总砷计）的允许量（每千克产品中）（毫克）	石粉	≤2.0	GB/T 13079	不包括国家主管部门批准使用的有机砷制剂中的砷含量
		硫酸亚铁、硫酸镁	≤2.0		
		磷酸盐	≤20.0		
		沸石粉、膨润土、麦饭石	≤10.0		
		硫酸铜、硫酸锰、硫酸锌、碘化钾、碘酸钙、氯化钴	≤5.0		
		氧化锌	≤10.0		
		肉牛精料补充料	≤10.0		
2	铅（以 Pb 计）的允许量（每千克产品中）（毫克）	肉牛精料补充料	≤8	GB/T 13080—1	
		石粉	≤10		
		磷酸盐	≤30		
3	氟（以 F 计）的允许量（每千克产品中）（毫克）	石粉	≤2 000	GB/T 13083—1	
		磷酸盐	≤1 800	HG 2636—1	
		肉牛精料补充料	≤50	GB/T 13083	高氟饲料用 HG 2636—1994 中的4.4条
4	汞（以 Hg 计）的允许量（每千克产品中）（毫克）	石粉	≤0.1	GB/T 13081—1	

续表

序号	安全卫生指标项目	产品名称	指标	试验方法	备注
5	镉(以Cd计)的允许量(每千克产品中)(毫克)	粉糠	≤1.0	GB/T 13082—1	
		石粉	≤0.75		
6	氰化物(以HCN计)的允许量(每千克产品中)(毫克)	木薯干	≤100	GB/T 13084—1	
		胡麻饼、粕	≤350		
7	游离棉酚的允许量(每千克产品中)(毫克)	棉籽饼、粕	≤1 200	GB/T 13086—1	
8	异硫氰酸酯(以丙烯基异硫氰酸酯计)的允许量(每千克产品中)(毫克)	菜籽饼、粕	≤4 000	GB/T 13087—1	
9	六六六的允许量(每千克产品中)(毫克)	米糠 小麦麸 大豆饼、粕	≤0.05	GB/T 13090—1	
10	滴滴涕的允许量(每千克产品中)(毫克)	米糠 小麦麸 大豆饼、粕	≤0.02	GB/T 13090—1	
11	沙门杆菌	饲料	不得检出	GB/T 13091—1	
		玉米	<40		限量饲用:40~100
		小麦麸、米糠			禁用:>100
12	霉菌的允许量(每克产品中)(霉菌总数×10^3个)	豆饼(粕)、棉籽饼(粕)、菜籽饼(粕)	<50	GB/T 13092—8	限量饲用:40 禁用:>80

续表

序号	安全卫生指标项目	产品名称	指标	试验方法	备注
		肉牛精料补充料	<45		限量饲用:50~100 禁用:>100
13	黄曲霉毒素 B_1 允许量(每千克产品中)(毫克)	玉米、花生饼(粕)、棉籽饼(粕)、菜籽饼(粕)	≤50	GB/T 17480—1 或 GB/T 8381—1	
		豆粕	≤30		
		肉牛精料补充料	≤50		

注:1. 摘自 GB 13078—2001《饲料卫生标准》。

2. 所列允许量均为以干物质含量为 88%的饲料为基础计算。

表 5-2 饲料原料及肉牛饲料安全卫生指标

序号	安全卫生指标项目	产品名称	指标	试验方法	备注
1	砷(以总砷计)的允许量(每千克产品中)(毫克)	植物性饲料原料	≤5.0	GB/T 13079	不包括国家主管部门批准使用的有机砷制剂中的砷含量
		矿物性饲料原料	≤10.0		
		肉牛浓缩饲料、配合饲料	≤10.0		
2	铅(以 Pb 计)的允许量(每千克产品中)(毫克)	植物性饲料原料	≤8.0	GB/T 13080—1	
		矿物性饲料原料	≤25.0		
		肉牛浓缩饲料、配合饲料	≤30.0		
3	氟(以 F 计)的允许量(每千克产品中)(毫克)	植物性饲料原料	≤100	GB/T 13083—1	
		矿物性饲料原料	≤1 800		
		肉牛浓缩饲料、配合饲料	≤50		

续表

序号	安全卫生指标项目	产品名称	指标	试验方法	备注
4	氰化物(以 HCN)的允许量(每千克产品中)(毫克)	饲料原料	≤50	GB/T 13084—1	
		肉牛浓缩饲料、配合饲料和精料补充料	≤60		
5	六六六的允许量(每千克产品中)(毫克)	饲料原料	≤40	GB/T 13090—1	
		肉牛浓缩饲料、配合饲料和精料补充料	≤0.04		
6	霉菌的允许量(每克产品中)(霉菌总数×10^3 个)	饲料原料	<40	GB/T 13092—1	限量饲用:40~100,禁用:>100
		肉牛浓缩饲料、配合饲料	<50		
7	黄曲霉毒素 B_1 允许量(每千克产品中)(毫克)	饲料原料	≤30	GB/T 17480—1 或 GB/T 8381	
		肉牛浓缩饲料、配合饲料	≤80		

注：1. 表中各行中所列的饲料原料不包括 GB 13078 中已列出的饲料原料。

2. 所列允许量均为以干物质含量为 88%的饲料为基础计算。

二、生态养殖肉牛对饲料添加剂的要求

饲料添加剂在感官上应具有该品种应有的色、嗅、味和形态特征，无发霉、变质、异味和异嗅。有害物质及微生物允许量应符合国家《饲料卫生标准》及相关标准的要求。饲料中使用的营养性和非营养性饲料添加剂产品应是农业部颁发的《允许使用的饲料添加剂品种目录》所规定的品种，或已取得试生产产品批准文号的新饲料添加剂品种。不得使用违禁药物，如砷制剂、激素类、β-兴奋剂类、催眠镇静类等。饲料添加剂的选用要遵循安全性、经济性和使用方便的原则。不得使用促

生长剂与动物性饲料添加剂。使用前要注意添加剂的质量、有效物质含量、有效期，还要注意限用、禁用、用量、用法、配合禁忌、停药期等规定，对药物添加剂一定严格遵守使用剂量和停药期。饲料添加剂用量小，所以饲料生产上要注意与其他饲料原料混合均匀。

药物饲料添加剂的使用应按照肉牛饲料药物添加剂使用规范（表5-3）执行。

表5-3　肉牛饲料药物添加剂使用规范

品名	用量	休药期	其他注意事项
莫能菌素钠预混剂	每头每天200～360毫克（以有效成分计）	5天	禁止与泰妙菌素、竹桃霉素并用；搅拌配料时禁止与人的皮肤、眼睛接触
杆菌肽锌预混剂	犊牛每吨饲料添加10～100克（3月龄以下）或4～40克（6月龄以下）（以有效成分计）	0天	1
黄霉素预混剂	肉牛每头每天30～50毫克（以有效成分计）	0天	1
盐霉素钠预混剂	每吨饲料添加10～30克（以有效成分计）	5天	禁止与泰妙菌素、竹桃霉素并用
硫酸黏杆菌素预混剂	犊牛每吨饲料添加5～40克（以有效成分计）	7天	1

注：（1）摘自中华人民共和国农业部公布的《饲料药物添加剂使用规范》《中华人民共和国农业部公告第168号》。
（2）出口肉牛产品中药物饲料添加剂的使用按双方签订的合同进行。

第二节　生态肉牛场精饲料的选购和贮存

规模化生态养殖肉牛仍然需要补充精饲料。精饲料一般指容重大、纤维成分含量低（干物质中粗纤维含量低于18%）、可消化养分含量高的饲料。主要有谷物籽实（玉米、高粱、大麦等）、豆类籽实、饼粕类（大豆饼粕、棉籽饼粕、菜籽饼粕等）、糠麸类（小麦麸、米糠等）、草籽树实类、淀粉质的块根（薯类）、块茎瓜果类（甜菜）、工业副产品（玉米淀粉渣、酒糟、啤酒糟粕、豆腐渣等）、酵母类、油脂类、棉籽等饲料原料和多种饲料原料按一定比例配制的精饲料补充料。

一、能量饲料

能量饲料是指在干物质中粗纤维含量低于18%，粗蛋白质低于20%的谷实类、糠麸类、脱水块根、块茎及其加工副产品、动植物油脂等饲料。能量饲料在动物饲粮中所占比例最大，一般为50%~70%，对动物主要起着供能作用。

（一）玉米

玉米，又名苞米、苞谷等，为禾本科玉米属一年生草本植物。玉米产量高，有效能量多，是最常用而且用量最大的一种能量饲料。

玉米中养分含量与营养价值参见表5-4。

玉米中碳水化合物在70%以上，多存在于胚乳中。玉米主要含淀粉，单糖和二糖较少，粗纤维含量2%。粗蛋白质含量一般为7%~9%，其品质较差，赖氨酸、蛋氨酸、色氨酸等必需氨基酸含量相对贫乏。粗脂肪含量为3.5%~4.5%，主要存在于胚芽中，其粗脂肪主要是三酰甘油，构成的脂肪酸主要为不饱和脂肪酸，如亚油酸约占59%，油酸约占27%，亚麻酸约占0.8%，花生四烯酸约占0.2%，硬脂酸占2%以上。

表5-4 一些谷实饲料中养分含量（%）

饲料名称	干物质	粗蛋白质	粗脂肪	无氮浸出物	粗纤维	粗灰分	钙	总磷
玉米	86.0	8.7	3.6	70.7	1.6	1.4	0.02	0.27
小麦	87.0	13.9	1.7	67.6	1.9	1.9	0.03~0.17	0.41
稻谷	86.0	7.8	1.6	63.8	8.2	4.6	0.03	0.36
糙米	87.0	8.8	2.0	74.2	0.7	1.3	0.06	0.35
碎米	88.0	10.4	2.2	72.7	1.1	1.6	0.09	0.35
皮大麦	87.0	11.0	1.7	67.1	4.8	2.4	0.04	0.33
裸大麦	87.0	13.0	2.1	67.7	2.0	2.2	0.13	0.39
高粱	86.0	9.0	3.4	70.4	1.4	1.8	—	0.36
燕麦全粒	87.0	10.5	5.0	58.0	10.5	3.0	—	—
除壳燕麦	87.0	15.1	5.9	61.6	2.4	2.0	0.12	—

玉米为高能量饲料，粗灰分较少，仅1%多，其中钙少磷多，但磷多以植酸盐形式存在。玉米中其他矿物元素尤其是微量元素很少。维生素含量较少，但维生素E含量较多，为20~30毫克/千克。

玉米质量指标及分级标准参考表5-5。以粗蛋白质、容重、不完善粒总量、水分、杂质、色泽、气味为质量控制指标，分为4级。其中，粗蛋白质以干物质为基础；容重指每升中的克数；不完善粒包括虫蚀粒、病斑粒、破损粒、生芽粒、生霉粒、热损伤粒；杂质指能通过直径3.0毫米圆孔筛的物质、无饲用价值的玉米及玉米以外的物质。

表 5-5　玉米质量指标及分级标准

质量指标		1级	2级	3级	不合格
必检	水分（%）	≤13.0	13.1~14.0	14.1~15.0	≥15.1
	含杂率（%）	≤0.5	0.6~1.0	1.1~1.9	≥2.0
	感官性状	籽粒整齐、均匀，色泽呈黄色，无霉变，无虫蛀，无异味、异嗅，无污染等	色泽呈黄色，籽粒不均，无霉变，无虫蛀，无异味、异嗅，无污染等	色杂，籽粒不均，有极少部分霉变、虫蛀粒，有轻微异味、异嗅，无污染等	色杂，籽粒不均，有部分霉变、虫蛀，有异味、异嗅，有污染等
参考	不完善率（%）	≤5.0	5.1~6.5	6.6~8.0	≥8.1
	生霉粒（%）	≤2.0			≥2.1
	容重（克/升）	≥710	685~709	660~684	≤659
	脂肪酸价（毫克/千克）	≤50	50~60	60~70	≥70
	黄曲霉毒素 B_1（微克/千克）	≤50			>50
	霉菌总数（10^3 个/千克）	<40			≥40

玉米采购质量标准可参考表 5-6。

表 5-6　玉米采购质量标准

指标	内　容
感观	无不良口感，籽粒整齐、均匀，色泽呈黄色，无活虫、虫蛀，无异味，无霉变，无发酵，无发热，无结块，无变质，无异嗅，无污染等
水分	≤14.0%
含杂	≤1.0%
容重	≥650 克/升（新标准）

续表

指标	内　容
霉变粒	≤2.0%
不完善粒	≤8.0%
粗蛋白	≥7.8%
赤霉粒	≤1.0%
黄曲霉毒素	≤50 微克/千克
呕吐毒素	≤1 毫克/千克
脂肪酸价（毫克 KOH/100 克）	≤50
赫曲霉毒素 A	≤20 微克/千克
玉米赤霉烯酮	≤100 微克/千克
霉菌总数	<40（10^3 个/千克）
其他指标	不得掺入饲料用玉米以外的物质，若加入抗氧化剂、防霉剂时，应做相应说明

注：每年 10 月至次年 2 月，水分可以放宽到 15%以内。

（二）小麦

按栽培季节，可将小麦分为春小麦和冬小麦；按籽粒硬度，可将小麦分为硬质小麦、软质小麦。小麦在我国为用量第二大的能量饲料。小麦中的质量指标及分级标准见表 5-7。

小麦有效能值高。粗蛋白质含量居谷实类之首位，一般达 12%以上，但必需氨基酸尤其是赖氨酸不足，因而小麦蛋白质品质较差。无氮浸出物多，在其干物质中可达 75%以上。粗脂肪含量低（约 1.7%），这是小麦能值低于玉米的原因之一。矿物质含量一般都高于其他谷实，磷、钾等含量较多，但一半以上的磷以植酸磷形式存在，动物很难直接利用。小麦中非淀粉多糖

（NSP）含量较多，可达小麦干重6%以上。小麦非淀粉多糖主要是阿拉伯木聚糖，这种多糖不能被动物消化酶消化，而且有黏性，在一定程度上影响小麦的消化率。

小麦次粉是以小麦为原料磨制各种面粉后获得的副产品之一，比小麦麸营养价值高。由于加工工艺不同，制粉程度不同，出麸率不同，所以次粉成分差异很大。因此，用小麦次粉作饲料原料时，要对其成分与营养价值实测。

表 5-7　小麦质量指标及分级标准

质量指标		1 级	2 级	3 级	不合格
必检	水分（%）	≤11.5	11.6~12.5	12.6~13.5	≥13.6
	感官性状	淡橙黄色颗粒，籽粒整齐，色泽新鲜一致。无发酵、霉变、虫蛀、结块及异味、异嗅等，无污染	淡橙黄色颗粒，籽粒整齐，色泽新鲜一致。无发酵、霉变、虫蛀、结块及异味、异嗅等，无污染	淡橙黄色颗粒，有极少数不完善粒，色泽新鲜一致。无发酵、霉变、虫蛀、结块及异味、异嗅等，无污染	色泽不一致、不新鲜，有较多不完善粒。有杂有污染。有发酵、霉变、虫蛀、结块及异味、异嗅等
参考	容重（克/升）	≥770	750~770	730~750	≤730
	粗蛋白（%）	≥14.0	13.9~13.0	13.0~11.1	≤11.0
	杂质（%）	≤0.5	0.6~1.0	1.0~1.9	≥2.0
	黄曲霉毒素 B_1（微克/千克）	≤30	>30		
	霉菌总数（10^3 个/千克）	<40			≥40

小麦采购质量标准可参考表 5-8。

表 5-8　小麦采购质量标准

指标	内　容
感观	淡橙黄色颗粒、子粒整齐、色泽新鲜一致。无发酵、霉变、虫蛀、结块及异味、异嗅等，无污染
水分	≤13.0%
容重	≥730 克/升
含杂率	≤1.5%
不完善率	≤6.5%
粗蛋白	≥13.0%
粗纤维	≤2.0%
粗灰分	≤2.0%
黄曲霉毒素	≤30 微克/千克
霉菌总数	$<40\times10^3$ 个/千克
其他指标	不得掺入饲料用小麦以外的物质，若加入抗氧化剂、防霉剂时，应做相应说明

（三）稻谷

稻谷按粒形和粒质，可将我国稻谷分为籼稻、粳稻和糯稻 3 类。稻谷脱壳后，大部分果种皮仍残留在米粒上，称为糙米。

稻谷中所含无氮浸出物在 60% 以上，但粗纤维达 8% 以上。粗纤维主要集中于稻壳中，且半数以上为木质素。因此，稻壳是稻谷饲用价值的限制成分。稻谷中粗蛋白质含量为 7%~8%，粗蛋白质中必需氨基酸如赖氨酸、蛋氨酸、色氨酸等较少。稻谷因含稻壳，有效能值比玉米低得多。

糙米中无氮浸出物多，主要是淀粉。糙米中粗蛋白质含量（8%~9%）及其氨基酸组成与玉米相似。糙米中脂质含量约 2%，其中不饱和性脂肪酸比例较高。糙米中灰分含量较少（约 1.3%），其中钙少磷多，磷仍多以植酸磷形式存在。糙米质量指标及分级标准见表 5-9。

表 5-9　糙米质量指标及分级标准

质量指标		A 级	B 级	C 级	不合格
必检	水分（%）	≤11.0	11.1~12.5	12.6~13.0	≥13.1
	感官性状	土黄色或白色近椭圆形颗粒，籽粒均匀。无污染、无霉变，无异味异嗅、异色颗粒等	土黄色或白色近椭圆形颗粒，籽粒均匀。无污染、无霉变，无异味、异嗅、异色颗粒等	色杂，籽粒不均，有极少部分霉变粒，有轻微异味、异嗅等	色杂，籽粒不均，有部分霉变，有杂质、有污染，有异味、异嗅等
参考	含杂率（%）	≤0.4	0.4~0.6	0.6~0.7	≥0.8
	不完善率（%）≤2.0	2.1~4.0	4.1~6.0	≥6.1	
	碎米（%）	≤8.0	8.1~12.0	12.1~16.0	≥16.1
	黄曲霉毒素 B_1（微克/千克）	≤40			>40
	霉菌总数（10^3 个/千克）	<40			≥40

（四）小麦麸

小麦麸俗称麸皮，是以小麦籽实为原料加工面粉后的副产品。小麦麸的成分变异较大，主要受小麦品种、制粉工艺、面粉加工精度等因素影响。

小麦麸中养分含量与营养价值参见表 5-10。

小麦麸粗蛋白质含量高于小麦，一般为 15%左右；氨基酸组成较佳，但蛋氨酸含量少。与原粮相比，小麦麸中无氮浸出物（60%左右）较少，但粗纤维含量高，达到 10%，甚至更高。正是这个原因，小麦麸中有效能较低。小麦麸灰分较多，所含灰分中钙少（0.1%~0.2%）磷多（0.9%~1.4%），钙、磷比例（约1∶8）极不平衡，但其中磷多为植酸磷（约75%）。另外，小麦麸中铁、锰、锌较多。由于麦粒中B族维生素多集中在糊粉层与胚中，故小麦麸中B族维生素含量很高，如含核黄素3.5毫克/千克、硫胺素8.9毫克/千克。

另外，小麦麸容积大，还具有轻泻性，可通便润肠。

表5-10　小麦麸和米糠中各养分含量（%）

类别	干物质	粗蛋白质	粗脂肪	无氮浸出物	粗纤维	粗灰分	钙	总磷
小麦麸	87.0	15.7	3.9	56.0	6.5	4.9	0.11	0.92
米糠	87.0	12.8	16.5	44.5	5.7	7.5	0.07	1.43
米糠饼	88.0	14.7	9.0	48.2	7.4	8.7	0.14	1.69
米糠粕	87.0	15.1	2.0	53.6	7.5	8.8	0.15	1.82

小麦麸质量指标及分级标准参见表5-11，以粗蛋白质、粗纤维、粗灰分为质量控制指标，各项指标均以87%干物质计算，分为4级。

表5-11　小麦麸质量指标及分级标准

质量指标		1级	2级	3级	不合格
必检	水分（%）	≤12.5	12.6~13.0	13.1~13.5	≥13.6
	粗灰分（%）	<6.0			>6.0
	感官性状	细碎屑状，色泽新鲜一致，无发酵、霉变，无结块、虫蛀及异味、异嗅，无掺杂，无污染等	细碎屑状，色泽新鲜一致，无发霉、发酵、结块、虫蛀及异味、异嗅，无掺杂，无污染等	细碎屑状，色泽不一致，有轻微异味，无发酵、虫蛀、霉变及异嗅，无掺杂，无污染等	形状不一，色泽不一致，有霉变、结块、虫蛀、异味，有掺杂、污染等现象

续表

	质量指标	1级	2级	3级	不合格
参考	粗蛋白（%）	15.0	14.9~14.5	14.4~13.5	≤13.4
	粗纤维（%）	≤8.0	8.1~9.0	9.1~10.0	≥10.1
	黄曲霉毒素 B_1（微克/千克）	≤30			>30
	霉菌总数（10^3 个/千克）	<40			≥40

小麦麸采购质量标准可参考表5-12。

表5-12　小麦麸质量指标介绍

指标	内　容
感官性状	细碎屑状，色泽新鲜一致，无发霉、发酵、结块、虫蛀及异味、异嗅，无掺杂，无污染等
水分（%）	≤13.5
粗灰分（%）	≤5.5
细度	全过6目（目，非法定计量单位，指每平方英寸上的孔数）
粗蛋白（%）	≥15.0
粗纤维（%）	≤9.0
呕吐毒素（微克/千克）	≤2 000
赤霉烯酮毒素（微克/千克）	≤200
黄曲霉毒素 B_1（微克/千克）	≤30
霉菌总数（10^3 个/千克）	≤40

注：在夏季注意安全库存，且库存不超过7天。

二、蛋白质饲料

蛋白质饲料是指干物质中粗纤维含量<18%，同时粗蛋白含量≥20%的饲料。包括植物性蛋白质饲料、动物性蛋白质饲料、

单细胞蛋白质饲料及非蛋白氮饲料。

(一) 大豆

大豆为双子叶植物纲豆科大豆属一年生草本植物，原产于中国。全世界大豆总产量中，美国产量最高，占全世界总产量的一半以上。中国总产量约占全世界总产量的1/10，居第二位。

大豆蛋白质含量为32%~40%。生大豆中蛋白质多属水溶性蛋白质（约90%），加热后即溶于水。氨基酸组成良好，植物蛋白中普遍缺乏的赖氨酸含量较高，如黄豆和黑豆分别为2.30%和2.18%，但含硫氨基酸较缺乏。大豆脂肪含量高，达17%~20%，其中不饱和脂肪酸较多，亚油酸和亚麻酸可占55%。大豆碳水化合物含量不高，无氮浸出物仅26%左右。纤维素占18%。矿物质中钾、磷、钠较多，但60%的磷为不能利用的植酸磷。铁含量较高。维生素含量与谷实类相似，略高于谷实类；B族维生素含量较多，而维生素A、维生素D含量少。大豆营养成分见表5-13。

表5-13　大豆的饲料成分及营养价值表

（中国饲料数据库，2002年第13版）

名称	含量	名称	含量
干物质（%）	87.0	赖氨酸（%）	2.20
粗蛋白质（%）	35.5	蛋氨酸（%）	0.56
粗脂肪（%）	17.3	胱氨酸（%）	0.70
粗纤维（%）	4.3	苏氨酸（%）	1.41
无氮浸出物（%）	25.7	异亮氨酸（%）	1.28
粗灰分（%）	4.2	亮氨酸（%）	2.72
钙（%）	0.27	精氨酸（%）	2.57
磷（%）	0.48	缬氨酸（%）	1.50
非植酸磷（%）	0.30	组氨酸（%）	0.59

生大豆中存在多种抗营养因子，其中加热可被破坏者包括胰蛋白酶抑制因子、血细胞凝集素、抗维生素因子、植酸十二钠、

脲酶等。加热无法被破坏者包括皂苷、胃肠胀气因子等。

生大豆饲喂畜禽可导致腹泻和生产性能的下降，加热处理方法得到的全脂大豆对各种畜禽均有良好的饲喂效果。大豆质量指标及分级标准见表 5-14。

表 5-14　大豆质量指标及分级标准

	质量指标	A 级	B 级	C 级	不合格
必检	水分（%）	≤11.5	11.5~12.5	12.5~13.5	≤13.5
	粗蛋白（%）	≤36.0	35.0~36.0	34.0~35.0	≤34.0
	感官性状	大豆的种皮呈黄色，子粒为圆形或椭圆形，表面光滑有光泽，脐为黄色、深褐色或黑色。无污染，无发酵、霉变、结块、虫蛀及异味、异嗅等	大豆的种皮呈黄色，子粒为圆形或椭圆形，表面光滑有光泽，脐为黄色、深褐色或黑色。无污染，无发酵、霉变、结块、虫蛀及异味、异嗅等	大豆的种皮呈黄色，子粒为圆形或椭圆形，表面光滑有光泽，脐为黄色、深褐色或黑色。无污染，无发酵、霉变、结块、虫蛀及异味、异嗅等	大豆的种皮颜色不一，子粒形状不一，表面无光泽，脐颜色不一。含有青大豆、黑色大豆、褐色大豆等。有污染，有发酵、霉变、虫蛀、结块及异味、异嗅
参考	含杂（%）	<0.5	0.5~1.0	1.0~2.0	>2.0
	不完善粒（%）	<3.0	3.0~5.0	5.0~8.0	>8.0

（二）大豆饼（粕）

大豆饼（粕）是以大豆为原料取油后的副产物。由于制油工艺不同，通常将压榨法取油后的产品称为大豆饼，而将浸出法取油后的产品称为大豆粕。我国大豆总产量中约有 40% 用于取油，年产大豆饼粕约 500 万吨，主要用作饲料原料。

大豆饼（粕）粗蛋白质含量高，一般在 40%~50%。必需氨基酸含量高，组成合理。赖氨酸含量在饼粕类中最高，占 2.4%~2.8%；赖氨酸与精氨酸之比约为 100∶130，比例较为恰当；色氨酸、苏氨酸含量也很高，与谷实类饲料配合可起到互补作用；蛋氨酸含量不足，在玉米-大豆饼粕为主的饲粮中，一般要额外添加蛋氨酸才能满足畜禽营养需求。大豆饼（粕）粗纤维含量较低，主要来自大豆皮。无氮浸出物主要是蔗糖、棉籽糖、水苏糖和多糖类，淀粉含量低。矿物质中钙少磷多，磷多为植酸磷（约占 61%），硒含量低。

此外，大豆饼（粕）色泽佳、风味好，加工适当的大豆饼（粕）仅含微量抗营养因子，不易变质，使用上无用量限制。大豆粕和大豆饼相比，脂肪含量较低，而蛋白质含量较高，且质量较稳定。大豆在加工过程中先经去皮而加工获得的粕称去皮大豆粕，近年来此产品有所增加，其与大豆粕相比，粗纤维含量低，一般在 3.3%以下；蛋白质含量为 48%~50%，营养价值较高。

大豆饼与大豆粕成分及营养价值见表 5-15。

表 5-15　大豆饼成分及营养价值

（中国饲料数据库，2002 年第 13 版）

名称	大豆饼	大豆粕	名称	大豆饼	大豆粕
干物质（%）	89.0	89.0	赖氨酸（%）	2.43	2.66
粗蛋白质（%）	41.8	44.0	蛋氨酸（%）	0.60	0.62
粗脂肪（%）	5.8	1.9	胱氨酸（%）	0.62	0.68
粗纤维（%）	4.8	5.2	苏氨酸（%）	1.44	1.92
无氮浸出物（%）	30.7	31.8	异亮氨酸（%）	1.57	1.80
粗灰分（%）	5.9	6.1	亮氨酸（%）	2.75	3.26
钙（%）	0.31	0.33	精氨酸（%）	2.53	3.19
磷（%）	0.50	0.62	缬氨酸（%）	1.70	1.99
非植酸磷（%）	0.25	0.18	组氨酸（%）	1.10	1.09

大豆饼（粕）是大豆加工后的产品，也含有一些抗营养因

子。评定大豆饼粕质量的指标主要为抗胰蛋白酶活性、脲酶活性、水溶性氮指数、维生素 B_1 含量、蛋白质溶解度等。许多研究结果表明，当大豆饼（粕）中的脲酶活性在 0.03~0.4 范围内时，饲喂效果最佳。也可用饼粕的颜色来判定大豆饼粕加热程度适宜与否，正常加热时为黄褐色；加热不足或未加热时，颜色较浅或灰白色；加热过度呈暗褐色。

大豆粕质量指标及分级标准见表 5-16。

表 5-16　大豆粕质量指标及分级标准

质量指标		A 级	B 级	C 级	不合格
必检	水分（%）	≤11.5	11.6~12.5	12.6~13.0	≥13.1
	粗蛋白（%）	≥45.0	43.0~44.9	42.5~42.9	≤42.4
	尿酶活性（%）(定性)	5~20 分钟变红	5~20 分钟变红	3~5 分钟变红	3 分钟之内变红
	感官性状	浅黄色，不规则碎片，色泽一致，无发酵、霉变、结块，无虫蛀及异味、异嗅，无掺杂和污染等	浅黄色，不规则碎片，色泽一致，无发酵、霉变、结块，无虫蛀及异味、异嗅，无掺杂和污染等	浅黄色，色泽不一致，有轻微发酵、霉变、结块、虫蛀及异味、异嗅，无掺杂和污染等	色泽不一致，有霉变、结块、异味、异嗅，有掺杂、掺假和污染等
参考	粗灰分（%）	≤5.0	5.1~6.0	6.1~7.0	≥7.1
	尿酶活性（%）（定量）	0.05~0.25	0.26~0.40	0.26~0.40	≥0.41
	蛋白溶解度(PS)(%)	75~80	71~74 80~84	≥85 ≤70	
	黄曲霉毒素 B_1(微克/千克)	≤30	>30		
	霉菌总数（10^3 个/千克）	<50	≥50		

豆粕采购质量标准可参考表5-17。

表5-17　豆粕采购质量标准

检测项目	采购标准	可收货标准（不合格部分须折扣）
感官性状	具有烤大豆香味，无生豆及焦煳味，色泽新鲜一致，淡黄至淡褐色，回味甜，无发酵、霉变、结块，无异味、异嗅，无掺假	
粗蛋白质	≥43.0%	≥42.5%
水分	≤12.5%	≤13.0%
粗灰分	≤7.0%	≤7.5%
真蛋白比率	≥85%	≥80%
脲酶活性	≤0.2	≤0.4
结块	≤1%	≤2%
霉变	不得检出	检出
黄曲霉毒素（毫克/千克）	≤0.03	≤0.03

三、矿物质饲料

矿物质饲料是补充动物矿物质需要的饲料。它包括人工合成的、天然单一的和多种混合的矿物质饲料，以及配合有载体或赋形剂的痕量、微量、常量元素补充料。矿物质元素在各种动植物饲料中都有一定含量，虽多少有差别，但由于动物采食饲料的多样性，可在某种程度上满足对矿物质的需要。但在舍饲条件下或饲养高产动物时，动物对它们的需要量增多，这时就必须在动物饲粮中另行添加所需的矿物质。常量矿物质饲料包括钙源性饲料、磷源性饲料、食盐以及含硫饲料和含镁饲料等。

（一）食盐

食盐，化学名称为氯化钠，含有氯元素和钠元素，是动物营养中重要的养分。精制食盐含氯化钠99%以上，粗盐含氯化钠为95%。纯净的食盐含氯约60.3%，含钠约39.7%，此外尚有少量的钙、镁、硫等杂质。食用盐为白色细粒，工业用盐为粗粒结晶。

植物性饲料大都含钠和氯的数量较少，相反含钾丰富。为了保持生理上的平衡，对以植物性饲料为主的畜禽，应补饲食盐。食盐除了具有维持体液渗透压和酸碱平衡的作用外，还可刺激唾液分泌，提高饲料适口性，增强动物食欲，具有调味剂的作用。

（二）石粉

石粉又称石灰石粉，为天然的碳酸钙，一般含纯钙35%以上，是补充钙的最廉价、最方便的矿物质原料。按干物质计，石灰石粉的成分与含量如下：灰分66.9%、钙35.89%、氯0.03%、铁0.35%、锰0.027%、镁2.06%。

天然的石灰石中，只要铅、汞、砷、氟的含量不超过安全系数，都可用作饲料。石粉的用量依据畜禽种类及生长阶段而定，一般畜禽配合饲料中石粉用量为0.5%~2%。

石粉作为钙的来源，粒度以中等为好。

（三）磷酸氢钙

磷酸氢钙也叫磷酸二钙，为白色或灰白色的粉末或粒状产品，又分为无水盐（$CaHPO_4$）和二水盐（$CaHPO_4 \cdot 2H_2O$）两种，后者的钙、磷利用率较高。磷酸二钙一般是在干式法磷酸液或精制湿式法磷酸液中加入石灰乳或磷酸钙而制成的。市售品中除含有无水磷酸二钙外，还含少量的磷酸一钙及未反应的磷酸钙。磷酸氢钙含磷18%以上，钙21%以上。饲料级磷酸氢钙应注意脱氟处理，含氟量不得超过标准（表5-18）。

表 5-18 饲料级磷酸氢钙质量标准

（HG 2861—1997）

项目	指标	项目	指标
钙（Ca）含量（%）（m/m）	15.0~18.0	砷（As）含量（%）（m/m）	≤0.004
总磷（P）含量（%）（m/m）	≥22.0	重金属（以 Pb 计）含量（%）（m/m）	≤0.003
水溶性磷（P）含量（%）（m/m）	≥20.0	pH 值	≥3.0
氟（F）含量（%）（m/m）	≤0.20	水分（%）（m/m）	≤3.0
		细度（通过 500μm 筛）（%）	≥95.0

（四）骨粉

骨粉以家畜骨骼加工而成，因制法不同而成分与名称各异，可当作磷补充物使用。骨粉含氟量低，只要灭菌消毒彻底，便可以安全使用。但因成分变化大，来源不稳定，而且有异臭，在饲料工业上的使用量已逐渐减少。骨粉按工艺可分为以下几类。

1. 蒸制骨粉　蒸制骨粉是家畜骨骼在高压下（2 个大气压），以蒸汽加热，除去大部分蛋白质及脂肪后，加以压榨、干燥而成。蒸制骨粉一般含钙量 24%，含磷量为 10%，含粗蛋白质量为 10%。

2. 脱胶骨粉　脱胶骨粉的制法与蒸制骨粉基本相同，用 4 个大气压处理，骨髓和脂肪几乎都已除去，故无臭味。为白色粉末，含磷量可达 12%。

3. 其他骨粉类　未用加压蒸煮所制的骨粉，因品质不稳，最好不用。

骨粉是我国配合饲料中常用的磷源饲料，优质骨粉含磷量可以达到 12%以上，钙磷比例为 2∶1 左右，符合动物机体的需要，同时还富含多种微量元素。一般在猪饲料中添加量为 1%~3%。值得注意的是，低劣的骨粉有异嗅，灰泥色，常带有大量的细菌，用于饲料易引发疾病传播。有的动物骨骼收购场地，为避免蝇蛆繁殖，喷洒敌敌畏等药剂而使骨粉带毒，这种骨粉绝对不能用作饲料。应谨慎选择优质的骨粉使用。

四、精饲料的加工与贮存

肉牛的日粮由粗饲料和精料组成。在我国，粗饲料与国外不同，基本上以农作物秸秆为主，质量较差，因而对精料补充料的营养、品质要求高。肉牛精料补充料的生产工艺流程如图 5-1 所示。

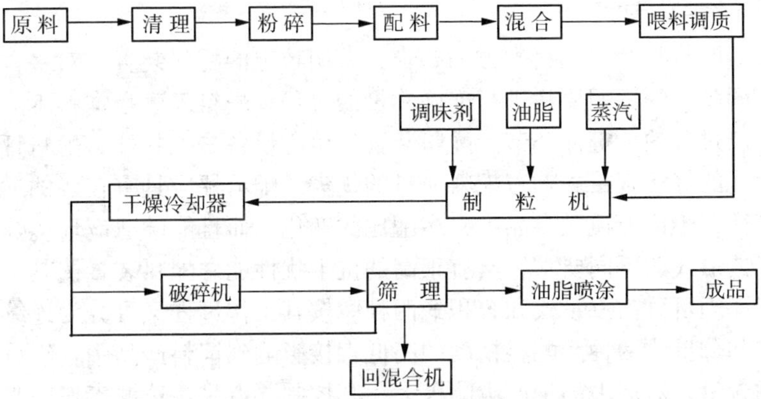

图 5-1　饲料生产工艺流程

（一）清理

在饲料原料中，蛋白质饲料、矿物性饲料及微量元素和药物等添加剂的杂质清理均在原料生产中完成，液体原料常在卸料或加料的管路中设置过滤器进行清理。需要清理的主要是谷物饲料及其加工副产品等，主要清除其中的石块、泥土、麻袋片、绳头、金属等杂物。有些副料由于在加工、搬运、装载过程中可能混入杂物，必要时也需清理。清除这些杂物主要采取的措施：利用饲料原料与杂质尺寸的差异，用筛选法分离；利用导磁性的不同，用磁选法磁选；利用悬浮速度不同，用吸风除尘法除尘。有时采用单项措施，有时采用综合措施。

（二）粉碎

饲料粉碎是影响饲料质量、产量、电耗和成本的重要因素。粉碎机动力配备占总配套功率的1/3或更多。常用的粉碎方法有击碎（爪式粉碎机、锤片粉碎机）、磨碎（钢磨、石磨）、压碎、锯切碎（对辊式粉碎机、辊式碎饼机）。各种粉碎方法在实际粉碎过程中很少单独应用，往往是几种粉碎方法联合作用。粉碎过程中要控制粉碎粒度及其均匀性。

（三）配料

配料是按照饲料配方的要求，采用特定的配料装置，对多种不同品种的饲用原料进行准确称量的过程。配料工序是饲料工厂生产过程的关键性环节。配料装置的核心设备是配料秤。配料秤性能的好坏直接影响着配料质量的优劣。配料秤应具有较好的适应性，不但能适应多品种、多配比的变化，而且能够适应环境及工艺形式的不同要求，具有很高的抗干扰性能。配料装置按其工作原理可分为重量式和容积式两种，按其工作过程又可分为连续式和分批式两种。配料精度的高低直接影响到饲料产品中各组分的含量，对肉牛的生产影响极大。其控制要点是：选派责任心强的专职人员把关。每次配料要有记录，严格操作规程，搞好交接班；配料秤要定期校验；每次换料时，要对配料设备进行认真清洗，防止交叉污染；加强对微量添加剂、预混料，尤其是药物添加剂的管理，要明确标记，单独存放。

（四）混合

混合是生产配合饲料中，将配合后的各种物料混合均匀的一道关键工序，它是确保配合饲料质量和提高饲料效果的主要环节。同时在饲料工厂中，混合机的生产效率决定工厂的规模。饲料中的各种组分混合不均匀，将显著影响肉牛生长发育，轻者降低饲养效果，重者造成死亡。

常用混合设备有卧式混合机、立式混合机和锥形混合机。为保证最佳混合效果，应选择适合的混合机，例如，卧式混合机使用较多，生产效率较高，卸料速度快；锥形混合机虽然价格较高，但设备性能好，物料残留量少，混合均匀度较高，并可添加油脂等液体原料，较适用于预混合；进料时先把配比量大的组分大部分投入机内后，再将少量或微量组分置于易分散处；定时检查混合均匀度和最佳混合时间；防止交叉污染，当更换配方时，必须对混合机彻底清洗；应尽量减少混合成品的输送距离，防止饲料分级。

（五）制粒

随着饲料工业和现代养殖业的发展，颗粒饲料所占的比重逐步提高。颗粒饲料主要是由配合粉料等经压制成颗粒状的饲料。颗粒饲料虽然要求的生产工艺条件较高，设备较昂贵，成本有所增加，但颗粒配合饲料营养全面，避免动物挑食，能掩盖不良气味，减少调味剂用量，在储运和饲喂过程中可保持均一性，经济效益显著，故得到广泛采用和发展。颗粒形状均匀，表面光泽，硬度适宜，颗粒直径断奶犊牛为 8 毫米，超过 4 月龄的肉牛为 10 毫米，颗粒长度是直径的 1.5～2.5 倍为宜；含水率 9%～14%，南方在 12.5%以下，以便储存；颗粒密度将影响压粒机的生产率、能耗、硬度等，硬颗粒密度以 1.2～1.3 克/厘米^3，强度以 0.8～1.0 千克/厘米^2 为宜；粒化系数要求不低于 97%。

（六）贮存

精饲料一般应贮存于料仓中。料仓应建在高燥、通风、排水良好的地方，具有防淋、防火、防潮、防鼠雀的条件。不同的饲料原料可袋装堆垛，垛与垛之间应留有风道以利通风（图 5-2）。饲料也可散放于料仓中，用于散放的料仓，其墙角应为圆弧形，以便于取料；不同种类的饲料用隔墙隔开。料仓应通风良好，或内设通风换气装置。以金属密封仓最好，可把氧化、鼠和雀害降到最低；防潮性好，避免大气湿度变化造成返潮；消毒、杀虫效果好。

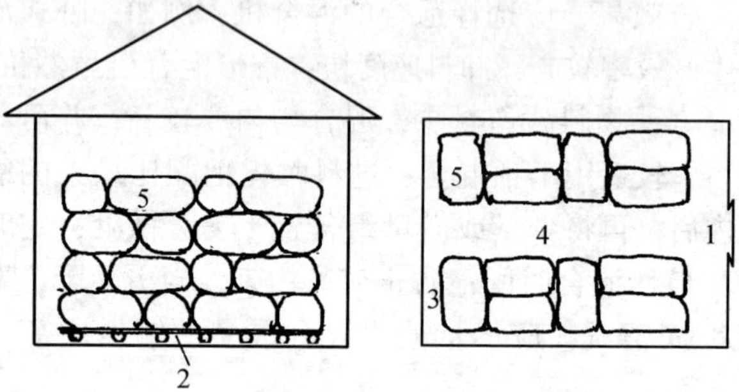

图 5-2 农户饲料仓储示意图

1. 密封防鼠门 2. 木制或金属制垫货架，使饲料与地面有15~20 厘米的空隙 3. 料垛与墙间隔空隙不少于 15 厘米 4. 走道 1.2~1.5 米便于运送饲料和质量监控 5. 袋装饲料

储存饲料前，先把料房打扫干净，关闭料仓所有窗户、门、风道等，用磷化氢或溴甲烷熏蒸料仓后，即可存放。

精饲料贮存期间的受损程度，由含水量、温度、湿度、微生物、虫害、鼠害等贮存条件而定。精饲料在不同条件下的安全贮存期见表 5-19。

表 5-19 不同条件下精料的安全贮存期（单位：天）

温度（℃）	水分含量（%）				
	14	15.5	17	18.5	20
10	256	128	64	32	16
15	128	64	32	16	8
21	64	32	16	8	4
27	32	16	8	4	2
32	16	8	4	2	1
38	8	4	2	1	0

1. 含水量 不同精料原料贮存时对含水量要求不同（表 5-20），水分大时会导致饲料霉菌、仓储害虫等繁殖。常温下含水量 15%以上时，易长霉，最适宜仓储害虫活动的含水量为 13.5%以上；各种害虫都随含水量增加而加速繁殖。

表 5-20 不同精料安全储存的含水量

精料种类	含水量（%）	精料种类	含水量（%）
玉米	≤12.5	米糠	≤12
稻谷	≤13.5	麸皮	≤13
高粱	≤13	饼类	8~11
大麦	≤12.5		
燕麦	≤13		

2. 温度和湿度 温度和湿度两者直接影响饲料含水量多少，从而影响贮存期长短。另外，温度高低还会影响霉菌生长繁殖。在适宜湿度下，温度低于 10℃时，霉菌生长缓慢；高于 30℃时，则将造成相当大的危害。不同温度和不同含水量的精料安全储存期见表 5-21。

表 5-21 饲料中水分含量与相对湿度的关系

饲料种类	温度（℃）	相对湿度（%）					
		50	60	70	80	90	100
		水分含量（%）					
苜蓿粉	29	10.0	11.5	13.8	17.4		
米糠	21~27			14.0	18.0	22.7	38.0
大豆	25	8.0	9.3	11.5	14.5	18.8	
骨粉	21~27			14.1	10.8	22.7	38.0

3. 虫害和鼠害　在28~38℃时最适宜害虫生长，低于17℃时，其繁殖受到影响，因此饲料贮存前，仓库内壁、夹缝及死角应彻底清除，并在30℃左右温度下熏蒸磷化氢，使虫卵和老鼠均被毒死。

4. 霉害　霉菌生长的适应温度为5~35℃，尤其在20~30℃时生长最旺盛。防止饲料霉变的根本办法是降低饲料含水量或隔绝氧气，必须使含水量降到13%以下，以免发霉。如米糠由于脂肪含量高达17%~18%，脂肪中的解脂酶可分解米糠中的脂肪，使其氧化酸败不能作饲料；同时，米糠结构疏松，导热不良，吸湿性强，易招致虫螨和霉菌繁殖而发热、结块甚至霉变，因此米糠只宜短期存放。存放时间较长时，可将新鲜米糠烘炒至90℃，维持15分钟，降温后存放。麸皮与米糠一样不宜长期贮存，刚出机的麸皮温度很高，一般在30℃以上，应降至室温再贮存。

第三节　肉牛全混合日粮加工技术

全混合日粮（TMR）是根据肉牛在不同生长发育和生产阶段的营养需要，按营养专家设计的日粮配方，用特制的搅拌机将粗饲料、青饲料、青贮饲料和精料补充料按比例充分进行搅拌、切割、混合加工而成的一种营养相对平衡的混合饲料。

一、全混合日粮的配制原则

（一）注意适口性和饱腹感

肉牛日粮配制时必须考虑饲料原料的适口性，要选择适口性好的原料，确保肉牛采食量。同时，要兼顾肉牛是否有饱腹感及满足肉牛最大干物质采食量的需要。

（二）满足营养需求

肉牛全混合日粮的配制要符合肉牛饲养标准，并充分考虑实际生产水平。要满足一定体重阶段预计日增重的营养需要，喂量可高出饲养标准的1%~2%，但不应过剩。

（三）适宜精粗比例

肉牛日粮精粗饲料比例，根据粗饲料的品质优劣和肉牛生理阶段以及育肥时期不同而有所区别。一般按精粗比例[（30~70）：（70~30）]搭配，确保中性洗涤纤维（NDF）占日粮干物质至少达28%，其中粗饲料的NDF占日粮干物质的21%以上，酸性洗涤纤维（ADF）占日粮18%以上。

（四）原料组成多样化

肉牛日粮原料品种要多样化，不要过于单调，要多种饲料搭配，便于营养平衡、全价。尽量采用当地资源，充分利用下脚料、副产品，以降低饲养成本。

（五）饲料种类保持稳定

应避免日粮组成骤变，造成瘤胃微生物不适应，从而影响消化功能，甚至导致消化道疾病。所用饲料要干净卫生，注意各类饲料的用量范围，防止含有有害因子的饲料用量超标。

二、全混合日粮的制作技术

（一）设施与加工设备

1. 设施

（1）饲料搅拌站：要靠近干草棚和精饲料库，搭建防雨遮阳棚，檐高>5米，棚内面积>300平方米；15厘米加盘水泥地面处理，内部设有精饲料堆放区、副饲料处理及堆放区（图5-3）。部分牛场需在搅拌站堆放青贮饲料，需加大搅拌站面积；各种饲料组分采用人工添加或装载机添加要考虑地面落差，采用二次搬运的牛场搅拌站设计同样要考虑这一问题。

（2）干草棚：干草棚檐高≥5米，面积据饲喂肉牛数量而定，地面硬化。如图5-4所示。

图 5-3　某牛场的饲料搅拌站

图 5-4　某牛场的干草棚

（3）精料加工车间及精料库：自配料的标准化养殖场需要精饲料加工车间，购买精料补充料的小区可根据饲养规模建设精料库。

（4）青贮设施：青贮设施有青贮塔、青贮窖、青贮壕、青贮袋或用塑料膜打包青贮等，目前新建规模化养殖场多采用地上窖（图 5-5），很适合移动式 TMR 饲料搅拌车抓取青贮料。

图 5-5　地上青贮窖

（5）舍门：采用移动式 TMR 搅拌车的养殖场，舍门高度至少 3 米，宽度至少 3 米。采用固定式 TMR 搅拌机，舍门高度至少 2 米，宽度至少 2 米。

（6）饲喂通道：采用移动式 TMR 搅拌车的养殖场，圈舍饲喂通道宽度为 3.8~4.5 米，采用固定式 TMR 搅拌机的养殖场，圈舍饲喂通道宽度为 1.2~1.8 米。

（7）饲槽：高度适宜，方便上料，底面光滑、耐用、无死角，便于清扫。通常采用平地式饲槽。

2. 加工设备

（1）粉碎机：玉米、豆粕等籽实类饲料原料粉碎时选用锤片式饲料粉碎机应符合 JB/T 9822.1 要求。

（2）铡草机：苜蓿、野干草、农作物秸秆等粗饲料原料铡短时选用铡草机应符合 JB/T 9707.1 要求，通常用于铡短干草和制作青贮饲料。块根、块茎类饲料切碎时选用青饲料切碎机应符合 JB/T 7144.1 要求。

（3）饲料混合机：玉米、豆粕等籽实类饲料原料粉碎后混合加工精料补充料选用饲料混合机应符合 JB/T 9820.2 要求。

（4）TMR 搅拌车：TMR 搅拌车据外形分立式和卧式，据动力分移动式（自走式、牵引式）和固定式（图 5-6）。选择 TMR 设备时要考虑：①以日粮结构组成决定立式和卧式；②以牛舍结构和道路决定固定和移动；③以养殖规模决定搅拌机大小（立方米）：200 头以下 4~6 立方米，200~500 头 8~10 立方米，500~800 头 10~12 立方米，800~1 000 头 14~18 立方米；④以经济状况确定全自动式或牵引式。

移动式　　固定式

图 5-6　TMR 搅拌车

（二）全混合日粮设计

1. 确定营养需要　如根据肉牛分群（生理阶段和生产水平）、体重和膘情等情况，以肉牛饲养标准为基础，适当调整肉牛营养需要。根据营养需要确定 TMR 的营养水平，预测其干物质采食量，合理配制肉牛日粮。

2. 饲料原料选择及其成分测定　根据当地饲草饲料资源情况及可采购原料，选择质优价廉的原料；原料粗蛋白、粗脂肪、粗纤维、水分、钙、总磷和粗灰分的测定分别按照 GB/T 6432、GB/T 6433、GB/T 6434、GB/T 6435、GB/T 6436、GB/T 6437

和 GB/T 6438 进行。

3. 配方设计　根据确定的肉牛 TMR 营养水平和选择的饲料原料，分析比较饲料原料成分和饲用价值，设计最经济的饲料配方。

4. 日粮优化　在满足营养需要的前提下，追求日粮成本最小化。精料补充料干物质最大比例不超过日粮干物质的 60%。保证日粮降解蛋白质（RDP）和非降解蛋白质（UDP）相对平衡，适当降低日粮蛋白质水平。添加保护性脂肪和油籽等高能量饲料时，日粮脂肪含量（干物质基础）不超过 6%。

（三）饲料原料的准备

1. 原料管理　饲料及饲料添加剂按照 NY 5048 执行。精料料补充料应符合 SB/T 10261 要求。饲料原料储存过程中应防止雨淋发酵、霉变、污染和鼠（虫）害。饲料原料按先进先出的原则进行配料，并做出入库、用料和库存记录。

2. 原料准备

（1）玉米青贮：调制青贮饲料，要严格控制青贮原料的水分（65%~70%），原料含糖量要高于 3%，切碎长度以 2~4 厘米较为适宜，快速装窖和封顶，窖内温度以 30℃ 为宜。

（2）干草类：干草类粗饲料要粉碎，长度 3~4 厘米。

（3）糟渣类：水分控制在 65%~80%。

（4）精料补充料：直接购入或自行加工。

（5）饲料卫生：清除原料中的金属、塑料袋（膜）等异物。符合《饲料卫生标准》（GB 13078）要求。

（6）原料质量控制：采用感官鉴定法和化学分析法进行。青贮饲料质量按照青贮饲料质量评定标准评定。精料补充料质量根据 SB/T 10261 评定。其他参照 NY 5048 执行。

（四）TMR 制作技术

1. 搅拌车装载量　根据搅拌车说明，掌握适宜的搅拌量，避免过多装载，影响搅拌效果。通常装载量以占总容积的 70%~

80%为宜。

2. 原料添加顺序 遵循先干后湿、先精后粗、先轻后重的原则。一般添加顺序为精料、干草、副饲料、全棉籽、青贮、湿糟类等。如果是立式饲料搅拌车应将精料和干草添加顺序颠倒。添加过程中，防止铁器、石块、包装绳等杂质混入搅拌车，造成车辆损伤。

3. 搅拌时间 掌握适宜搅拌时间的原则是确保搅拌后 TMR 中至少有 20%的粗饲料长度大于 3.5 厘米。一般情况下，最后一种饲料加入后搅拌 5~8 分钟即可，一个工作循环总用时在 25~40 分钟。

4. 水分控制 根据青贮及副饲料等的含水量，掌握控制 TMR 水分。冬季水分要求在 45%左右，夏季可在 45%~55%。

三、全混合日粮的质量监控

（一）感官鉴定

搅拌好的全混合日粮精粗饲料混合均匀，松散不分离，色泽均匀，新鲜不发热、无异味，不结块。方法是随机从 TMR 中取一些，用手捧起，用眼估测其总重量及不同粒度的比例。一般以 3.5 厘米以上的粗饲料部分超过日粮总重量的 15%为宜。

（二）宾州筛过滤法

宾州筛是由美国宾夕法尼亚州立大学发明的，用来估计日粮组分粒度大小。宾州筛由三个叠加式的筛子和底盘组成。筛是用粗糙塑料做成，长颗粒不至于斜着滑过筛孔。可用来检查搅拌设备运转是否正常，搅拌时间、上料次序等操作是否科学等问题，从而制定正确全混日粮调制程序。各层应保持比例，与日粮组分、精饲料种类、加工方法、饲养管理条件等有关。目前正在进行研究，以尽快确定适合我国饲料条件的不同牛群的 TMR 制作粒度推荐标准。

测定步骤：从日粮随机取样放上筛，水平摇动 2 分钟，直到只有长颗粒留在上筛。如图 5-7 所示。

图 5-7　宾州筛过滤法

全混合日粮的粒度推荐值见表 5-22。

表 5-22　全混合日粮的粒度推荐值

饲料种类	一层（%）	二层（%）	三层（%）	四层（%）
育肥牛 TMR	15~18	20~25	40~45	15~20
后备牛 TMR	40~50	18~20	25~28	4~9
繁殖母牛 TMR	50~55	15~20	20~25	4~7

（三）化学分析

饲料采样方法按 GB/T 14699 执行。砷按 GB/T 13079 执行。铅按 GB/T 13080 执行。汞按 GB/T 13081 执行。镉按 GB/T 13082 执行。氟按 GB/T 13083 执行。六六六、滴滴涕按 GB/T 13090 执行。沙门杆菌按 GB/T 13091 执行。霉菌按 GB/T 13092 执行。黄曲霉毒素 B_1 按 GB/T 8381 执行。

第六章　肉牛生态养殖的饲养管理技术

第一节　肉牛的生物学特性

肉牛在进化过程中形成了许多生物学特性。在养殖肉牛生产中，了解肉牛的生物学特性知识，对创造和改进饲养管理条件、改善肉牛福利、实现生态肉牛的科学饲养是很有好处的。

一、生活习性

（一）群居性

牛合群性强，喜爱小群群居生活，放牧牛通常 3～5 头为一群在一起采食。牛的群居性有利于牛群的放牧管理，但群居中的地位一般要经过 7～10 天的争斗才能按优等序列原则确立。在养殖中，牛群分群后不要再随意调群，否则会因优等序列的重新建立而影响生长发育。

（二）采食和饮水习性

牛是典型的草食性动物，没有上牙，吃草时用舌卷。放牧时喜吃长得较高的草，若草高度低于 5 厘米则不便采食，会因跑青现象消耗体力。牛吃草有往后甩的动作，多头牛在一起采食有抢食习性。养殖中要根据牛的这些采食行为，采取小群牛短草饲喂等方法，以增加牛的采食量，提高草料的利用率。

牛饮水时，先把上下唇合拢，中央留一条小缝，伸入水中，然后因下颌、上颌和舌的有规律的运动，使口腔内形成负压，水即被吸入到口腔中。牛的饮水量较非反刍动物大，同时受多种因素影响。气温升高时，需水量增加；泌乳牛需水量大，每产 1 千克奶需水 3~4 千克；放牧饲养的肉牛较舍饲牛需水多 50%。一般情况下，肉牛的需水量可按每千克干物质需水 3~5 千克供给。生产中最好是自由饮水。冬天应饮温水，最低不能低于 10℃，以促进采食和消化，并减少体温散失，利于增重。

（三）运动和睡眠习性

健康牛喜欢运动，经常多头在一起嬉闹，尤其是犊牛更喜爱运动。而牛的睡眠时间较少，每天仅 1~1.5 小时，养殖中要根据牛喜欢运动而睡眠时间较少的生活习性，给牛创造适当运动的条件，以促进牛群健康成长。

（四）排泄习性

牛排泄粪便随意性大，没有相对固定的排泄地点，并且对排泄的粪便不在意，经常行走或躺睡在粪便处。养殖中要注意勤垫草、勤打扫粪便，保持厩舍和牛体的清洁卫生。

（五）视觉、听觉、嗅觉，记忆力

牛的视觉、听觉、嗅觉灵敏，记忆力强。公牛的性行为主要由视觉、听觉、嗅觉等引起，且视觉比嗅觉更重要。公牛看到母牛或嗅到母牛外阴部的气味时，就会产生性行为冲动。公牛的记忆力强，对它接触过的人和事印象深刻。例如，兽医、打过它的人，接近它时常会产生反感。管理上要注意。

二、消化特性

牛是反刍动物，胃分为瘤胃、网胃、瓣胃、皱胃四个胃。瘤胃是饲料进行发酵的主要场所。网胃主要是利用胃壁的运动磨碎或流转食物。瓣胃是通过瓣胃黏膜形成的瓣叶挤压食糜的水分并

吸收少量营养。皱胃是消化菌体蛋白和过瘤胃蛋白的主要部位。牛的消化生理特性主要表现在三个方面：

（一）反刍

牛每天吃进大量的粗饲料，一般不经过充分咀嚼就匆匆吞进瘤胃，吃饱后再把食团逆呕到口腔重新咀嚼，然后再吞进瘤胃，这一过程称为牛的反刍。一般牛吃草后 15 分钟至 1 小时进行反刍。反刍过程中分泌大量的唾液，对饲料的浸泡、软化以及在瘤胃中的发酵和氮素循环等具有重要作用。一般犊牛生后 3 周左右就出现反刍，早期补饲可使反刍生理功能提前。

（二）食管沟反射

食管沟是连接食管与瓣胃间可以启闭的沟状管道。犊牛在哺乳时能及时引起食管沟的闭合，使乳汁直接经食管沟和瓣胃进入皱胃。食管沟反射可保证乳汁不致溢入瘤胃和网胃中发酵，引起腹泻。牛到成年食管沟反射自然消失。人工哺乳不当将不会引发食管沟反射。

（三）瘤胃发酵和嗳气

牛的瘤胃中寄生着大量的微生物（1 毫升瘤胃液中微生物数为 10^9~10^{10}个），这些微生物使进入瘤胃的饲料不断发酵产生挥发性脂肪酸和二氧化碳、甲烷等气体，所产生的气体通过不断嗳气排出体外。当牛过量吃入易发酵的牧草后，瘤胃发酵作用急剧上升，所产生的气体超过嗳气负荷时，就会出现臌气。如不及时救治，就会因臌气窒息而死。

三、生长特性

（一）生长规律

肉牛一般在 12 月龄以前生长速度最快，饲料利用率也相应较高。随着年龄的增加，生长速度逐渐变慢，肌纤维变粗，肌肉嫩度及肌肉在胴体中所占的比重逐渐下降，脂肪所占比重逐渐增加。从饲料利用率的角度分析，肉牛实施后期育肥在经济上是不划算的。

（二）补偿生长

肉牛在生长期，由于营养供应不足，生长发育适当受阻后，等到恢复高营养水平饲养时，其生长速度会比未受限制的牛快，通常把这一现象称为肉牛的补偿生长。补偿生长会使生长适当受阻的小牛恢复到正常体重，为架子牛育肥提供增重保证。但如果牛在早期生长发育受到严重阻碍，后期生长则很难补偿。

四、繁殖特性

牛是长年发情的家畜，其中以春、秋两季较多，发情时发情症候明显。一般黄牛的发情周期为18~24天，发情持续时间10~26小时，发情结束后4~16小时排卵；水牛的发情周期为16~25天，发情持续时间25~48小时，发情结束后4~30小时排卵。饲养中要注意掌握不同牛的适配年龄、发情配种时间，以便适时配种，提高繁殖率。

五、对外界刺激的反应性

牛的性情温顺，易于管理。但如果经常粗暴对待，就可能产生顶人、踢人等恶癖。牛的鼻镜感觉最灵敏，套鼻环处更为敏感，以手指或鼻钳挟住鼻中隔时，就能驯服它。

牛对突然的意外刺激（如异物、噪声等），也会引起恐惧感。公牛有防御反射强的特点，当陌生人接近时，常把头低下，目光直射前方，发出粗声出气，前脚刨地吼叫，表现出对来者的攻击性动作。因此，管理中不要对牛打骂、恫吓，经常刷拭牛体，以促进牛养成温顺的性格，利于管理。

第二节 肉牛的福利

一、不受饥渴之苦

牛在采食时具有选择性，喜食青绿饲草和块根饲料，通常不会采食被排泄物污染的、绒毛多的或者外表粗糙的牧草。所有的牛都需要平衡日粮来维持健康，满足生产需要。应该经常检查补给饲料的类型、重量，以保证营养平衡。更换饲料要有计划地逐步进行。在一些矿物质缺乏或不平衡地区，必须在饲粮中添加补充一定量的矿物质元素或维生素。

应保证牛有充足的饮水。隔离治疗的牛要有充足的饮水，除非兽医有特别的要求，否则都要喂给含水量正常的饲料。在牛舍或舍外，水槽放置点要适当，保证不受污染，保证寒冷季节不结冰；有足够的饮水空间，避免拥挤。保持水槽清洁，每天至少检查一次。

二、不受困顿、伤病之苦

（一）牛舍位置的选择

育肥场最好建造在降水量少的地方，否则高密度牛群受淋雨后，地面就变成泥潭。场内除了饲槽和水槽是混凝土外，场地通常是土质地面，在雨季，混凝土地面排水更快，能减少育肥场内污臭问题的发生。

（二）舍外庇护场所

牛不在舍内时，应该给予必要的保护，以免其受不良天气条件及危害健康等因素的影响。在夏季，遮阳棚或树荫是很重要的，因为热应激会导致牛产生一些严重问题。冬季涉外放牧的牛，应有干燥的躺卧区。如果可能的话，要提供遮阳棚以免受不良气候条件的影响。水槽、料槽旁边的地面一定要结实、干燥，不能损伤动物的蹄部。要经常检查栅栏、修剪树篱，以免损坏耳标。

（三）牛舍的温湿度

热应激是育肥场的一种常见危害。遮阳、洒水、喷雾和淋浴都能用来使牛保持凉爽，选择采用哪一种方法取决于是否容易获得水。为牛提供遮阳处或洒水装置比喷雾装置更有效，可能是由于喷雾装置中的水喷到牛皮毛上对蒸发冷却不够有效。

（四）通风

空气的流通量、尘埃水平、温度、相对湿度和有害气体浓度都应控制在限制水平之下，才不会对牛造成危害。在牛舍内，每个季节都应以牛的类型、体形、数量等进行合理通风。如果通风不良，就要通过改造结构来改善通风，或者使用机械设备。

（五）光照

牛舍内要有充足的光照，以便能在任何时候对牛进行检查。牛不能长期处于黑暗的生活环境，如果自然光照不能满足牛生活需要，则应辅以人工光照措施。但要保证牛有充足的休息时间，免受人工光照影响。

（六）设备

机械设备对于保证牛健康与福利也是重要的。所有的机械设备至少每天检查一次，看是否有故障；如果发现设备有故障，应立即进行维修。

（七）做好防疫，预防疾病

及时对患病牛采取合理的诊治措施，使牛不受疼痛、伤病之苦。

三、给犊牛提供自由表达天性的福利

（一）断奶

犊牛早期断奶有利于犊牛消化器官及早得到锻炼和发育，同时由于瘤胃显著发育，可降低消化系统疾病发病率，从而提高犊牛的培育质量；而且犊牛早期断奶，可以降低培育成本。通常在5~6周龄采取断然断奶。

（二）犊牛传统养殖方式的福利问题

1. 隔栏狭窄 生活在狭窄隔栏中的犊牛，其行动受到极大限制，通常是站立，难以四肢伸展地躺卧。在隔栏中生活10天以上的犊牛，便不能自然躺卧。而且，在狭窄隔栏中饲养的犊牛，比其他方式生长的犊牛更易患病。

2. 隔栏中不提供垫草 给犊牛提供清洁、干燥的环境，不仅有利于防病，还能帮助犊牛保持体温，对犊牛生长十分重要。

3. 不补饲粗饲料，犊牛难以正常反刍 在小白牛肉生产过程中，为了保持牛肉风味，用仅以乳为基础的饲粮来饲喂犊牛，不添加任何粗饲料。这样的饲料因缺乏粗纤维，会导致犊牛消化系统不能正常发育，不能正常反刍，还可导致口腔异常行为。

（三）犊牛的管理与福利保护

1. 去势 对1周龄之内的犊牛进行去势，需要由经过专门培训的合格畜牧技术员进行。对2周龄之内的犊牛进行去势，应由兽医或合格畜牧技术员进行。

2. 去角 去角的时间是在出生后7~10天，给牛去角的方法较多，通常采用的有：①苛性钠去角法；②电烙铁去角法。

3. 断奶 一般不应对犊牛进行早期断奶，因为这样会增加断奶后生长停滞，从而降低对疾病的抵抗力。与7月龄断奶相比，提早断奶的犊牛会出现更多的哀叫和踱步。但如果它们能经常见到母牛，通常在断奶3天后就能趋于安静；然而当犊牛完全和母牛分离并断奶时，在断奶分离6天后，仍然有悲伤的迹象。另外，牛在转入育肥场时断奶比转入育肥场之前断奶更容易抑制牛的总体生长。

4. 标记 耳标的安装需由经过培训的技术员进行，使动物在安装时及安装后免受不必要的疼痛。安装耳标时要按照制造商提供的方法，并使用合适的涂药器。要经常保持耳标的清洁卫生。

(四) 犊牛福利养殖措施

1. 实行犊牛群养　1998 年开始，犊牛的群养已经被立法并强制在欧盟执行。关于群养犊牛的规定指出：犊牛单栏饲养只允许到 8 周，超过这个时间就必须转为群养。单栏之间的护栏必须使得犊牛彼此看见。实行群养后，犊牛有了自由活动的空间，可以与同伴在一起，这样就有效地减少了应激，增强了免疫力，基本福利明显改善。

2. 牛舍的地面要求　犊牛必须饲养在铺有垫料、木板或橡胶垫的地面上。现在大部分牛场主要采用在水泥地上铺橡胶垫的方法，可以减少犊牛异常的站立姿势，同时滑倒和损伤关节的现象明显减少。

3. 营养的改善　必须给犊牛饲喂适宜的可发酵饲料，以保持其胃肠道微生物区系的平衡。饲料中应适量补充富含纤维的粗饲料，以促进瘤胃的发育，并降低异食癖。自由采食干草与代乳料相组合的饲养方式，可确保瘤胃发育，避免消化不良和肠道疾病，反刍率提高 200%以上。

4. 其他　在犊牛的福利保护方面，欧盟还出台了包括预防、运输、屠宰等在内的一系列详细法案。

关注动物福利问题是社会进步的表现，体现了人与动物和谐相处、协调发展的趋势。关注动物权利和福利、善待动物、给予动物与人类在生命意义上的平等权，是人类文明进步的重要体现，也是人类对生态圈、对未来负责任尽义务的表现。我国的动物福利刚刚起步，是一个新的课题，相关体系还相当脆弱。我们必须以积极的态度来应对，充分学习发达国家畜牧业中动物福利的方法和成就，结合我国畜牧业动物福利发展的现状，积极摸索适合我国动物福利的研究与立法，并将其逐步应用于畜牧生产实际中，改善肉牛的生存生活条件，提升其生活质量和产品品质，保障动物源性食品安全，这对我国发挥农业优势，促进我国畜牧业的安全、持续发展意义深远。

第三节　繁殖母牛的饲养管理

繁殖母牛按照生理状况分为妊娠母牛、泌乳母牛和空怀母牛。要根据各阶段母牛的生理特点和营养需要进行饲养与管理。

一、妊娠母牛的饲养管理

对于处于妊娠阶段的母牛，不仅本身生长发育需要营养，而且要满足胎儿生长发育的营养需要和为产后泌乳进行营养贮积。所以，应加强妊娠母牛的饲养管理，使其能正常产犊和哺乳。饲养管理的重点在于保持适宜体况，做好保胎工作。

（一）妊娠母牛的饲养

1. 妊娠前期　妊娠前期是指母牛从受胎到怀孕 26 周的阶段。母牛妊娠初期，由于胎儿生长发育较慢，其营养需求较少，一般按空怀母牛进行饲养，以优质青粗饲料为主，适当搭配少量精料补充料。但这并不意味着妊娠前期可以忽视营养物质的供给，若胚胎期胎儿生长发育不良，出生后就难以补偿，增重速度减慢、饲养成本增加；对怀孕母牛保持中上等膘情即可。

（1）放牧：妊娠前期的母牛，青草季节应尽量延长放牧时间，一般可不补饲，枯草季节应据牧草质量和牛的营养需要确定补饲草料的种类和数量。牛如果长期吃不到青草，缺乏维生素 A，可用胡萝卜或维生素 A 添加剂来补充，冬季每头每天喂0.5~1 千克胡萝卜，另外应补足所需蛋白质、能量饲料及矿物质。精料补加量 0.8~1.1 千克/头·日，精料配比（%），玉米 50、糠麸 10、油饼粕 30、高粱 7、石粉 2、食盐 1，另加维生素 A 10 000 国际单位/千克。

（2）舍饲：应以青粗料为主，参照饲养标准合理搭配精饲料。以蛋白质量低的玉米秸、麦秸为主时，要搭配 1/3～1/2 优质豆科牧草，再补加饼（粕）类；没有优质牧草时，每千克补充精料加 15 000～20 000 国际单位维生素 A。饲喂次数每昼夜 3 次，每次喂量不可过多，以免压迫胸腔和腹腔。自由饮水，水温不低于 10℃，严禁饮过冷的水。

2. 妊娠后期　妊娠后期一般指怀孕 27 周到分娩时的阶段。此阶段主要以青粗饲料为主，适当搭配少量精料补充料。母牛妊娠最后 3 个月是胎儿增重最多时期，这个时期的增重占犊牛初生重的 70%～80%，需要从母体吸收大量营养。一般在母牛分娩前，至少要增重 45～70 千克，才能保证产犊后的正常泌乳与发情。从妊娠第五个月起，应加强饲养，对中等体重的妊娠母牛，除供给平常日粮外，每日需补加 1.5 千克精饲料，妊娠最后两个月，每天应补加 2 千克精饲料，但不可将母牛喂得过肥，以免影响分娩。

（1）放牧：除了临近产期的母牛，其他母牛可以放牧。临近产期的母牛行动不便，放牧易发生意外，最好改为留圈饲养，并给予适当照顾，如给予营养丰富、易消化的草料。

（2）舍饲：以青粗料为主，合理搭配精饲料。妊娠后期禁喂棉籽饼、菜籽饼、酒糟等饲料，变质、腐败、冰冻的饲料不能饲喂，以防引起流产。饲喂次数可增加到 4 次。每次喂量不可过多，以免压迫胸腔和腹腔。应自由饮水，水温不低于 10℃。

（二）妊娠母牛的管理

1. 定槽　除放牧母牛外，一般舍饲母牛配种受胎后即应专槽饲养，以免与其他牛抢槽、抵撞，造成流产。

2. 圈舍卫生　每日坚持打扫圈舍，保持妊娠母牛圈舍清洁卫生，对圈舍及饲喂用具要定期消毒。

3. 刷拭 每天至少对牛刷拭1次，每次5分钟，以保持牛体卫生。

4. 运动 妊娠母牛要适当运动，增强母牛体质，促进胎儿生长发育，并可防止难产。妊娠后期两个月牵牛走上或下坡，以保胎位正常。

5. 料水卫生 保证饲草料、饮水清洁卫生，不能喂冰冻、发霉饲料。不饮脏水、冰水。清晨不饮、空腹不饮、出汗后不急饮。

6. 注意观察 尤其应注意观察妊娠后期的母牛，发现临产征兆，估计分娩时间，准备接产工作。同时，认真做好产犊记录。

7. 放牧饲养 把预产期临近和已出现临产征兆的母牛留在牛圈待分娩。放牧人员应携带简单的接产用药和器械。

8. 转群 产前15天，将母牛转入产房，自由活动。母牛分娩时，应左侧位卧倒，用0.1%高锰酸钾清洗外阴部，出现异常则可进行助产。

二、哺乳母牛的饲养管理

（一）分娩前后的护理

临近产期的母牛行动不便，应停止放牧和使役。这期间母牛消化器官受到日益庞大的胎胞挤压，有效容量减少，胃肠正常蠕动受到影响，消化力下降，应给予营养丰富、品质优良、易于消化的饲料。产前半个月，最好将母牛移入产房，由专人饲养和看护，并做好接产准备工作。母牛分娩前乳房发育迅速，体积增加，腺体充实，乳房膨胀；阴唇在分娩前一周开始逐渐松弛、肿大、充血，阴唇表面皱纹逐渐展开；在分娩前1~2天阴门有透明黏液流出；分娩前1~2周骨盆韧带开始软化，产前12~36小时荐坐韧带后缘变得非常松软，尾根两侧凹陷；临产前母牛表现为不安、常回顾腹部、后蹄抬起碰腹部、排粪尿次数增多而每次排出量少，食欲减少或停止。上述征兆是母牛分娩前的一般表现。由于饲养管理、品种、胎次和个体间的差异，往往表现不一致，必须全面观察、综合判断、正确估计。

正常分娩母牛可将胎儿顺利产出，不需人工辅助；对初产母牛、胎位异常及分娩过程较长的母牛要及时进行助产，以保母牛及胎儿安全。

母牛产犊后应喂给温水，水中加入一小撮盐（10~20 克）和一把麦麸，以提高水的滋味，诱牛多饮，防止母牛分娩时体内损失大量水分致腹内压突然下降和血液集中到内脏产生“临时性贫血”。

母牛产后易发生胎衣不下、食滞、乳腺炎和产褥热等病症，应经常观察，发现病牛，及时请兽医治疗。

（二）舍饲泌乳母牛的饲养管理

母牛分娩前一个月和产后 70 天，这是非常关键的 100 天，饲养的好坏，对母牛的分娩、泌乳、产后发情、配种受胎，犊牛的初生重和断奶重，犊牛的健康和正常发育都十分重要。在此阶段，热能需要量增加，蛋白质、矿物质、维生素需要量均增加，缺乏这些物质，会引起犊牛生长停滞、下痢、肺炎和佝偻病等。严重时会损害母牛健康。

母牛分娩后的最初几天，尚处于身体恢复阶段，应限制精料及块根、块茎类料的喂量，此期饲养如果过于丰富，特别是精饲料给量过多，母牛食欲不好，消化失调，易加重乳房水肿或发炎，有时钙磷代谢失调而发生乳热症等。这种情况在高产母牛中尤其常见，因此对产犊后的母牛须进行适度饲养。体弱母牛产后 3 天内只喂优质干草，4 天后可喂给适量的精饲料和多汁饲料，根据乳房及消化系统的恢复状况逐渐增加给料量，但每天增加料量不超过 1 千克，乳房水肿完全消失后可增至正常量。正常情况下产后 6~7 天可增至正常量，并注意各种营养平衡。

泌乳母牛每日饲喂 3 次，日粮营养物质消化率比 2 次饲喂高 3.4%，但 2 次饲喂可降低劳动消耗；也有人提议饲喂 4 次，生产中一般以日喂 3 次为宜。注意变换饲草料时不宜太突然，一般要有 7~10 天的过渡期。不喂发霉、腐败、含有残余农药的饲草料，并注意清除混入草料中的铁钉、金属丝、铁片、玻璃、农用膜、塑料袋等异物。每天刷拭牛体，清扫圈舍，保持圈舍、牛体卫生。夏防暑、冬防寒。拴系缰绳长短适中。

（三）放牧带犊母牛的饲养管理

有放牧条件的应以放牧为主饲养泌乳母牛。放牧期间的充足运动和阳光浴及牧草中所含的丰富营养，可促进牛体的新陈代谢，改善繁殖功能，提高泌乳量，增强母牛和犊牛的健康，青绿饲料中含有丰富的粗蛋白质、各种维生素、酶和微量元素。经过放牧，牛体内血液中血红素的含量增加，机体内胡萝卜素和维生素 D 储备较多，可提高抗病力。

应该近牧，参考放牧远近及牧草情况，在夜间牛圈中适当补饲。

放牧饲养应注意放牧地最远不宜超过 3 千米；建立临时牛圈应避开水道、悬崖边、低洼地和坡下等处；放牧地距水源要近，清除牧坡中有毒植物；放牧牛一定要补充食盐，但不能集中补，以 2~3 天补一次为好，一般每头牛 20~40 克；放牧人员应随身携带蛇药、少量的常用外科药品等。

三、空怀母牛的饲养管理

繁殖母牛在配种前应具有中上等膘情，过瘦、过肥往往影响繁殖。在日常饲养实践中，倘若喂给过多精料而又运动不足，易使牛群过肥造成不发情，在肉用母牛饲养中，这是最常见的，必须加以注意。但在饲料缺乏、母牛瘦弱的情况下，也会造成母牛不发情而影响繁殖。实践证明，如果母牛前一个泌乳期内给以足够的平衡日粮，同时劳役较轻，管理周到，能提高母牛的受胎率。廋弱的母牛配种前 1~2 个月若加强饲养，适当补饲精料，也能提高受胎率。

母牛发情，应及时配种，防止漏配和失配。对初配母牛，应加强管理，防止野交早配。经产母牛产犊后 3 周要注意其发情情况，对发情不正常或不发情者，要及时采取措施。一般母牛产后 1~3 个情期，发情排卵比较正常，随着时间的推移，犊牛体重增大，消耗增多，如果不能及时补饲，往往导致母牛膘情下降，发情排卵受到影响，常造成暗发情（卵巢排卵，但发情征兆不明显），因此产后多次错过发情期，则发情期受胎率会越来越低。如果出现这些情况，要及时进行直肠检查，慎重处理。

母牛空怀的原因有先天和后天两个方面。先天不孕一般是由于母牛生殖器官发育异常，如子宫颈位置不正、阴道狭窄、幼稚病等，这类情况较少，在育种工作中淘汰那些隐性基因的携带者即可解决。后天性不孕主要是由于营养缺乏、饲养管理和使役不当及生殖器官疾病所致。具体应根据不同情况加以处理。

成年母牛因饲养管理不当而造成不孕，恢复正常营养水平后，大多能够自愈。犊牛期由于营养不良以致生长发育受阻，影响生殖器官正常发育造成的不孕，则很难用饲养方法来补救。若育成母牛长期营养不足，则往往导致初情期推迟、初产时出现难产或死胎，并影响以后的繁殖力。

晒太阳和加强运动可以增强牛群体质，提高牛的生殖功能，牛舍内通风不良，空气污浊，含氨量超过 0.02 毫克/分米^3，夏季闷热、冬季寒冷、过度潮湿等恶劣环境，极易危害牛体健康，敏感的母牛很快停止发情。因此改善饲养管理条件十分重要。

肉用繁殖母牛以放牧饲养成本最低，目前国内外多采用此方式，但也是有一定缺点的饲养方式。

应做好每年的检疫防疫、发情及配种记录。

第四节 犊牛的饲养管理

犊牛在哺乳期内其胃的生长发育经历了一个逐渐成熟的过程，出生最初20天的犊牛，瘤胃、网胃和瓣胃的发育极不完全，没有任何消化功能；7天以后开始尝试咀嚼干草、谷物和青贮料，出现反刍行为，瘤胃内的微生物区系开始形成，瘤胃内壁的乳头状突起逐渐发育，瘤胃和网胃开始增大；到3个月龄时，小牛4个胃的比例已接近成年牛的规模，5月龄时，前胃发育基本成熟。人为的干预可改变这个过程，使其缩短。

一、新生犊牛的饲养管理

（一）清除口鼻黏液

犊牛出生后，首先清除口鼻内黏液及躯体上的黏液，对已吸入黏液的犊牛，造成呼吸困难者，可握住犊牛的两后肢将其提起，头部向下，并拍打其背部，使之吐出黏液，开始呼吸，见图6-1。躯体上的黏液，正常分娩母牛会立即舐食，否则需擦拭。母牛舐食既有助于犊牛呼吸，唾液中的溶菌酶还可预防疾病，而且黏液中的催产素可促进母牛的子宫收缩，排出胎衣，加强乳腺分泌活动。

图6-1 把倒产犊牛倒提拍打背部促使咳出黏液

（二）断脐带

先用手在距犊牛脐部10~12厘

米处充分揉搓脐带 1~2 分钟，在远端再用消毒剪刀剪断，用 5% 浓碘酊充分消毒，见图 6-2。脐带在生后一周左右干燥脱落，当发现不干燥并有炎症时可用碘酊消毒；不干且肿胀可定为脐炎，应请兽医治疗。接下来，称重并登记犊牛初生重、父母号、毛色和性别。最后应让其尽早吮吸初乳。

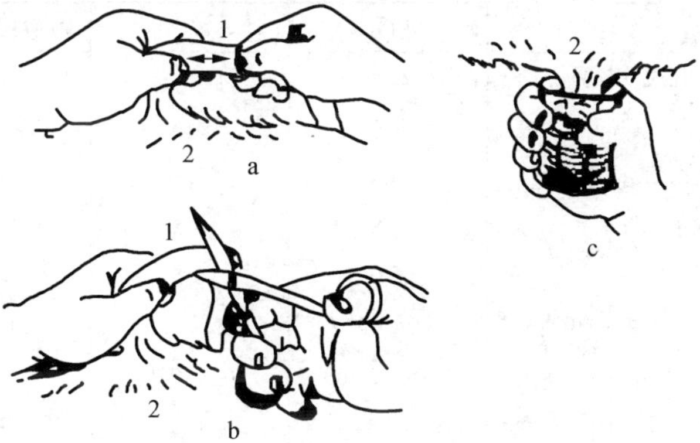

图 6-2 断脐

a. 大拇指揉搓脐带 b. 在揉搓处远端剪断 c. 用 5%碘酒浸 1 分钟

1. 脐带 2. 犊牛肚皮

（三）早喂初乳

犊牛出生后要尽快让其吃上初乳。初乳是母牛产犊后 5 ~ 7 天内所分泌的乳汁，其色深黄而黏稠，成分和 7 天后所产常乳差别很大，尤其第一次初乳最重要，第一次初乳所含干物质是常乳的 2 倍，其中维生素 A 是常乳的 8 倍，蛋白质是常乳的 3 倍（表 6-1）。这些营养物质是初生犊牛正常生长发育必不可少的，并且其他食物难以取代。因为，初乳中含有大量免疫球蛋白，具有抑制和杀死多种病原微生物的功能，使犊牛获得免疫；而初生犊牛的小肠黏膜又能直接吸收这些免疫球蛋白，这种特性随着时间的推移而迅速减弱，大约在犊牛生后 36 小时即消失。其次初乳中含有丰富的盐类，其中镁盐比常乳高 1 倍，使初乳具有轻泻性，犊牛吃进充足的初乳，有利于排出胎便。另外，初乳酸度高，进入犊牛的消化道能抑制肠胃有害微生物的活动。

表 6-1　初乳与常乳营养含量的比较

项目	初乳	常乳	初乳/常乳
干物质（%）	22.6	12.4	182
脂肪（%）	3.6	3.6	100
蛋白质（%）	14.0	3.5	400
球蛋白（%）	6.8	0.5	1 360
乳糖（%）	3.0	4.5	66.7
胡萝卜素（毫克/千克）	900~1 620	72~144	1 200
维生素 A（国际单位/千克）	5 040~5 760	648~720	800
维生素 D（国际单位/千克）	32.4~64.8	10.8~21.6	300
维生素 E（微克/千克）	3 600~5 400	504~756	700
钙（克/千克）	2~8	1~8	156
磷（克/千克）	4.0	2.0	200
镁（克/千克）	40.0	10.0	400
酸度（度）	48.4	20.0	242

综上所述，犊牛出生后应尽量早喂和多喂初乳。用清洁干布擦净身上黏液，称初生重后，只要能自行站立，应引导犊牛接近母牛乳房寻食母乳；若有困难，则需人工辅助哺乳。如果母牛分娩后死亡，可以从其乳房中把初乳全部挤出温热后（切不可超过 40℃）喂给犊牛。因母牛患病或其他原因使初乳不能用时，可用同期产犊的其他母牛作保姆或按每千克常乳中加 50 毫克土霉素或等效的其他抑菌素、1 个鸡蛋、4 毫升鱼肝油，配成人工初乳

代替，并喂一次蓖麻油（100 毫升）以代替初乳的轻泻作用。5 天以后只维持每千克奶加 25 毫克土霉素，直至犊牛生长发育正常为止（21～30 天）。但人工初乳效果远不如天然初乳。

二、哺乳期犊牛的饲养管理

（一）哺乳期犊牛的饲养

1. 饲喂常乳　饲喂常乳可采用随母哺乳法、保姆牛法和人工哺乳法。

（1）随母哺乳法：让犊牛和其生母在一起，从哺喂初乳至断奶一直自然哺乳，见图 6-3a。为促进犊牛发育和减轻母牛泌乳负担，有利于产后母牛正常发情，可在母牛栏旁边设一犊牛补饲栏，单另给犊牛补草料，见图 6-3b。

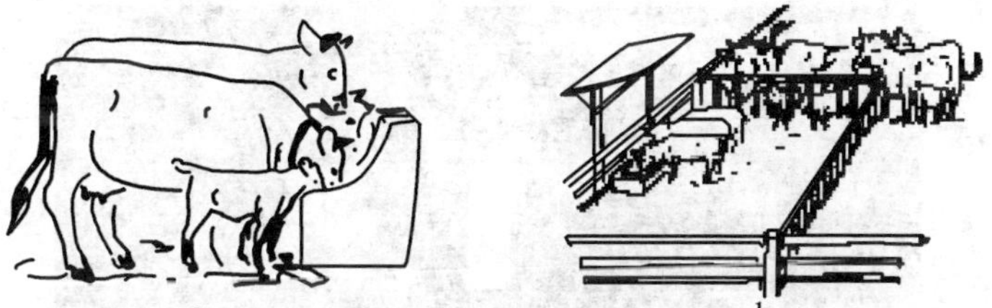

a　　b

图 6-3　随母哺乳

a. 犊牛随母吃草料　b. 犊牛补饲栏（栅栏间隙宽 25～30 厘米，高 1 米，犊牛能通过，但母牛不能通过）

（2）保姆牛法：选择健康无病、气质安静、乳及乳头健康、产奶量中下等的乳用牛作保姆牛，按其产奶量安排 1～3 头其母缺乳或其母已死亡的犊牛调教其相认后，自由哺乳。犊牛栏内要设置饲槽及饮水器，以利于补饲。调教保姆牛接受犊牛的办法可采用把保姆牛的尿或生殖道分泌物或其亲犊的尿涂于寄养犊的臀部和尾巴上。要注意安全，对脾气燥的母牛，在第一次让寄养犊吮乳时把后肢捆绑，多次吮乳之后，证明保姆牛已承认寄养犊后，可停止捆绑。

（3）人工哺乳法：对找不到合适的保姆牛或乳牛场淘汰犊牛的哺乳多用此法。新生犊牛结束5~7天的初乳期后，哺喂常乳。见图6-4、图6-5。

犊牛的哺乳量可参考表6-2。哺乳时，可先将装有牛乳的奶壶放在热水锅中进行加热消毒，不能直接在锅内煮沸，以防乳清蛋

图6-4　人工哺乳示意图
1. 奶壶　2. 颈木架　3. 饲槽

图6-5　使用专用奶壶装奶

白在锅底沉淀糊锅，降低奶的营养价值，并增加有害因子，待冷却至38~40℃时哺喂。1周龄内每天喂奶3~4次，1~3周龄每天喂奶3次，4周龄以上每天喂2次。

表 6-2　肉用犊牛的喂奶量（单位：千克）

周　龄	1~2	3~4	5~6	7~9	10~13	14 周以后	全期用奶
小型牛	3.7~5.1	4.2~6.0	4.4	3.6	2.6	1.5	400
大型牛	4.5~6.5	5.7~8.1	6	4.8	3.5	2.1	540

2~3 周龄以内的犊牛，宜用带橡皮奶嘴的奶壶喂奶（图 6-6），用小刀在橡皮奶嘴顶端割一“+”字形裂口，使犊牛吃奶时必须用力吮吸奶嘴才能吸到乳汁。当犊牛用力吮吸橡皮奶嘴时，由于分布在口腔的神经感受器受到刺激，可使食管沟反射完全，闭合成管状，乳汁由食管沟全部流入皱胃。同时，由于吮吸速度较慢，乳汁在口腔中能充分与唾液混匀，到皱胃时凝成疏松的乳块利于消化。若把橡皮奶头剪成孔状或裂口过大时，则吸奶毫不费劲，会使犊牛饮奶过急，食管沟往往闭合不全，乳汁溢入瘤胃，致使犊牛生病。奶在口腔中未能和唾液充分混合，到皱胃凝成较坚硬的凝乳块，难以消化，甚至堵塞皱胃与十二指肠连接的幽门，使皱胃内容物不能下移，造成皱胃扩张、小肠梗阻而导致死亡。改用桶喂（图 6-7）时，用手顶着犊牛嘴，控制吮乳速度，使每头牛吃奶时间不短于半分钟，最好一分钟以上。

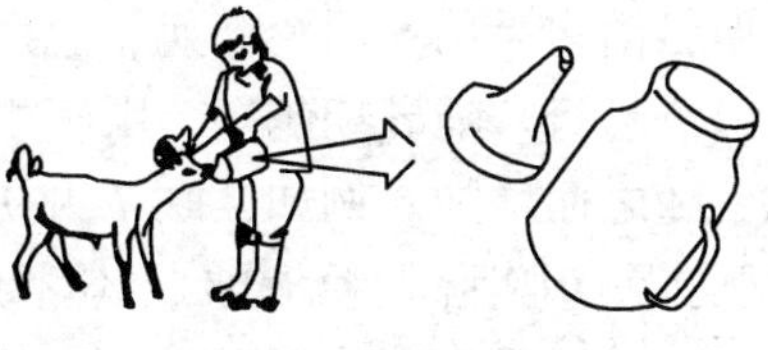

图 6-6　用奶壶饲喂

喂奶前应该把犊牛拴系，使其不能互相舔吮；每次喂奶之后，要用干净毛巾将犊牛口、鼻周围残留的乳汁擦干，一直拴系到其吸吮反射停止后再放开（约 10 分钟）。犊牛吃奶后若互相吸

图 6-7 用桶饲喂

吮，常使被吮部位发炎或变形，会将牛毛咽到胃肠中缠成毛团，堵塞肠管，危及生命。若形成恶癖，则可用细竹条（切忌用粗棒）抽打嘴头，经多次即可纠正。

要经常观察犊牛的精神状态及粪便。健康的犊牛，体形舒展，行为活泼，被毛顺而有光泽；若被毛乱而蓬松，垂头弓腰，行走蹒跚，咳嗽、流涎、叫声凄厉，则是有病的表现；若粪便变白、变稀，这是最常见的消化不良的表现，此时只需减少 20%～40%喂奶量，并在奶中加入 30%的温开水饲喂，配合减慢吮乳速度，即可很快痊愈，不必使用药品。

2. 早期断奶 为了减少犊牛用奶量，降低成本，把哺乳期缩短到 3 个月以下，即早期断奶。最短的哺乳期是喂 3 天初乳之后改用代用乳，但目前多采用 5 周龄断奶，总用奶量为 100 千克左右的方法较为经济易行。哺乳期越短，喂犊牛的代用乳质量要求越高，成本也就随之而增加。例如，吃 7 天初乳后断奶，喂用人工代乳粉的配方是：脱脂乳粉 69%，肉牛脂肪 24%，乳糖 5. 3%，磷酸钙 1. 2%，每千克代乳粉加入 35 毫克四环素及适量维生素 A 和维生素 D。使用时，每千克代乳粉中加 7. 5 千克水，按正常喂奶量喂给犊牛，也可干喂。具体断奶方案见表 6-3，代乳料配方参考表 6-4。

表 6-3　犊牛早期断奶方案（单位：千克/日）

日龄	0~7	8~14	15~21	22~35	36~63	64~91	92~180
牛奶	3.5~4.0	4.0~5.0	3.5~4.0	2.0~2.5	0	0	0
代乳料	0	0	随意采食	1.4~2.5	2.0~3.0		
犊牛料	0	0	0	0	0	0	2.5~3.5
青干草	自由采食						

表 6-4　犊牛代乳料（%）

原料	熟谷物	熟黄豆	熟豆粕	糠麸类	乳清粉	脱脂奶粉	乳化脂肪	糖蜜	酵母蛋白粉	磷酸氢钙	食盐	维生素 A（国际单位/千克）	微量元素	鲜奶香精（毫克/千克）	适用范围
①					20	40	20	8	10	1	1	10~20	适量	10~20	30 日龄内
②	31	40			15			8	3	2	1				90 日龄内
③	33		32		15		10	5	3	2	1				>90 日龄
④	33		35	10	5		5	0	10	1	1				

a　　　b

图 6-8　瘤胃微生物接种

a. 取成年牛反刍物　b. 把成年牛反刍物抿少量到犊牛口中

具体干喂方法是从 15 日龄开始在代乳料中拌入少量奶，引诱犊牛采食，待犊牛会吃后停止加奶。犊牛料可按表 6-4 配方。早期断奶的犊牛，在饲喂人工乳或代乳料初期，易发生消化不良以至下痢。为减少这些疾病的发生，必须在 7~15 日龄接种瘤胃微生物，即把成年牛反刍时的口腔内食物取出，塞少许到犊牛口中，见图 6-8。对初生重过小或瘦弱的犊牛，可延长哺乳期。

气温过低的季节，也宜延长哺乳期。犊牛日增重方案见表6-5。

表6-5 理想犊牛日增重（单位：千克）

种类	哺乳期	性别	0~30日龄	31~60日龄	61~90日龄	91~120日龄	121~150日龄	151~180日龄
大型牛	哺乳6个月	公	0.90	1.10	1.20	1.30	1.30	1.35
		母	0.80	0.85	0.90	0.95	1.00	1.05
	哺乳35天早期断奶	公	0.90	0.40	0.50	0.60	0.70	0.80
		母	0.80	0.35	0.45	0.55	0.65	0.70
改良牛	哺乳6个月	公	0.70	0.85	0.90	1.00	1.00	1.05
		母	0.60	0.65	0.65	0.70	0.75	0.80
	哺乳35天早期断奶	公	0.70	0.30	0.40	0.45	0.55	0.60
		母	0.60	0.25	0.35	0.40	0.50	0.55
良种黄牛	哺乳6个月	公	0.65	0.80	0.85	0.95	0.95	1.00
		母	0.50	0.55	0.60	0.65	0.65	0.70
	哺乳35天早期断奶	公	0.65	0.30	0.35	0.40	0.50	0.60
		母	0.50	0.25	0.30	0.35	0.45	0.45
非良种黄牛	哺乳6个月	公	0.45	0.55	0.60	0.65	0.65	0.70
		母	0.40	0.45	0.45	0.50	0.50	0.55
	哺乳35天早期断奶	公	0.45	0.20	0.25	0.30	0.35	0.40
		母	0.40	0.18	0.23	0.28	0.32	0.35

3. 及时补饲 为满足犊牛营养需要和早期断奶，应及时补饲。从7~10日龄开始训练犊牛采食干草，在犊牛栏草架上放置优质干草，供其随意采食，促进犊牛发育。从7天起训练犊牛采食精饲料，开始时喂完奶后将饲料涂在牛嘴唇上诱其舔食，经2~3日后，可在犊牛栏内放置饲料盘，任其自由采食，当犊牛每天采食超过0.5千克时则按培育方案及抽查日增重来决定日补料

量；8周龄前不宜多喂青贮饲料，也不宜喂秸秆，可以补给少量切碎的胡萝卜等块根、块茎饲料。

4. 注意饮水　牛奶中的水不能满足犊牛正常代谢的需要，必须让犊牛尽早饮水，开始在两次喂奶之间饮36~37℃的温开水，10~15日龄后可改饮常温水，5周龄后可在运动场内备足清水，任其自由饮用。

（二）哺乳期犊牛的管理

1. 去角　去角的适宜时间在生后7~10天，常用的去角方法有电烙法和固体苛性钠法两种。

（1）电烙法（图6-9a）：是用200~300瓦电烙器，把烙头砸扁，使宽刚与角生长点相称，加热到恒温度，牢牢地压在角基部直到其下部组织烧灼成白色为止，烙时不宜太久，以防烧伤下层组织。

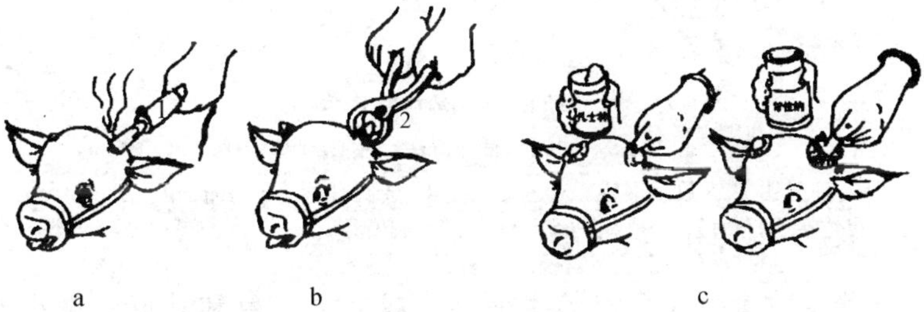

图6-9　去角

a. 电烙法　b. 去角钳夹除法　c. 烧碱腐蚀法

1. 电烙铁　2. 去角钳

（2）固体苛性钠法（图6-9c）：应在晴天在角刚鼓出但未硬时且哺乳后进行。具体方法是先剪去角基部的毛，再用凡士林涂一圈，以防苛性钠药液流出，伤及头部和眼部，然后用棒状苛性钠沾水涂擦角基部，直到表皮有微量血渗出为止，处理后把犊牛另拴系，以免其他犊牛舔伤处，或犊牛磨擦伤处增加渗出液，延缓痊愈。

伤口得 1~3 天才干，为避免腐蚀母牛乳房皮肤，所以随母哺乳的犊牛最好采用电烙法。此外，也可使用外科手术方法，当犊牛角长到一定高度时，由兽医师用去角钳夹除（图 6-9b）。此法需用较多药物，犊牛也比较痛苦。

2. 编号 给牛编号便于管理，记录于档案之中，以利于育种工作的进行（图 6-10）。

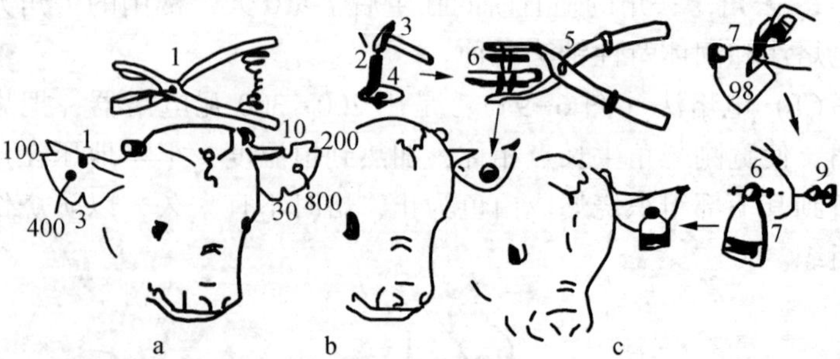

图 6-10 给牛打号

a. 剪耳法 b. 金属耳标法 c. 塑料耳标法

1. 剪号钳 2. 数字钢錾 3. 小铁锤 4. 金属耳标 5. 耳标钳 6. 牛耳朵 7. 塑料耳标 8. 塑料染色笔 9. 塑料耳标栓

养牛数量少时可以给牛命名，或从牛毛色和外形的微小差异，把牛清楚区分，但数量多时，把牛区分开就困难了，所以把编号可靠地显示在牛的身上（也称为打号）。给牛编号最常用的方法是按牛的出生年份、牛场代号和该牛出生的顺序号等。习惯头两个号码为出生年，第 3 位代表分场号，以后为顺序号，例如 141103 表示 2014 年出生的 1 分场顺序 103 号牛。有些在数码之前还列字母代号，表示性别、品种等。生产上常用的编号方法有以下几种。

（1）剪耳法：是用剪号钳在牛的耳朵不同部位剪上豁口，

以表示牛的编号。小型牛场可采用此法，在犊牛断奶之前进行。剪口要避开大血管，减少流血，剪后用5%碘酊处理伤口。缺点是容纳数码位数少，远处难看清，不美观。

（2）金属耳标法：通常用合金铝冲压成阴、阳两片耳标，用数字钢錾在阴、阳两片外侧面分别打上牛的编号，然后把阴片中心管穿过牛耳朵下半部毛较稀、无大血管之处，阳片在耳朵另一侧把中心管插入对侧穿过来的阴片中心管中，再用专用耳号钳钳端的凸起夹住两侧耳标中心孔用力挤压，使阴阳两片中心管口撑大变形而固定。此法美观、经济，但金属耳标面积小，所以不抓住牛，很难看清编号。手术处用5%碘酊消毒。

（3）塑料耳标法：用耐老化耐有机溶剂的塑料制成软的耳标，用塑料染色笔把牛的编号写到耳标正面，然后把耳标拴在牛耳下侧血管稀少处穿透牛耳的耳标孔，把耳标卡住。此法由于塑料可制成不同色彩，使其标志更鲜明，并可利用不同颜色代表一定内容。由于面积大，所以数码字也大，一般距离2米处也能看清，故使用较广。缺点是放牧牛最易丢失，应及时补挂。

（4）热烙打号法：在犊牛阶段（近6月龄），把牛绑定牢靠，把烧热的号码铁按在牛尻部把皮肤烫焦，痊愈后留下不长毛的号码。这种方法牛很痛苦，挣扎时常把皮肤烫成一片而不显字迹。烫后若感染发炎，也使字迹模糊。但此法编的号能终身存在于牛体，成本低，字体随牛生长而变大，几米以外均可看清，所以也较多使用。

（5）冷冻打号法：是以液态氮把铜制号码降温到-197℃，把犊牛侧卧，把计划打号处（通常在体侧或臀部平坦处）尽量用刷子清理干净。用酒精湿润后把已降温的字码按压在该处。冷冻打号牛不感觉痛苦，易得清晰的字迹，但操作烦琐，成本较高。冷冻打号所需按压时间见表6-6。

表 6-6　冷冻打号所需按压时间（压力 10 千克）

牛（月龄）	肉牛（秒）	
	剪毛	不剪毛
2~3	10	20
4~6	12	25
7~12	15	30

3. 分栏分群管理　肉用犊牛大都随母哺乳，少数来源于乳牛场淘汰的公犊，若采用人工哺乳，则应按年龄分栏饲养，以便喂奶与补饲。

4. 夏防暑、冬防寒　冬季天气寒冷、风大，特别在我国北方，要注意人工饲喂的犊牛舍的保暖，防止穿堂风。若是水泥或砖石地面，应铺垫些麦秸、锯末等，舍温不可低于 0℃（没有穿堂风，可不低于-5℃）；夏季炎热时在运动场应有凉棚，以免中暑。

5. 刷拭　犊牛基本上在舍内饲养，其皮肤易被粪及尘土所黏附而形成皮垢，这样不仅降低皮毛的保温与散热力，也会使皮肤血液循环受阻，易患病，所以每日至少刷拭一次，保持犊牛身体干净清洁。

6. 运动　运动对促进犊牛的采食量和健康发育都很重要，随母哺乳的犊牛 3 周龄后可安排跟母牛放牧，人工哺乳的犊牛应安排适当的运动场。犊牛从生后 8~10 日龄起，即可开始在犊牛舍外的运动场做短时间的运动，以后逐渐延长时间；如果犊牛出生在温暖的季节，开始运动日龄还可早些。活动时间的长短应据气候及犊牛日龄来掌握，冬天气温低的地方及雨天不要使 1 月龄以下的幼犊到室外活动。

7. 消毒、防疫　犊牛舍或犊牛栏要定期进行消毒，可用 2% 苛性钠溶液进行喷洒，同时用高锰酸钾液冲洗饲槽、水槽及饲喂工具。对犊牛要进行防疫注射。打扫牛舍，保持舍内清洁卫生。

8. 建立档案　后备母犊应建立档案，记录其系谱、生长发育情况（体尺、体重）、防疫及疫病治疗情况等。

第五节　育成牛的育肥

一、育成牛的饲养

育成牛是经过犊牛培育，由高营养水平转到较低的饲养水平，这一过渡要逐步进行。若有充足草地放牧的条件，育成牛比较好饲养；草地条件较差时，应补饲优质干草或精料，使牛的生长发育不会受阻。补料水平依牛的体重和粗饲料质量而定，每头每日 1~2 千克，牧草质量不好则补 2.5~3.5 千克。为降低饲养成本，混合精料中可加入一定比例的非蛋白氮（表 6-7）。

表 6-7　青年牛精料配方例

饲　料	用量（%）	饲料	用量（%）
玉米	35	糊化淀粉、尿素	10
大麦	20	盐	1.5
麦麸	20	石粉	1
青糠	5	骨粉	1
菜籽饼	5	矿物元素添加剂	0.5

饲料供给不足，牛的个体小，不能按时发情；喂得太肥，也不易受孕。重要的是达到正常初配体重。地方牛种和杂交牛要求 18 月龄体重达到或接近成年牛体重的 70%，大型乳用品种生长速度快，14~15 月龄体重达成年体重的 60%，只要正常发情，就可以进行配种，因为此时体重多数达到 350 千克。为此有的养牛户在预计配种时间之前 15~20 天，每天给牛补料 1~2 千克，为

了使牛达到一定体重，容易受孕。

放牧是饲养育成牛常用的方法，首先放牧有季节性，即使在雨、热资源丰富的亚热带地区，也有伏旱等干旱季节。利用天然草地，要测定牧草产量，根据载畜数量，估计牧草是否充足，如果不够，应给予补饲。人工草地要实行分区轮牧，并留出割草地调制干草收贮备用。有条件时，天然牧场也要分区轮牧，因为牛的放牧，要求牧草有一定高度，通常 20 厘米左右；如果牧草过低，牛吃不饱还会践踏草地，降低牧草产量。其次，由舍饲到放牧注意逐步转变。舍饲期间采食秸秆、干草和精料，到春季可以放牧时往往出现所谓“跑青”现象，互相追逐挑选，不认真采食。或因贪食青草太多引起瘤胃臌胀、拉稀等消化道疾病，为此，一是早春控制放牧时间，逐渐延长；二是先喂少量秸秆再出牧。

育成牛需要各种矿物质元素，放牧期间，牧场上设立矿物质盐块舔砖，舍饲期间可放置一个盐盒和一个矿物质元素混合盐盒，让牛自由舔食。

二、育成牛的管理

（一）公母分群

混群放牧影响牛的增重，乱配会降低后代质量，在无法分群的情况下，给公牛去势——请兽医按规定的操作执行，摘除睾丸。若为了育肥效果好，可做部分附睾的切割。舍饲时，公母牛分舍饲喂，以提高饲养效果。

（二）驱虫

驱虫是正常的防疫保健手段。对放牧牛更为重要，至少春、秋两季进行驱虫，用片剂、针剂或按兽医的要求进行。驱虫前停食，可提高驱虫的效果；驱虫后集中饲养，以便收集和处理排出的粪便，重点在第 2~4 天。驱虫后牛的饲养或肥育效果均会提高。

（三）称体重

生长牛饲养的目的是促进健康和快速生长发育，无论奶用或肉用牛都要通过体重和体尺来评定牛的生长发育状况，检查饲养效果，以便改进饲养方法。乳用品种母牛的体重是遗传选育的主要指标，要按规定的时间测定，并与同一品种合理饲养条件下的数据或品种标准进行对比。

鉴于家畜体重测量是一项重要的管理手段，是标志家畜生长发育程度和家畜生产性能的极为重要的经济指标，因此，测量是饲养者定期要做的工作。测量可以采用地磅、磅秤或电子秤直接称量。注意要在早晨喂料或放牧之前进行；如果对该数据要求准确性很高，则应连续两个早晨进行称重，取其平均值视为该家畜的体重。此外应做好记录，记录内容包括时间、地点、家畜耳号、每次的重量（皮重、毛重等）、称量人员姓名等，以备日后查询、核对。

由于家畜体重指标非常重要，在不具备地磅和磅秤的情况下，可以通过测量家畜体尺估测体重。这一方法是经过科学技术人员反复试验研究出来的。考虑到家畜体重受体形条件、膘情、饲料种类及人为因素等的影响，估测的体重仍然比不上实际称量的准确，但在没有地磅与磅秤的条件下，用同一估测方法所得结果，可作为家畜相互比较的依据，仍然具有实际应用价值。各地设计的估测公式很多，大多运用回归分析的方法，随着影响体重的因素的变化，推导出的系数各不相同，这里只介绍较为常用的方法供参考。

牛体重估测方法：测量体尺，让被测量的牛站在平坦地面上，设法使家畜站立姿势保持端正，用软尺（卷尺）进行操作，测量记录单位用米，测定部位：

（1）体斜长：从肩胛骨前缘端点至坐骨结节后缘端点的直

线距离。

（2）胸围：肩胛骨后缘垂直绕体一周的距离（图 6–11）。

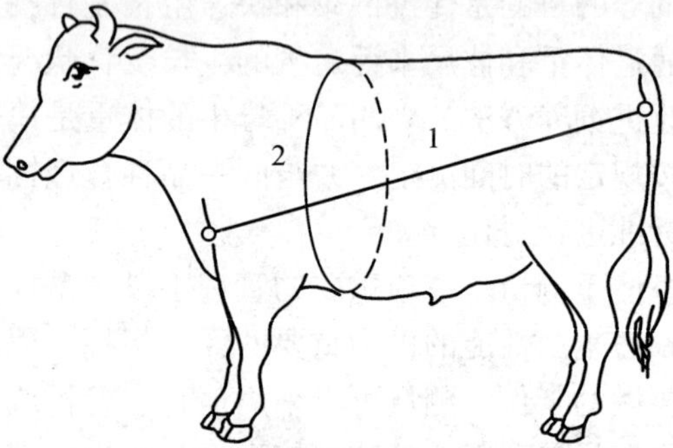

图 6–11　牛体尺测量部位图

1. 体斜长　2. 胸围

将上述体尺测量数据代入下列公式计算：

公式一：体重（千克）= 胸围^2（米^2）×体斜长（米）×90

公式二：体重（千克）= 胸围^2（米^2）×体斜长（米）×90×校正系数

以上两式基本相同，公式二增加的校正系数是为了提高估测结果的准确性事先制定的。有条件时，增加此系数；没有条件时，按公式一计算即可。制定校正系数的方法是选择体形、大小不整齐，但与被测牛群接近的牛 6～10 头，先用磅秤实测体重，再量体尺按公式一计算，然后将结果的平均值代入公式三，计算出校正系数，结果取小数后 4 位。

公式三：校正系数 = 实测重/估测体重

三、育成牛的育肥方式

根据不同牛的来源、饲料条件、技术水平和经济情况，采用不同的育肥方式。主要有两种，阶段育肥与一贯育肥。

（一）阶段育肥

阶段育肥是指犊牛培育、吊架子饲养与集中育肥分阶段饲养育肥的方式。我国没有包括这三个阶段的经营企业，而是分布在不同牛场或农户进行。肉牛或肉用杂种牛犊多数来自农户，农户可按照第五节犊牛培育的方法饲养犊牛，断奶后用犊牛料过渡，逐渐增加干草和青贮料的喂量，至6月龄转为放牧饲养，当草地牧草不多或质量较差时，收牧回圈后进行补饲（表6-8）。

表6-8　小牛补料配方例

项目	Ⅰ	Ⅱ
玉米	60	70
高粱	—	10
麦麸	15	—
棉仁饼	21	15
石粉	2	1.5
食盐	1	0.5
小苏打+氧化镁	—	2
微量元素添加剂	1	1
维生素A（万国际单位）	1	—
营养水平		
粗蛋白（%）	15.9	13.2
综合净能（兆焦/千克）	8.01	8.28
钙（%）	0.9	0.69
磷（%）	0.47	0.33

牧草质量差时，用表中Ⅰ号配方，蛋白水平较高；牧草质量好时则用Ⅱ号配方，蛋白水平较低，但能量含量较高，增加了小苏打与氧化镁，使放牧犊牛获得平衡营养。当草地牧草产量降低

时，除补料外，还需补喂干草或青贮饲料，使犊牛生长不会因营养不足而出现受阻或生长停滞，否则将严重影响下一阶段集中育肥。正常生长的犊牛，体重达 280~350 千克时，完成吊架子的饲养阶段，犊牛为 12~14 月龄。这两个阶段多数在农村或牧区。然后由农区或在半农半牧区的育肥牛场收购，集中舍饲育肥，至 500 千克以上体重出栏，送屠宰厂加工出售。

（二）一贯育肥

一贯育肥是指根据牛的年龄、体重和增重的目标，设计饲养方案，采用混合精料、粗饲料和其他饲料合理配合，将牛一直喂到育肥的目标体重后出售。一贯育肥的全过程采用舍饲。依牛年龄和育肥目标体重的不同，分为犊牛、小牛和普通肉牛育肥。

1. 犊牛育肥 利用奶牛公犊，第 1 周喂初乳之后，按乳牛培育犊牛的方法，用全乳、代乳料及犊牛料喂至 7 月龄，体重可达 250 千克。全乳及代乳料的喂量由第 1~2 个月占体重的 11%~12%逐渐下降，至 6~7 月龄占体重的 5%左右；同时，于第 3 月龄开始，添加少量犊牛料与青草或优质青干草，任其自由采食。由于以奶为主，植物性饲料少，血液中血红素形成少，屠宰后肌肉色淡，称白牛肉。肉质细嫩多汁，几乎全身都是优质肉，成为宾馆餐饮业的上品，经济价值高。犊牛娇弱，除全乳营养全面，其余营养的供给及平日的护理对饲养管理技术要求很高。代乳料及犊牛料都有精心配制的商品，但价格昂贵、投入资金多，饲养中存在较大风险。即使在美国，白牛肉的生产也只占较小比重，我国曾进行过小批量的试生产。

2. 小牛育肥 犊牛断奶后用犊牛料与青干草和青贮饲料饲养到 6 月龄，逐渐转换小牛育肥料喂养，前期用Ⅰ号料，后期用能量较高的Ⅱ号料。全天饲料组成如下：混合精料每 100 千克体重 1 千克，即 1%；青干草或打碎的玉米秸 1.5~2 千克；玉米青贮 6 千克；糟渣料 4.5~5 千克。精、粗比由前期的 45：55，转到后期 50∶50，育肥至体重 400~450 千克出栏，牛的年龄为15~18 月龄。

表 6-9 所示为小牛育肥料配方例。

表 6-9　小牛育肥料配方例

项目	Ⅰ	Ⅱ
玉米	56	60
高粱	10	9
麦麸	10	12
饼粕	20	15
石粉	1. 5	1. 5
食盐	0. 5	0. 5
沸石	1. 5	1. 5
添加剂	0. 5	0. 5
维生素 A（万国际单位）	0. 5	0. 5
营养水平		
粗蛋白（%）	15. 3	14. 1
综合净能（兆焦/千克）	8. 03	8. 35
钙（%）	0. 71	0. 7
磷（%）	0. 43	0. 41

第六节　架子牛及老残牛的育肥

一、架子牛的育肥

在一般情况下，认为 12 月龄以上的肉牛称为架子牛。只有 12~24 月龄的架子牛才能生产出高档的牛肉来。

（一）架子牛的选择

待育肥的架子牛，最好选择本地牛、鲁西黄牛及其杂交后代，其肉质色泽红润，味道鲜美，很受欢迎。优种肉牛与本地母牛的杂交改良牛，生长速度快，出肉率高，但肉质疏松。1~2 周岁，体重 200~300 千克的架子牛、没去势的公牛和阉牛育肥效果最好。

待育肥的架子牛，应该是健康的。外观牛的鼻镜潮湿，双目明亮，结膜为浅红色，双耳灵活，行动自然；被毛光亮，富有弹性；食欲旺盛，反刍正常，采食后多喜欢将两前肢屈于体下卧地；粪便多呈软粥样，尿色微黄；体温在 38~39℃。买时要注意有当地畜牧兽医站开具的检疫证。

注意考察选购架子牛地区的气温、饲草饲料品种以及饲养管理方法、价格等情况，以便育肥时参考，避免出现应激反应和不应有的经济损失。

（二）育肥牛的环境要求

虽然牛有较强的适应性，但是，如果气温低于-30℃或高于27℃时，就会有较强的不良反应。牛生长的最适宜温度为 4~18℃，即春秋季节。用一个桩、一根绳、3 平方米的地方便可养一头牛，搭一个简单牛棚，能遮风挡雨即可。夏季要在凉棚下或树荫下钉桩拴牛。冬季不取暖，但要保持干燥、无贼风，特别防止牛腹下有水、冰、雪、尿等脏物。冬天每天上午 9 时至下午 3 时尽量将牛拴在面向南方晒太阳。

要做到“六净”，即草、料、水、槽、圈、体的清洁卫生，饲料槽要天天刷。

（三）抓好适时过渡期

一般情况下，买来的牛大部分来自牧区、半牧区和千家万户，又经过长途运输，草料、气候、自然环境都发生了很大变化。所以要注意过渡期的饲养管理。其方法是：

(1) 对刚买的牛进行称重，按体重大小和健康状况分群饲养。

(2) 前1~2天不喂草料，只饮水，适量加盐，目的是调理肠胃，促进食欲。适应过渡一般为15天左右。在这段时间内，前一周只喂草不喂料，以后逐渐加料，每头牛每天喂精料2千克，主要是玉米面，不喂饼类。

(3) 买来的牛在3~5天时进行一次体内外驱虫。方一：敌百虫，每千克体重0.08克，研细混水一次内服，每天一次，连用2天。方二：左旋咪唑，每千克体重6毫克，研细内服，每天一次，连服2天。

(4) 在长途运输架子牛前，可肌内注射维生素A、维生素D、维生素E，或内服维生素C，以增加牛的抗应激能力。

(四) 科学饲养管理

架子牛经过3个月左右的饲养就可出栏，体重可达550千克。在整个育肥期坚持做到以下几点：

1. 科学饲养　架子牛育肥可分为三个阶段，即育肥前期(适应期)、育肥中期（育肥过渡期）和育肥后期（突击催肥期)。

(1) 育肥前期：大约需15天。主要以氨化秸秆和青贮玉米秸秆为粗饲料，并结合本地实际加喂精饲料。饲喂方法为：氨化秸秆或青贮玉米秸秆自由采食，饮水供应充足；从第二天开始逐渐加喂精料，以后迅速增加，到前期结束时，每天饲喂精料可达2千克左右。或混合精料按体重0.8%投给，平均每天约1.5千克。精料配方：玉米粉45%，麦麸40%，饼类10%，骨粉2%，尿素2%，食盐1%，另外每千克饲料添加两粒鱼肝油。

(2) 育肥中期：通常为30天左右，饲喂过程中要注重合理搭配粗饲料，过渡初期粗精料比例为3∶1，中期为2∶1，后期为1∶1。该期的饲料配方为：玉米面46%，麦麸15.5%，去皮棉籽饼 12%，玉米秸粉 25.8%，骨粉 0.4%，贝壳粉 0.3%。另加食盐 50 克/头，维生素 A_2 国际单位/头，每天早、晚各饲喂 1 次，保持饲料每天 4~5 千克/头，喂后 2 小时饮水。

（3）育肥后期：大约需 45 天。日粮应以精料为主，精料的用量可占到整个日粮总量的 70%~80%，并供应高能量（60%~70%）、低蛋白饲料（10%~20%），按每 100 千克体重 1.5%~2%喂料，粗精料比例为[（1∶3）~（1∶2）]，适当增加每天饲喂次数，并保证饮水供应充足。该期饲料配方为：玉米面 2~3 千克，糖渣 20~25 千克，酒糟 15~20 千克，青贮秸秆 10~15 千克，食盐 50 克，矿物质添加剂 20 克，早、晚各饲喂 1 次；或用玉米粉 56%，棉籽饼 10%，麦麸 8%，氨化麦秸粉 23.5%，生长素 1%，食盐 1%，碳酸氢钠 0.5%，每头每天饲喂 6~7 千克。喂量及采食量越高，牛长得越快，但饲料的利用率会下降。因此，喂肥育牛时以八分饱为好。判定的方法是，喂后看牛什么时候开始反刍。假如 30 分钟左右开始反刍，表明恰到好处。

2. 严格管理

（1）定时喂饮：

A. 夏季操作日程：5：00~7：00 喂饲饮水，第一次检查牛群；8：00~10：00 阳光下刷拭牛体，清理粪便；11：00~16：00 中午加饮一次水，拴在凉棚或树荫下休息，反刍；17：00~19：00 喂饲饮水，第二次检查牛群，清理粪便，冲洗饲槽。

B. 冬季操作日程：6：00~8：30 喂饲饮水，第一次检查牛群；9：00~15：00 阳光下刷拭牛体，清理粪便，休息反刍，清理饲槽；16：00~18：00 喂饲饮水，第二次检查牛群，清理粪便和饲槽。

（2）定量饲喂：平均每头牛每天喂精饲料 5 千克，粗饲料 7.5 千克。喂饲过程是：先粗后精，先干后湿，定时定量，少喂勤添，喂完饮水。

给牛饮水要做到慢、匀、足。一般冬季饮 2 次水，水温在 10~15℃；夏季饮 3 次水，除早、晚外，中午加饮一次，也可自由饮水。

（3）定位：喂饮完后，每头牛固定一桩拴好，缰绳长度使牛能卧下而且以牛回头舔不到自己的身体为好。

（4）刷拭：每天专人刷拭 2 次，目的是促进血液循环，增加食欲。刷拭的方法是：以左手持铁刷，右手持棕毛刷，从颈部开始，由前向后，由上至下依次进行。刷完一侧之后再刷另一侧。可按颈、背、胸、腰、后躯、四肢顺序，最后刷头部。夏季高温天时，可用水冲洗牛体。

（5）注意安全：育肥的公架子牛没有去势，其记忆力、防御反射、性反射能力很强，因此，饲养人员管理公架子牛要特别注意安全。

二、老残牛的育肥

成年的老、弱、瘦、残牛在牛群中占一定的比例。造成老残牛的原因不外乎四个方面：一是劳累过度，体力消耗过多（退役牛）；二是体内有寄生虫；三是牛胃肠消化功能紊乱，消化吸收功能不好；四是长期的粗放饲养，造成营养不良、体质瘦弱。这类牛产肉量低，肉品质差。经过育肥，可增加皮下和肌肉纤维间的脂肪，从而提高产肉量，改善肉的品质。老残牛应采取如下育肥方法：

（一）休息

牛买来后或育肥前要让其充分休息，不再使役。

（二）驱虫

内服敌百虫，每千克体重按 0.05 克计算，一次内服，每天一次，连服 2 天。或按每千克体重 2.5~10 毫克的阿苯达拌料饲喂。

（三）健胃

可用中药健脾开胃，也可以将茶叶 400 克、金银花 200 克煎汁喂牛；或用姜黄 3~4 千克分 4 次与米酒混合喂牛；或用香附 75 克、陈皮 50 克、莱菔子 75 克、枳壳 75 克、茯苓 75 克、山楂 100 克、神曲 100 克、麦芽 100 克、槟榔 50 克、青皮 50 克、乌药 50 克、甘草 50 克，水煎一次内服，每头每天一剂，连用2 天。

育肥方式同大架子牛相似，只是育肥期短，需 2~3 个月的强度育肥，平均日补料 2~3 千克。全育肥期有 250 千克混合料即可。这种牛育肥期平均日增重可达 1.5~1.8 千克，全期增重 90~150 千克。

第七节　舍饲集中育肥

舍饲集中育肥是育肥牛的重要生产环节，其实质内容是在食槽里投料，人工喂饲，因此可以引进包括牛种、饲料配制、添加剂以及防疫保健等各种技术，提高饲料利用效率，获得高而稳定的日增重，是集约化育肥牛的饲养技术。

我国习惯建立棚舍，北方寒冷地区牛舍更严密一些，有门有窗，或采用三面墙，向南敞开的半开放式牛舍，冬季用薄膜覆盖，称为保暖牛舍。总之有棚或有舍。然而国外的大型育肥牛场，依靠栏杆分区，每区 50~100 头牛，牛栏沿饲料通道一侧设立食槽，机械送料，牛在露天条件下，活动在运动场上。虽然管理较粗放，但省劳力，员工劳动效率和生产效率高，设备与管理手段先进，如计算机设计饲料配方、饲料厂加工搅拌、计算机登记和记录牛群有关事项等。这种集约化育肥牛的方法值得借鉴。

一、舍饲育肥方式

我国的集约化舍饲育肥牛中的方式还分拴系饲养与分栏散养

两种形式。

（一）拴系饲养

拴系饲养是给进入舍饲育肥的牛戴上笼头，有的还戴鼻环，连接缰绳，为便于抓牛和牵牛，是传统个体养牛条件下长期形成的习惯。同时认为育肥期用绳拴住牛，无论在运动场上休息或上槽喂料，绳子只留 50～60 厘米长，尽可能减少牛的活动范围，有利于牛的增重。

拴系饲养适合于家庭小规模养殖，操作管理方便。育肥牛场规模扩大后，拴系饲养的劳动强度大；强迫拉和拽，使牛产生应激反应；活动范围很小，可能影响饲料的充分消化和吸收；在业外人士看来，觉得对牛限制太严，似乎有些“残酷”。

（二）分栏散养

分栏散养类似于国外露天育肥牛场的方式，不同的是牛栏小一些，每栏养牛数量少一些。分栏散养与拴系饲养不同，在牛棚内饲喂通道的一侧或两侧建立几个大的牛栏，每栏养牛 10～15 头，牛在栏内自由活动、自由饮水，在通道的一侧为食槽，喂料时自由前往采食。这种饲养方式多采用全混合日粮，劳动效率高，据试验测定，平均日增重略高于拴系饲养。

分栏散养没有拴系饲养的弊端，牛在栏内有较多自由活动的空间，即便是育肥，也应创造适合牛生理习性的环境条件，做到善待动物。但在管理条件上要有相应的准备，例如栏杆建设要求坚固耐久，地面不滑且排水良好；每天清扫粪尿 1～2 次；要求牛去角，各栏之间的牛减少调动，防止打斗；牛戴耳号，便于识别，称牛或转移牛群时，建立可移动组装的栅栏作为牛的通道。这些条件需要一定投资，但从全场核算，结合劳动效率的提高，可能有较好的经济效益，从生态角度看，人和动物的关系显得和谐。

二、舍饲育肥牛的管理

(一) 日常管理

1. 大小分群 分群是育肥牛的首要管理措施。引进牛舍的牛，必须按体重大小、性别分群，在实行统槽喂料时，体形大的牛群添加次数多些。分栏散养时，同一栏的牛，体重接近，避免互相欺侮，使体重增长比较整齐。如不分群，体重小的牛、胆小的牛采食常受排挤，增重受影响，育肥一段时间后，出现体形大小差异加大，影响全群牛的增重水平。

2. 削蹄 舍饲育肥之前，对蹄形异常的牛，都要削、修、整理，使蹄底平齐。随着体重增加，四肢支撑的重量不断增加，蹄形不正，会降低腿部的承重能力，甚至影响腿骨的生长发育，产生疼痛直接影响肥育增重。

3. 驱虫 驱虫是育肥前的重要准备工作，牛感染内外寄生虫，会降低饲料消化吸收率，引起腹痛、腹泻；外寄生虫如疥癣等症，使牛休息不好，都会干扰牛的肥育与增重。尤其经过放牧的牛，育肥前必须按兽医规定进行驱虫。

4. 刷拭 刷拭能促进牛的皮肤健康，促进血液循环，每当给牛刷拭时，牛表现十分安静，说明牛感觉非常舒服。刷拭由头颈开始，顺腹、背、四肢至臀部，工具有商店出售的毛刷、铁丝刷，也可用废钢锯条自己加工，刷拭可选择晴天无风日，最好在户外进行。刷拭需占用较多劳力。

(二) 制定管理规范

1. 制定育肥牛饲养管理规定 育肥牛饲养管理规定包括管理日程，喂料、打扫时间，保持环境安静，禁止非工作人员进入生产区等。

2. 有足够采食时间 喂牛是育肥的中心环节，提高牛的采食量是增重的保证。由于牛的个体差异，有的采食快、有的慢，必须保证每次喂料有足够时间，尤其喂全混合日粮及粗饲料比重高的日粮时，牛采食较慢，使吃料时间延长。分栏散养时，除炎热季节外，可以在下顿喂料前再清扫食槽。

3. 安排育肥的季节　肉牛由于采食量大，身体肥胖，主要怕热，因此安排计划时，避开在炎热季节出栏；此时牛消化不好、增重降低，出栏肥牛有很大风险。北方只在0℃以下时才用塑料暖棚或挂帘帐挡风，其余时间（0℃以上）都以通风为好。温度测量时以牛舍内小气候的温度为主。

（三）减少运输损失

肉牛对运输产生应激，掉膘严重。经研究，在准备运输的前几天，饲料中添加含有微量元素铬的添加剂，有较好效果，可减少掉膘的损失。

（四）做好过渡饲养

新购入的架子牛，由放牧转入舍饲育肥的牛，必须安排过渡饲养，也称适应期饲养，因为饲料种类和饲养条件发生变化，牛可能感觉生疏，拒绝采食；可能因为一直放牧吃草，精料味道好，猛吃猛喝。这两种情况会引起掉膘减重，后者还会出现消化紊乱而致病。因此过渡期先喂粗料，2~3天后逐渐增加精料，直至达到标准喂量。饲料变换时，也应如此安排过渡饲养。

第八节　高档牛肉生产

高档牛肉是指按照特定的饲养程序，在规定的时间完成肥育，并经过严格屠宰程序分割到特定部位的牛肉。一般分为高档红肉和大理石花纹肉。无论生产红肉和大理石花纹肉，目标都是追求好的肉质，为此，需要对公牛进行去势。在生产中，以高档红肉为生产目的时，公牛去势时间在10~12月龄；以生产大理石花纹肉为目的时，公牛去势时间在4~6月龄。

一、大理石花纹肉生产

大理石花纹肉是指脂肪沉积到肌肉纤维之间，形成明显的红白相间状似大理石花纹的牛肉。这种牛肉香、鲜、嫩，是中西餐均宜的牛肉。

（一）育肥牛的选择

1. 品种 瘦肉型品种难以生产大理石花纹牛肉，我国良种黄牛却易于达到，如晋南牛、秦川牛、鲁西牛、南阳牛、郏县红牛和延边牛等。欧洲品种中以安格斯和海福特等品种较佳（见表6-10）。

表6-10 几个品种的肉用性状

项目	生长速度	皮下脂肪薄	大理石花纹	眼肌面积	嫩度	肉色	风味	腔油少
中国良种黄牛			+++		++	++	+++	
乳用荷斯坦牛	++							
西门塔尔牛	++	+	++	+	+	+	++	
夏洛来牛	+	+		++				+
安格斯牛	+	+	++		++	++	++	
海福特牛	++		++	+	+	+	++	
皮埃蒙特牛	++	++		++	++	++	++	++
抗旱王牛	+	+	+			+	+	
圣格鲁迪牛	+	+	+			+	+	+
短角牛	+		++		++	++	+	

注：+号越多者，越佳。

我国纯外来品种架子牛尚欠缺，改良牛具备外来品种与我国本地黄牛的共同特点。所以可选用改良牛，从表6-10可估计，易生产五花肉的改良牛为安格斯牛，其次为西门塔尔牛、海福特牛和短角牛等品种的改良牛，低代数的较优。

2. 年龄　因为牛的生长发育规律是脂肪沉积与年龄呈正相关，即年龄越大沉积脂肪的可能性越大，而肌纤维间脂肪是最后沉积的。所以生产大理石花纹肉应该选择年龄在1~3周岁。年龄再大，虽然更易于形成五花肉，但年龄与嫩度、肌肉与脂肪颜色有关，一般随年龄增大肉质变硬，颜色变深变暗，脂肪逐渐变黄。

3. 性别　一般母牛沉积脂肪最快，阉牛次之，公牛沉积最迟而慢，肌肉颜色以公牛深、母牛浅、阉牛居中。饲料转化效率以公牛最好，母牛最差。综合效益，年龄较轻时公牛不必去势，年龄偏大时公牛去势（育肥期开始之前10天），母牛则年龄稍大亦可（母牛肉一般较嫩，年龄大些可改善肌肉颜色浅的缺陷）。不同性别，其膘情与大理石花纹形成并不一样。公牛必须达到满膘以上，即背脊两侧隆起极明显，“象臀”状极明显，后胁也充满脂肪时，已达到相当水平。

（二）育肥牛的饲养

1. 日粮　育肥分三期进行，即育肥前期（7~12月龄）、育肥中期（13~22月龄）和育肥后期（23~28月龄）。育肥前期为了保证骨骼和瘤胃的生长发育，日粮粗蛋白质含量为13%~15%，消化能含量为12.6~13.4兆焦/千克，钙0.5%~0.7%，磷0.25%~0.4%，维生素A含量2 000~3 000国际单位/千克，精料补充料饲喂量占体重的1.0%~1.2%。粗饲料自由采食。粗饲料种类以优质青绿饲料、青贮饲料和青干草为宜。

育肥中期为了促进肌肉的生长发育，日粮粗蛋白质含量为14%~16%，消化能含量为13.8~14.2兆焦/千克，钙0.4%~0.6%，磷0.25%~0.35%，维生素A含量2 000~3 000国际单位/千克，精料补充料饲喂量占体重的1.3%~1.4%。粗饲料自由采食。粗饲料种类以颜色较浅的干秸秆为宜。

育肥后期为了促进脂肪的沉积和保证肉与脂肪的颜色，日粮粗蛋白质含量为11%~13%，消化能含量为14.0~14.5兆焦/千克，钙为0.3%~0.5%，磷为0.25%~0.30%，精料补充料饲喂量占体重的1.5%~1.6%。粗饲料自由采食。粗饲料种类以颜色较浅的干秸秆为宜。

2. 饲养方式 饲养方式有：小围栏自由采食，小围栏定时饲喂，定时上槽、下槽运动场休息和全天拴系定时饲喂等。

(1) 小围栏饲喂：按牛大小每栏6~12头牛，由于牛的竞食，可获最大的采食量，因而牛的日增重较高，采取自由采食时牛的增重均匀，但草料浪费较大；因草料长时间在槽中被牛唾液沾和后，牛即不爱吃。小围栏定时上槽虽然可以避免上述缺点，但由于牛的竞争特性，造成少数牛吃食不足，育肥增重效果不均匀，少数牛拖后出槽。小围栏设施的投资比较大。

(2) 定时上槽拴系饲喂、下槽运动场休息、饮水：此法由于每头牛固定槽位，竞食性发挥差些，使干物质采食量达不到最高，但草料浪费少，牛的育肥增重均匀。缺点是费工（上槽拴牛、下槽放牛耗时），牛群大，牛在运动场中奔跑和抵架的概率大于小围栏。所以肉的嫩度受负面影响。由于运动场面积不能小，土地投入成本加大。

(3) 全天拴系饲养：这种方法节省劳动力，而且牛的运动量减少到最低，因而饲料效率最高，可获得品质优良的牛肉；可按个体牛的情况进行饲料量调整，且土地与牛舍投入成本均较低。但由于牛在育肥期间缺少活动因而抗病力较差，随体膘增加而食欲下降较其他饲养方式明显，全育肥期可能获得的平均日增重略逊于小围栏。按我国国情，笔者认为此种饲养方式综合效益最佳。全天拴系时必须给牛饲槽安装自动饮水器或饲喂后为饲槽添水，或砌饲槽与水槽并列，让牛随时能饮到清洁的水。由于牛长期缺乏阳光直接照射，所以日粮中必须配足维生素D。牛舍的清洁卫生、牛的防疫检疫及健康观察要更细心严格。公牛育肥还要注意僵绳的松紧适度，避免牛互相爬跨造成摔、跌、伤残的严重损失。

3. 饲喂方法

（1）日喂次数：以自由采食最好，以日喂 2 次最差。日喂 2 次相当于人为限制了牛的采食，因为牛的瘤胃容积所限，2 次饲喂平均瘤胃充满的时间最少，而自由采食则全天充满时间最长，达到充分采食。若延长饲喂时间，则往往造成牛连续长时站立，增加能量消耗降低饲喂效果。在高精饲料日粮下，自由采食明显地降低消化道疾病的发病率。例如瘤胃酸中毒，日喂 2 次时，由于精饲料集中 2 次食入，瘤胃中精饲料量高，短时激烈的发酵，产生有机酸量大，当瘤胃 pH 值降到 5 以下时就会造成酸中毒，而全天自由采食则不会出现发酵的明显峰值，使每天采食的精料量高，效果好。所以日喂 3 次远较日喂 2 次好（精饲料发酵造成有机酸量峰值几乎下降 1/3），日喂 4 次较 3 次好，不过日喂 4 次则饲养员劳动负荷过大，必得采用两班制（即饲养工增加 1 倍）使所得饲养效果的经济效益为零或负。全天自由采食则常造成草料浪费使成本增加。故在我国目前状况下，综合效益最佳可采取 3 次饲喂，顾及饲养工休息和健康，以采取 3 次不均衡上槽，每天总上槽时间为 5. 5~6 小时。

（2）饲喂方法：目前饲喂方法有多种，其一是先喂青粗饲料，后喂副饲料和精饲料，即过去我国农村饲喂役牛的方法。此法是在精饲料副料少的时候效果好。但日喂副饲料精饲料量大时，牛的食欲降低，牛等待吃副饲料和精饲料，并不好好吃粗饲料，使总采食量下降，下槽后剩料多造成浪费。先喂精饲料和副饲料后喂粗饲料则可避免上述缺点。但是，又存在新的问题，当牛食欲欠佳时，光吃了精饲料和副饲料不再吃青粗饲料，造成精粗比严重失调，导致消化失调、紊乱、酸中毒等，经济损失大。

最好的方法是把粗饲料和青粗饲料、副饲料混合成“全混合日粮”饲喂，这种处置可减轻牛挑食、待食，牛采食速度快，采食量大，由于各种饲料混合和食入，不会产生精粗饲料比例失调，由于每顿食入日粮性质、种类、比例均一致，瘤胃微生物能保持最佳的发酵（消化）区系，使饲料转化率达到最佳水平。

（三）育肥牛的管理

1. 生产记录 认真完善生产记录、出入牛场的牛称重记录、日粮监测和消耗记录、疾病防治记录、气候和小气候噪声（牛舍内）监测记录等，作为改善经营管理，出现意外时弄清原因的依据和及时解决突发事件。

2. 生产监测 认真执行疾病防治、环境、草料等监测工作。

3. 分群 牛群必须按性别分开，母牛能受胎者，应按育肥期长短安排其受胎。若用激素法使母牛处理类似妊娠状态，则出栏前 10 天必须终止处理，以免牛肉中残留激素危害消费者健康。

4. 隔离观察 新购进牛，要在隔离牛舍观察 10～15 天，才能进入育肥牛舍。在隔离牛舍中驱虫和消除应激。经长途运输或驱赶的牛，当天和第二天可使用镇静剂来加快应激消除。按牛的应激程度和恢复情况酌情控制副饲料和精饲料投喂，一般头几天以不喂副饲料和精饲料为宜，待牛适应了新环境和新饲粗料以后，逐日增加副饲料和精饲料喂量，以便取得最优效果，避免应激和消化紊乱双重作用对牛造成的严重损害（头个月不增重以至死亡）。

5. 消毒防疫 育肥牛舍每天饲喂后清理打扫 1 次，保持良好的清洁状态，牛体每天刷拭 1～2 次，夏天饲槽每周用碱液刷洗消毒 1 次。牛出栏后，牛床彻底清扫，用石灰水、碱液或菌毒灭消毒 1 次。

6. 其他 严格控制非生产人员进入牛舍（尤其是外来人员），周围有疫情时，禁止外来人员进入；认真拟订生产计划，按计划预备长期稳定的青粗饲料、精饲料的采购和供应；制定日常生产（饲喂）操作规程，禁止虐待牛，不适合饲牧的人员立即调离；做好防暑和防寒工作，其中防暑至关重要；注意市场动态和架子牛产地情况，及早调整生产安排以适应市场需求。

二、高档红肉生产

（一）饲养

公牛在10~12月龄去势后进行育肥，育肥期分为育肥前期（去势到14月龄左右）和育肥后期（15~18月龄）。

育肥前期日粮的粗蛋白质含量在14%~16%，消化能维持在13.4~14.3兆焦/千克。精料补充料的干物质饲喂量为肉牛体重的1.0%~1.3%，粗饲料自由采食。

育肥后期日粮的粗蛋白质含量维持在12%~14%，消化能提高到13.8~15.1兆焦/千克。精料补充料的干物质饲喂量为肉牛体重的1.3%~1.5%，粗饲料自由采食。

（二）管理

管理与上述大理石花纹肉生产时肉牛管理相同。

（三）牛肉质量控制

1. 肌肉色泽　一般日粮长期缺铁，会使牛血液中铁浓度下降，导致肌肉中铁元素分离补充血液铁不足，使肌肉颜色变淡，但会损害牛的健康和妨碍增重，所以只能在计划出栏前30~40天应用。肌肉色泽过浅（如母牛），则可在日粮中使用含铁高的草料。例如鸡粪再生饲料、西红柿、格兰马草、须芒草、阿拉伯高粱、菠萝皮（渣）、椰子饼、红花饼、玉米酒糟、燕麦、亚麻饼、马铃薯及绿豆粉渣、意大利黑麦青草、燕麦麸、绛三叶、苜蓿等，也可在精饲料中配入硫酸亚铁等，使每千克铁含量提高到500毫克左右。

2. 脂肪色泽　脂肪色泽越白与亮红色相衬，才能被评为高等级。脂肪越黄，感观越差，会使肉降低等级。造成脂肪颜色变黄主要是由于花青素、叶黄素、胡萝卜素沉积在脂肪组织中所造成。牛随日龄增大，脂肪组织中沉积的上述色素物质增加，所以颜色变深。要取得肌肉内外脂肪近乎白色，可对年龄较大的牛（3 岁以上），采用脂溶性色素少的草料作日粮。脂溶性色素物质较少的草料是：干草、秸秆、白玉米、大麦、椰子饼、豆饼、豆粕、啤酒糟、粉渣、甜菜渣、糖蜜等，用这类草料组成日粮饲喂 3 个月以上，可明显地使脂肪颜色变浅。一般育肥肉牛在出槽前 30 天最好少用这类饲料，如胡萝卜、西红柿、南瓜，以及黄心、红心、花心甘薯和黄玉米、鸡粪再生饲料、青草青割、青贮饲料、高粱糠、红辣椒、苋菜等，以免使脂肪色泽不佳。

3. 牛肉风味　牛肉脂肪中饱和脂肪酸含量较多，为增加牛肉中不饱和脂肪酸的含量，特别是增加不饱和脂肪酸的含量来提高牛肉的保健效果，可通过适量增加以鱼油为原料（海鱼油中富含 ω-3 多不饱和脂肪酸）的钙皂来达到，一般用量不要超过精饲料的 3%，以免牛肉有鱼腥味。在牛的配合饲料中注意平衡微量元素的含量，一方面可以得到 1∶10 以上的增产效益，同时有利于提高牛肉的风味。

第七章　生态养殖肉牛的防疫与常见病防治

第一节　生态养殖肉牛的有关准则

一、生态养殖肉牛对卫生消毒的要求

（一）消毒剂的选择

为了生产无公害牛肉，消毒剂选择对人、肉牛和环境比较安全、没有残留毒性，对设备没有破坏，在牛体内不产生有害积累的消毒剂。可选用的消毒剂有次氯酸盐、有机碘混合物、过氧乙酸、新洁尔灭、煤酚等进行喷雾消毒。

（二）消毒方法

1. 喷雾消毒　喷雾消毒是指对清洗完毕后的牛舍、带牛环境、牛场道路和周围以及进入场区的车辆等用规定浓度的次氯酸盐、有机碘混合物、过氧乙酸、新洁尔灭、煤酚等进行喷雾消毒。

2. 浸液消毒　浸液消毒是指用一定浓度的新洁尔灭、有机碘混合物或煤酚等的水溶液，洗手、洗工作服或胶靴。

3. 紫外线消毒　紫外线消毒是指在人员入口处设紫外线灯，每次人员等通过至少照射 5 分钟。

4. 喷洒消毒　喷洒消毒是指在牛舍周围、入口、产床和牛

床下面撒生石灰、氢氧化钠（烧碱）等进行消毒。

5. 火焰消毒 火焰消毒是指在牛经常出入的产房、培育舍等地方用喷灯的火焰依次瞬间喷射消毒。

6. 熏蒸消毒

每立方米空间用福尔马林（40%甲醛溶液）42毫升、高锰酸钾21克，21℃以上、70%以上相对湿度，封闭熏蒸24小时，杀灭空气中、墙壁上等处的病原微生物。

（三）消毒制度

1. 环境消毒 环境消毒包括牛舍周围环境每2~3周用2%火碱溶液或撒生石灰消毒1次；场周围及场内污染池、排粪坑、下水道出口，每月用漂白粉消毒1次。在牛场、牛舍入口设消毒池，定期更换消毒液。

2. 人员消毒 人员消毒是指工作人员进入生产区净道和牛舍要更换工作服和工作鞋，经紫外线消毒；外来人员必须进入生产区时，应更换场区工作服和工作鞋，经紫外线消毒，并遵守场内防疫制度，按指定路线行走，防止将外来病原带入生产区。

3. 牛舍消毒 牛舍消毒是指每批牛调出后，牛舍应彻底清扫干净，用水冲洗，然后进行喷雾消毒，防止残留病原蔓延感染下批牛。

4. 用具消毒 用具消毒是指定期对饲喂用具、饲料车等用0.1%新洁尔灭或0.2%~0.5%过氧乙酸溶液进行消毒，以杀灭用具、车辆等携带的病原。

5. 带牛消毒 带牛消毒是指定期进行带牛消毒，减少环境中的病原微生物。

二、兽药使用准则

肉牛生产中一定要使用一些兽药。兽药指的是用于预防、治疗、诊断畜禽疾病，有目的地调节畜禽生理功能并规定作用、用途、用法、用量的物质（包括药物饲料添加剂）。兽药主要分三种类型，第一类是血清、疫苗（或菌苗）、诊断液等生物制品；第二类是兽用的中药材、中成药、化学原料及其制剂；第三类是抗生素、生化药品、放射性药品。常见的有抗寄生虫药、抗菌药物、疫苗和消毒药等。

生态养殖肉牛过程中对于兽药的使用有严格的规定。规定兽药使用准则的目的是减少牛肉中的药物残留，不危害人体健康。允许使用的所有兽药均应符合国家有关兽药质量标准和使用规范，产品应来自具有生产许可证和产品批准文号的生产企业或者具有进口兽药许可证的经销商。允许使用疫苗预防疫病，允许使用符合相关规定的消毒剂，允许使用中药制剂和微生态制剂。

对于抗寄生虫药、抗菌药和饲料药物添加剂，使用中要严格遵守用法、用量和休药期。

对于国家已明文规定禁止使用的药物要禁止使用，否则会受到法律制裁。

此外，还要建立肉牛免疫程序记录，建立并保存患病与用药记录，治疗用药记录包括患病肉牛的畜号或其他标志、发病时间及症状、治疗用药物名称、给药途径及剂量、治疗时间和疗程等。

（一）不使用禁用药物

为保证牛肉品质和食物安全，维护人民身体健康，肉牛场应严格执行农业部颁布的《食品动物禁用的兽药及其他化合物清单》（表 7-1）。

表 7-1 食品动物禁用的兽药及其他化合物清单

序号	兽药及其他化合物名称	禁止用途	禁用动物
1	β-兴奋剂类：克仑特罗、沙丁胺醇、西马特罗及其盐、酯及制剂	所有用途	所有食品动物
2	性激素类：已烯雌酚及其盐、酯及制剂	所有用途	所有食品动物
3	具有雌激素样作用的物质：玉米赤霉醇、去甲雄三烯醇酮、醋酸甲羟孕酮及制剂	所有用途	所有食品动物
4	氯霉素及其盐、酯（包括：琥珀氯霉素）及制剂	所有用途	所有食品动物
5	氨苯砜及制剂	所有用途	所有食品动物
6	硝基呋喃类：呋喃唑酮、呋喃它酮、呋喃苯烯酸钠及制剂	所有用途	所有食品动物
7	硝基化合物：硝基酚钠、硝呋烯腙及制剂	所有用途	所有食品动物
8	催眠、镇静类：甲喹酮及制剂	所有用途	所有食品动物
9	林丹（丙体六六六）	杀虫剂	所有食品动物
10	毒杀芬（氯化烯）	杀虫剂、清塘剂	所有食品动物
11	呋喃丹（克百威）	杀虫剂	所有食品动物
12	杀虫脒（克死螨）	杀虫剂	所有食品动物
13	双甲脒	杀虫剂	水生食品动物
14	酒石酸锑钾	杀虫剂	所有食品动物
15	锥虫胂胺	杀虫剂	所有食品动物
16	孔雀石绿	抗菌、杀虫剂	所有食品动物
17	五氯酚酸钠	杀螺剂	所有食品动物
18	各种汞制剂包括：氯化亚汞（甘汞），硝酸亚汞、醋酸汞、吡啶基醋酸汞	杀虫剂	所有食品动物
19	性激素类：甲睾酮、丙酸睾酮、苯丙酸诺龙、苯甲酸雌二醇及其盐、酯及制剂	促生长	所有食品动物
20	催眠、镇静类：氯丙嗪、地西泮（安定）及其盐、酯及制剂	促生长	所有食品动物
21	硝基咪唑类：甲硝唑、地美硝唑及其盐、酯及制剂	促生长	所有食品动物

（二）严格执行休药期

休药期也叫停药期，是指用于牛肉生产的肉牛从停止给药到许可屠宰上市之间的间隔时间。“是药三分毒”，即使是允许使用的兽药若在牛肉中残留得过多也会对消费者造成伤害。所以停药期是为了避免供人食用的动物组织或产品中残留药量超量而规定的。在休药期间，经动物代谢、排泄使动物组织或产品中的有毒、有害物质降到“安全浓度”以下，即低于“允许残留量”。如果食用了残留药量超量而规定的牛肉，即使当时不表现为急性中毒，但倘若人经常摄入低剂量的同样残留物，那么在超过一定时间之后，则可由于残留物在体内的逐渐蓄积而导致各种器官病变，甚至癌变，如抗寄生虫药物三氯苯唑，抗菌药青霉素钾、土霉素、复方磺胺嘧啶钠等的休药期要达 28 天。不同的药物在体内代谢、排泄的速度不同，休药期当然也不同。肉牛场必须严格执行休药期，在肉牛上市前必须按规定时间停药。

（三）注意药物配伍禁忌

有些药物混合使用会降低疗效，甚至产生副作用，为此应注意药物配伍禁忌。

第二节　生态肉牛场的疫病分类与防疫计划

一、生态肉牛场的疫病分类

根据动物疫病对养殖业生产和人体健康的危害程度，《中华人民共和国动物防疫法》规定管理的动物疫病分为三类：一类疫病是指对人与动物危害严重，需要采取紧急、严厉的强制预防、控制、扑灭等措施的疫病；二类疫病是指可能造成重大经济损失，需要采取严格控制、扑灭等措施，防止扩散的疫病；三类疫病是指常见多发、可能造成重大经济损失，需要控制和净化的疫病。各类动物疫病具体病种名录由国务院兽医主管部门制定并公布。

国务院兽医主管部门制定并公布的牛场重大疫病种类见表7-2。

表 7-2 牛场重大疫病分类

疫病分类	主要病种
一类疫病	口蹄疫、牛瘟、牛传染性胸膜肺炎、牛海绵状脑病
二类疫病	布鲁杆菌病、牛结核病、炭疽、牛传染性鼻气管炎、牛出血性败血病、魏氏梭菌病、弓形虫病、棘球蚴病、钩端螺旋体病、牛梨形虫病（牛焦虫病）、牛恶性卡他热等
三类疫病	牛流行热、牛病毒性腹泻/黏膜病、大肠杆菌病、沙门杆菌病、李氏杆菌病、牛生殖器官弯曲杆菌病、毛滴虫病、牛皮蝇蛆病等

二、生态肉牛场的防疫计划

肉牛养殖场防疫计划应当包括常发传染病的免疫计划、寄生虫病的驱虫计划、疾病治疗计划以及消毒计划等。国家标准化养殖小区示范创建活动要求，养殖场应将防疫计划和消毒防疫制度在规定工作岗位张贴上墙，并应有详细规范的记录，这些均有利于评价防疫计划的有效性和合理性。对于不同养殖场，防疫计划内容会有差异，但肉牛场业主应了解当地主要流行的疾病，分类并按照其重要性进行排序，然后针对性地制订相应的防疫计划。

（一）免疫

肉牛场应根据当地和该场的疫病流行状况去选择疫苗种类，疫苗使用方法以生产厂家的使用说明为准。以下免疫程序仅供参考：

1. 犊牛的免疫程序

1 日龄：牛瘟弱毒苗超免。犊牛生后在未采食初乳前，先注射一头份牛瘟弱毒苗，隔 1~2 小时后再让犊牛吃初乳，这适用于常发牛瘟的牛场。

7~15 日龄：气喘病苗、炭疽疫苗。

10 日龄：传染性萎缩性鼻炎疫苗，肌内注射或皮下注射。

10~15 日龄：犊牛水肿苗。

20 日龄：肌内注射牛瘟苗。

25~30 日龄：肌内注射伪狂犬病弱毒苗。

30 日龄：肌内注射传染性萎缩性鼻炎疫苗。

35~40 日龄：犊牛副伤寒菌苗，口服或肌内注射（在疫区，首免后，隔 3~4 周再二免）。

60 日龄：牛瘟、肺疫、丹毒三联苗，2 倍量肌内注射。

3~4 月龄：牛口蹄疫疫苗，皮下或肌内注射。

4.5~5 月龄：牛巴氏杆菌灭活疫苗、牛魏氏梭菌病灭活疫苗，皮下或肌内注射。

6 月龄：牛气肿疽灭活疫苗，皮下或肌内注射。

2. 后备公、母牛的免疫程序

配种前 1 个月：肌内注射细小病毒疫苗。

配种前 20~30 天：注射牛瘟、牛丹毒二联苗（或加牛肺疫的三联苗），4 倍量肌内注射。

每年春天（3~4 月）：肌内注射乙型脑炎疫苗 1 次。

配种前 1 个月：接种 1 次伪狂犬疫苗。

3. 经产母牛免疫程序

空怀期：注射牛瘟、牛丹毒二联苗（或加牛肺疫的三联苗），4 倍量肌内注射。

每年：肌内注射 1 次细小病毒灭活苗，3 年后可不再注射。

每年春天 3~4 月：肌内注射 1 次乙脑苗，3 年后可不再注射。

产前 2 周：肌内注射气喘病灭活苗。

产前 45 天、15 天：分别注射 K88、K99、987P 大肠杆菌苗。

产前 45 天：肌内注射传染性胃肠炎、流行性腹泻二联苗。

产前 35 天：皮下注射传染性萎缩性鼻炎灭活苗。

产前 30 天：肌内注射犊牛红痢疫苗。

产前 25 天：肌内注射传染性胃肠炎、流行性腹泻二联苗。

产前 13 天，肌内注射牛伪狂犬病灭活苗。

4. 配种公牛免疫程序 在做好犊牛阶段免疫后，每年春、秋各注射 1 次牛瘟、牛丹毒二联苗（或加牛肺疫的三联苗），4 倍量肌内注射。

每年 3~4 月：肌内注射乙脑苗 1 次，3 年后可不再注射。

每年：肌内注射气喘病灭活苗 2 次。

春、秋：各肌内注射 1 次牛伪狂犬病疫苗。

每年：肌内注射两次牛繁殖与呼吸综合征疫苗。

（二）驱虫

每年 6~7 月用溴氰菊酯等进行药浴；每年 3~4 月或 9~10 月肌内注射伊维菌素（驱线虫和外寄生虫）、吡喹酮（驱绦虫和肺吸虫）等进行驱虫。

第三节　生态养殖肉牛常见病防治

一、常见传染病

对肉牛生产危害最严重，会造成大批肉牛死亡和肉产品损失，而且某些人畜共患的传染病，还会给人民健康带来严重威胁。

（一）炭疽

炭疽多发生于炎热多雨的季节。由炭疽杆菌引起的一种急性、热性、败血性传染病，主要传染源是病畜，经消化道感染。

常因采食被污染的饲料、饮水而感染，其次是被带有炭疽杆菌的吸血昆虫叮咬，通过皮肤而感染。

1. 类型　临床上可分为最急性型、急性型和亚急性型。

(1) 最急性型：为牛突然发病，体温升高，出现昏迷、突然卧倒、呼吸极度困难、可视黏膜呈蓝紫色、口吐白沫、全身战栗、心悸等症状，不久出现虚脱，濒死期天然孔出血，出现症状后数分钟至数小时死亡。

(2) 急性型：是最常见的一种类型，病初体温急剧上升到42℃、精神沉郁、脉搏呼吸增数、食欲及反刍下降或停止、可视黏膜呈蓝紫色或有小点出血、日增重迅速降低，孕牛发生流产。严重者兴奋不安、惊慌哞叫，继而则高度沉郁、皮温不均，濒死期体温急剧下降、呼吸高度困难，出现痉挛症状、发抖，通常在1~2天死亡。

(3) 亚急性型：症状类似急性型，但病程较长，常2~5天，病情也较缓和。

死于败血型炭疽的牛，尸体尸僵不全，极易腐败，瘤胃臌气，天然孔有血样带泡沫的液体流出，黏膜发绀，满布出血点。脾脏暗红色急性肿大（有时可达正常的3~4倍），血液黑红色，凝固不良。本病潜伏期为1~5天。病畜死亡后如怀疑为炭疽，禁止剖检。

2. 防治措施

(1) 当确诊病牛为炭疽后，应立即封锁发病场所，对全场进行临床检查，可疑病牛隔离饲养并给予治疗。

(2) 炭疽预防接种，每年3~4月，所有牛进行无毒炭疽芽孢苗的防疫注射，密度不得低于95%。接种前必须做临床检查，对于体弱多病，不足1月龄的犊牛及怀孕后期的母畜及体温高的牛都不能注射。

(3) 对已发病的牛必须在严格隔离的条件下进行治疗。

（二）结核病

结核病是由分枝杆菌属的细菌感染而发生的慢性传染病，主要病原菌是牛型结核杆菌。此为典型的慢性疾患，牛群被污染后不易彻底消灭，经呼吸道和口腔感染。排菌的重症病牛是感染源。自然感染病例的潜伏期为16～45天。病初牛几乎查不出临床症状，随着病情的加重，出现可视黏膜贫血、食欲减退及日增重降低等症状。

当肺结核病灶扩散到较大范围时，可有咳嗽以及可听诊到啰音等异常的肺音，出现体温在1℃以上的弛张热型。解剖初期感染病牛，可经常发现在肺、肠及其附属淋巴结节上有米粒大到豌豆大的、呈局限性白色带有黄灰色的干酪化病灶，这些干酪化病灶呈圆形或椭圆形，也有呈不规则形态的，陈旧性病灶呈白色化或钙化状态。

结核病在临床上常取慢性经过，当饲养管理上找不出明显的原因，病牛出现逐渐消瘦、顽固性下痢、肺部异常、咳嗽、体表淋巴结慢性肿胀、日增重逐渐降低等症状，可怀疑为本病。应采用结核菌素皮内注射法和点眼法进行检疫，每年春季或秋季进行检疫，呈阳性反应者，均可判定为结核菌素阳性牛。

结核病是一种直接或间接传染所引起的慢性传染病。因此，应该建立以预防为主的防疫、消毒、卫生、隔离制度，防止疫病传入，净化污染群，培育健康牛群。

（三）布鲁杆菌病

布鲁杆菌病是由布鲁菌引起的一种人畜共患接触性传染病。传播途径主要有两种：一种是由病牛直接传染，主要是通过生殖道、皮肤或黏膜的直接接触而感染；另一种是通过消化道传染，主要是摄取了被病原体污染的饲料、饲草与饮水而感染。潜伏期为2周至6个月，母牛最显著的症状是流产，流产可发生于妊娠的任何时期，但多发生于妊娠后5～8个月。流产母牛有生殖道发炎的症状，即阴道黏膜发生栗粒大的红色结节，由阴道流出灰白色或灰色黏性分泌液。流产后常继续排出污灰色或棕红色分泌液，有时恶臭，分泌物延迟到 1~2 周后消失。如流产牛胎衣不停滞，则病牛很快康复，又能受孕，但以后可能还流产。如果胎衣停滞，则可发生慢性子宫炎，引起长期不育。流产母牛在临床上常发生关节炎、滑液囊炎、腱鞘炎、淋巴结炎等。关节炎常见于膝关节、腕关节和髋关节，触诊疼痛，出现跛行。乳房皮温增高、疼痛、乳汁变质，呈絮状，严重时乳房坚硬，乳量减少甚至完全丧失泌乳能力。公牛感染本病后，出现睾丸炎和附睾炎。目前对本病的治疗还没有特效药物，主要应当体现预防为主的原则，从非疫区健康牛群中购牛，定期检疫，隔离饲养，逐步淘汰净化。

（四）口蹄疫

口蹄疫是偶蹄兽的一种急性、发热性、高度接触性传染病，其临床特征是在口腔黏膜、蹄部和乳房皮肤发生水疱性疹。

口蹄疫病毒属于微核糖核酸病毒科口蹄疫病毒属，在不同的条件下容易发生变异。根据病毒的血清学特性，目前已知全世界有 7 个主型，即 A、O、C、南非 1 型、南非 2 型、南非 3 型和亚洲 1 型，其中有 6 个亚型。我国目前流行的是 O 型。病毒主要存在于水疱皮及淋巴液中。病牛是主要的传染源，康复期和潜伏期的病牛亦可带毒排毒，本病主要经呼吸和消化道感染，也能经黏膜和皮肤感染。其传播既有蔓延式又有跳跃式的，它可发生于一年四季。

潜伏期平均 2~4 天，最长可达 7 天左右，病牛体温升高到 40~41℃，精神沉郁、食欲下降，闭口、流涎，开口时有吸吮声。1~2 天后在唇内面、齿龈、舌面和颊部黏膜发生蚕豆大至核桃大的水疱。此时口角流涎增多，呈白色泡沫状，常挂满嘴边，采食、反刍完全停止。在口腔发生水疱的同时或稍后，趾间及蹄冠的柔软皮肤上也发生水疱，并很快破溃出现糜烂，然后逐渐愈合。若病牛衰弱，管理不当或治疗不及时，糜烂部可能继发感染化脓、坏死、甚至蹄匣脱落，乳头皮肤有时也可能出现水疱，而且很快破裂形成烂斑。

本病一般为良性经过，只是口腔发病，约经1周即可治愈，如果蹄部出现病变时，则病期可延至2~3周或更久，死亡率一般不超过1%~3%。但有时当水疱病变逐渐愈合，病牛趋向恢复健康时，病情突然恶化，全身虚弱、肌肉震颤，特别是心跳加快、节律不齐，因心脏停搏而突然倒地死亡，这种病型称为恶性口蹄疫，病死率高达20%~50%，主要是由于病毒侵害心肌所致。犊牛患病时特征性水疱症状不明显，主要表现为出血性肠炎和心肌麻痹，死亡率很高。

本病发生心肌病变及心包膜有弥漫性点状出血，心肌切面有灰白色或淡黄色斑点或条纹俗称虎斑心，质地松软呈熟肉样。

（五）疯牛病

疯牛病是最近20年来新发生的牛、羊严重的恶性传染病，已造成巨大损失，并怀疑与人的克雅氏症（脑组织软化症）有关。病原为异常型普利昂蛋白，通过动物性饲料，如肉骨粉等与病牛接触传染。病牛表现严重神经症状，共济失调，兴奋与沉郁交替，最后死亡。潜伏期估计为2~8年，病程为2周至6个月。

本病尚无有效治疗药物。主要立足于预防，目前预防方法是杜绝给牛饲喂动物性饲料，发现病牛时，应立即把同圈牛一起扑杀，连同可能污染物品一起烧净，牛圈舍严格彻底消毒。

二、寄生虫病

常见寄生虫对牛体健康造成威胁，使肉牛的日增重下降，体质下降。

（一）体内寄生虫

1. 肝片吸虫病　肝片吸虫病是由肝片吸虫寄生于牛的肝胆管内引起的疾病，多呈慢性。

病牛逐日消瘦，毛粗无光泽，易脱落，食欲减退，消化不良，黏膜苍白，牛体下垂部位水肿。

每年春秋两季都应给牛驱虫。发现病牛，可用中药：贯仲12克、槟榔30克、龙胆12克、泽泻12克，共研末，用水冲服。西药可口服硫氯酚（别丁），按每千克体重40~60毫克；或口服硝氮酚（拜耳9015），每千克体重5~8毫克；或口服血防846，每千克体重125毫克；或口服六氯乙烷，每千克体重200~400毫克。

2. 牛皮蝇蛆病　牛皮蝇蛆病是由皮蝇的幼虫寄生于牛体背部皮下而引起的疾病。

当夏季成蝇在牛体产卵时，可引起牛的恐惧，精神不安，乱跑，影响牛的休息和采食。当幼虫寄生在牛的背部皮下于春天脱出时，背部出现瘢包、脓疱、脓肿，患牛背部瘢起顶端有小孔的小疱，用手挤可挤出虫体。寄生的虫体数量多时，可使牛消瘦、贫血。

寄生数量不多时，可用手指用力挤出虫体，或用2%敌百虫溶液注入虫体寄生部位。寄生数量多时，可每隔30天，用2%敌百虫溶液擦洗背部一次。对本虫严重流行区，可在冬季用敌百虫水溶液为牛肌内注射，用量为每千克体重30~40毫克；或肌内注射倍硫磷，按每千克体重4毫克使用；或口服皮蝇磷，按每千克体重110毫克服用。牛对敌百虫敏感，使用时必须严格投药量。

3. 绦虫病　绦虫病是绦虫寄生于牛的小肠中引起的疾病，对犊牛危害较大。

由于绦虫体很长，常结成团块阻塞肠道。虫体生长很快，能大量吸取牛的营养，并产生毒素。所以使牛消瘦、贫血、下痢等，粪便中常见到白色米粒状或面条状的虫体节片。

此病牛羊共患，应防止羊对牛的感染。治疗方法为一次口服1%硫酸铜溶液120~150毫克，或服砷酸铅0.5~1.0克，用后给蓖麻油500~800毫升，或口服驱绦灵，每千克体重50毫克。

4. 多头蚴病（脑包虫病） 多头蚴病是由寄生于狗肠道的多头绦虫的幼虫，转寄生在牛的脑组织中引起的疾病。

病牛除消瘦、沉郁、减食外，还有神经症状。病牛常卧地不起，反应迟钝，一侧眼睛失明或视力减退，将头转向一侧，并做旋转运动，步伐不稳，或垂头走路，直到碰到物体时止。脑包虫寄生部位头骨变软。

多头蚴病的主要预防措施是给狗口服3~6克槟榔驱除绦虫；或捕杀野狗，以防止此病的传染。牛发病后，主要是进行头颅手术，将脑包虫囊体取出。

5. 肺丝虫病 它是由牛肺中寄生的网尾线虫引起的疾病。

牛体抵抗力弱时，出现咳嗽、呼吸困难、消瘦、贫血、食欲减退，肺部有啰音等症状。化验粪便，可见到肺线虫的幼虫。

加强饲养管理，增强牛的抵抗力，要定期驱虫。病牛可口服驱虫净，按每千克体重15毫克。或口服氰乙酰肼，每千克体重17毫克；也可按每千克体重15毫克，配成溶液皮下注射，每日一次，连用3~5天。或口服枸橼酸乙胺嗪，每千克体重0.2克。

（二）体外寄生虫

1. 蜱病 蜱又称扁虱、草爬子，常在草地，墙缝中隐藏而在牛体外寄生。体形为扁平的椭圆形，呈红褐色，腹部有4对足。小的如虱子，雌体吸血后似蓖麻籽大小。

对牛的主要危害是传染疾病、吸血、分泌毒素，使牛不安、贫血、消瘦。

牛体寄生数量少时，可人工捉除并消灭之；如数量多，可喷洒敌百虫溶液杀灭。对厩舍内躲藏的蜱，可用敌百虫溶液喷洒并堵塞墙缝。

2. 螨病　螨病是由寄生虫螨引起的皮肤病，也称癣或癞。牛疥螨多发生在眼眶、嚼肌部及颈部。

发病部位为不规则的小秃斑，表面为灰白色，奇痒。后期有痂块，皮肤变厚。病变也可发展到胸腹部位，使牛不安，在物体上摩擦身体。取患部皮屑镜检可见到虫体。

发现病牛应及时与健康牛隔离分群，彻底清扫厩舍。治疗时，可将患部被毛剪去，用肥皂水洗净皮肤，然后用0.5%敌百虫溶液洗擦患部；洗的范围要大一些，隔2～3天洗1次，连续2～3次。

三、普通病

（一）瘤胃酸中毒

在日常的饲养管理中，由于育肥饲喂精饲料量过高，精粗饲料比例失调，不遵守饲养制度，突然更换饲料；饲喂的青贮饲料酸度过大，引起乳酸产生过剩，导致瘤胃内pH值迅速降低；其结果因瘤胃内的微生物群落数量减少和纤毛虫活力降低，引起严重的消化紊乱，使胃内容物异常发酵，导致酸中毒。

饲喂饲料种类不同本病临床症状各异，但共同特征性症状是食欲减退或废绝、脱水和排泄酸臭的稀便。

病症较轻时，食欲降低，瘤胃蠕动减弱，轻度的脱水和排泄软便，往往于3～4天后可自然恢复。严重时，食欲完全废绝，瘤胃停止蠕动，排泄酸臭的水样稀便。过食豆类时，粪便呈糊状腐败臭，并呈现狂躁不安的神经症状，最后发展为酸中毒。眼球明显凹陷，步态蹒跚、卧地，姿势与生产瘫痪相似，不能起立，陷于昏迷状态而死亡。

临床上出现下痢症状时应立即停喂精饲料，给予优质干草或稻草。加精饲料时，要按日逐渐增加喂量，切不可突然增量，配合饲料加适量缓冲剂。轻症病牛用变换饲料的办法经 3~4 天即可恢复。瘤胃酸中毒病情恶化较快，稍有耽误很可能死亡，应该早诊断早治疗。

临床治疗时对轻症病例，用碳酸钠粉 300~500 克，姜酊 50 毫升，龙胆酊 50 毫升，水 500 毫升，1 次灌服。或每日灌服健康牛瘤胃液 2 000~4 000 毫升。严重时要进行瘤胃冲洗，即用内径 25~30 毫米粗胶管经口插入瘤胃，排除胃内液状内容物，然后用 1%盐水或自来水管入反复冲洗，直至瘤胃内容物无酸臭味而呈中性或弱碱性为止。常用 5%碳酸氢钠注射液 2 000~3 500 毫升，给牛 1 次静脉注射，纠正体液 pH 值，补充碱贮量，缓解酸中毒。

（二）产后瘫痪

产后瘫痪又称生产瘫痪或乳热病，多见于高产奶牛。是成年母牛分娩后突然发生的急性低血钙为主要特征的一种营养代谢障碍病，肉用繁殖母牛此病多发生于土壤严重缺磷的地区。

1. 病因 当血浆含钙量下降到 3.0~7.76 毫克/（分·升）时［正常健康牛血浆钙含量为 8.8~10.4 毫克/（分·升）］症状更加明显。血液和组织中须有一定浓度的钙，才能维持正常肌肉的收缩力和细胞膜的通透性。血钙来源于肠道吸收的钙或动员骨骼贮存的钙，肠道吸收钙和骨钙动员受甲状旁腺激素、降钙素、维生素 D、磷及代谢产物的调节。肉牛由于土壤缺磷牧草磷含量下降，未合理给母牛补磷造成钙吸收困难，妊娠过程中已把钙贮耗尽，分娩后立即开始产奶，血浆中钙随乳汁大量排出体外，引起严重的低血钙症，出现产后瘫痪。

2. 症状 大多数发生在分娩后的 48 小时以内，临床症状可分为爬卧期及昏睡期。

（1）爬卧期：病牛呈爬卧姿势，头颈向一侧弯扭，意识抑制、闭目昏睡、瞳孔散大、对光反应迟钝。四肢肌肉强直消失以后，反而呈现无力状态不能起立。这时耳根部及四肢皮肤发凉，体温降至正常以下，出现循环障碍，脉搏每分钟增至90次左右，脉弱无力、反刍停止、食欲废绝。如上所述，此期以意识障碍、体温降低、食欲废绝为特征。

（2）昏睡期：病牛四肢平伸躺下不能坐卧，头颈弯曲抵于胸腹壁，昏迷、瞳孔散大。体温进一步降低和循环障碍加剧，脉搏急速（每分钟达120次左右），用手几乎感觉不到脉搏。因横卧引起瘤胃臌气，瞳孔对光的反射完全消失，如不及时诊治很快就会停止呼吸而死亡。

3. 治疗　治疗产后瘫痪主要有钙剂疗法和乳房送风法。

（1）钙剂疗法：约80%的病牛用8~10克钙1次静脉注射后即可恢复。10%的葡萄糖酸钙800~1 400毫升静脉注射效果甚佳，多数病例在4小时内可站起；对在注射6小时后不见好转者，可能伴有严重的低磷酸盐血症，可静脉注射15%磷酸二氢钠250~300毫升，实践证明有较好效果，但必须缓慢注射。

（2）乳房送风法：送风时，先用酒精棉球消毒乳头和乳头管口，为防止感染，先注入青霉素注射液80万单位，然后用乳房送风器往乳房内充气，充气的顺序是先充下部乳区，后充上部乳区，尔后轻轻揉搓乳头口1~2分钟，使乳口括约肌恢复紧张，以免气体泄漏过快。个别乳口松的牛可用绷带轻轻扎住乳头，经2小时后取下绷带，12~24小时后气体消失。此种方法如果和静脉注射钙剂同时进行效果更好。肉用繁殖母牛在土壤缺磷的山区、牧区可按每头每千克体重补饲0.2克磷酸氢钙或磷酸钠，妊娠最后3个月增加10%~20%即可避免此病发生。

（三）母牛倒地不起综合征

母牛倒地不起综合征是母牛分娩前或分娩后发生的一种以倒地不起为特征的临床综合征。临床学检查或临床病理学检查各器官或各部位无特殊变化，静脉钙剂注射也不能站起来。

1. 病因 常因生产瘫痪诊疗延误或不全治愈，或因存在代谢性并发症而后倒地不起；因分娩造成骨盆周围的肌肉和神经的损伤；胎儿过大及粗暴的助产、分娩后在起立时或在牛床上蹬滑，以及四肢肌肉和神经的损伤等。无论什么原因，只要病牛倒地不起状态持续达 4~6 小时及以上，就会因自身体重的重压引起臀部或四肢各个部位的肌肉和神经的外伤性损伤。由于病牛不能自动翻转，短时间内就可以使坐骨区肌肉发生坏死。大腿内侧肌肉、髋关节周围组织和闭孔肌亦可发生严重损伤，后肢肌肉损伤常伴有坐骨神经和闭孔神经的压迫性损伤及四肢浅层神经的麻痹。过度肥胖是诱发本病的主要原因。

2. 症状 体温大致正常或稍高，头颈部没有弯曲状态，瞳孔反射及意识正常。前肢完全正常，后躯的肌肉和腹肌弛缓呈严重的无力状态，球节部向后侧屈曲呈指关节状，尤其是在想要起立时这种状态更为突出。用对产后瘫痪病牛有良效的钙剂治疗也不见效果，继续呈倒地不起的状态。大多数病例血液中的无机磷、血清和肌肉中钾的含量显著降低。

3. 处理 当出现倒地不起的病牛时，一定要将其放到铺有大量褥草、宽敞的地方，以便使病牛能够自由活动；每隔 4~6 小时为其翻 1 次身，每次都要对压在下面的部位进行细致的按摩，以防止压疮和血液循环发生障碍；另外要每日进行一次验证，激励病牛看其能不能通过自身站起来，如果病牛有可能站起来，可以用吊带帮助其站立，但是不能勉强；经过 7 天以上不能起立和排肌红蛋白尿的病牛，往往预后不良，应该予以淘汰处理。

4. 预防措施 每日要尽量让牛进行日光浴和运动；饲养管理要防止牛过肥；日常注意钙、磷平衡（见产后瘫痪的预防）。

5. 治疗 治疗过程中对发病初期注射 2 次钙剂还不能起立的病牛，要立刻进行静脉注射 20%磷酸二氢钠 300 毫升；怀疑低血钾症时，则以10%氯化钾溶液100毫升加入20%葡萄糖溶液1 000毫升中静脉注射，具有较好的效果。

(四) 维生素A缺乏症

牛吃入含维生素A原（胡萝卜素）的青草、胡萝卜、南瓜、玉米等之后，将胡萝卜素在肠黏膜细胞转换成维生素A。维生素A的大部分和少量的胡萝卜素储存于肝脏内，其余部分维生素A和胡萝卜素则储存沉积在脂肪中，需要时被利用。

一般从春天到初夏在嫩青草中，无论是禾本科还是豆科的绿色部分中都含有大量的胡萝卜素。因此，在日粮中缺乏优质干草、青贮牧草和幼嫩植物，也就缺乏了胡萝卜素的来源。另外，如果母牛不缺乏维生素A，其初乳中也含有大量维生素A。所以让新生犊牛吃足初乳，维生素A就会被储存于犊牛的肝脏中，其后不易出现维生素A缺乏症。但吃初乳不足，通过代用乳和人工乳让其早期断奶的犊牛，往往4~6周出现维生素A缺乏症状。另外，在种植牧草时大量施用氮肥，可导致牧草硝酸盐含量过高，硝酸盐能抑制胡萝卜素转变成维生素A，所以一旦发现缺乏症可疑的牛或牛群，应立即调整饲料配方。

犊牛对维生素A缺乏症的易感性高，初期症状是夜盲症，患牛表现无论是黎明还是傍晚都撞东西。眼睛对光线过敏，引起角膜干燥症、流泪、角膜逐渐增生混浊，特别是青年牛症状发展迅速，由于细菌的继发感染而失明。也易患肺炎和下痢，引起尿结石。缺乏维生素A的犊牛发育明显迟缓，被毛粗糙，大多易患皮肤病。骨组织发育异常，包裹软组织的头盖骨和脊髓腔特别明显，由于颅内压增高或变形骨的压迫而出现神经症状、瞳孔扩大、失明、运动失调、惊厥发作和步态蹒跚等。防治措施为加强饲养管理，给予含维生素A原较多的饲料。注意观察牛群，早发现、早治疗。在治疗上首先每千克体重肌内注射4 000国际单位维生素A，之后7~10天继续口服等量的维生素A。注意精饲料给量不能过多，放牧牛青草期不会缺乏，枯草期最好每 2 个月左右补给维生素 A 50 万~100 万国际单位。

（五）硒-维生素 E 缺乏症

硒缺乏造成骨骼肌、心肌及肝脏变质性病变，与维生素 E 缺乏在病因、病理、症状及防治等诸方面均存在关联性，将两者合称硒-维生素 E 缺乏综合征。

低硒土壤引起饲料硒含量不足使牛体发病，饲料中维生素 E 的含量不足，以及脂肪酸尤其不饱和脂肪酸的含量不足，也是重要诱发因素。

犊牛表现为典型的白肌病症状群，病初僵拘和衰弱，随后麻痹、呼吸紧迫、无力吃奶、消化紊乱，伴有顽固性腹泻、心率加快、心律不齐。一般是在 3~7 周龄发病，运动可促进病情加剧。成年母牛产后胎衣停滞与低硒有关。剖检后沿着肌纤维有几条白条纹，严重的肌肉或肌群呈现一种带白色的或半煮熟样的外观，心肌、膈肌和骨骼肌通常都发生变性。

防治措施：加强饲养管理，合理搭配饲料。在低硒地带饲养的肉牛或饲用由低硒地区运入的饲粮、饲料时，必须普遍补硒。当前简便易行的方法是应用饲料硒添加剂，硒的添加量为 0.1~0.3 毫克/千克。谷粒种子（如小麦）和豆科牧草（如苜蓿）是维生素 E 的良好来源。母牛泌乳期补充维生素 E 饲料可提高产奶量，也可在饲料中混合维生素 E 添加剂。

犊牛用 0.1%亚硒酸钠溶液 5 毫升，成年牛 15~20 毫升肌内注射，效果明显。可根据病情，间隔 1~2 天重复注射 1~3 次。配合补给适量维生素 E，疗效更好。

（六）青草搐搦

青草搐搦多发生于低温多湿的初春和晚秋，特别是在早春放牧开始后的 2~3 周发生较多。春天的青草含镁量最低，而吃食大量含钾的青草或小麦草能促使青草搐搦的发生。特别是阴雨之后迅速生长的青草和谷草中，含镁、钙、钠离子及糖分都比较低，而含钾、磷离子则比较多。钾能影响瘤胃代谢，特别是镁的吸收作用。饲草中蛋白质含量过高，钾含量相对地高于钠，以及钙磷镁比例不平衡都是发生本病的因子。

病牛表现为兴奋、痉挛等神经症状。特急性型的牛正在吃草时突然头向某一侧的后方伸张，呈侧反张姿势，左右滚转，反复出现强直性痉挛，2~3 小时死亡。急性型的牛精神沉郁、步态蹒跚，24 小时以内对光线、音响、接触等敏感性增强，表现为耳竖立、眼球震颤、瞬膜突出。头部特别是鼻、上唇、腹部、四肢的肌肉震颤，反应增强，接着出现破伤风样的全身性的强直性痉挛而倒地。血液检查，其特征是血清镁值急剧下降至 0.4~0.9 毫克/100 毫升（正常值 1.8~3.0 毫克/100 毫升）。血清钙值正常或稍微下降。

初春或晚秋不宜过度放牧，即便放牧也要采取半日放牧半日饲喂的方法。对曾经发生过本病的母牛要适当控制放牧时间。本病的发生主要是由于牛肠道镁的吸收能力比较低，而同时体内又缺乏控制镁代谢稳定性能力时所致。尤其是青草中镁的含量不足是一个很重要的因素，所以，平时应该在精饲料中加入氧化镁，每千克体重 0.1~0.2 克，以补充镁的不足。本病一般呈急性经过，特别是特急性型病例，发病后 2~3 小时即可死亡。因此，必须抓紧时间进行治疗。本病的治疗，补给镁和钙制剂极为有效，20%硫酸镁溶液 200~400 毫升，连日或隔日静脉或皮下注射 3 次，首次应配合静脉注射 20%硼酸葡萄糖酸钙注射液 200 毫升，效果较好。

（七）胎衣停滞

母牛从胎儿娩出后，一般经 4~8 小时可自行排出胎衣。如经 12~24 小时以上胎衣还未能全部排出，称为胎衣停滞。产后子宫收缩乏力、胎盘充血、胎儿胎盘和母体胎盘愈着、妊娠期延长、运动或某种营养素（维生素A、微量元素硒）不足是诱发本病的原因。

病牛胎衣停滞的程度有不同，有的胎衣大部分从阴门下垂，有的大部分在子宫内，只有一小部分下垂于阴门之外。在夏季胎衣停滞第二天后，胎衣开始腐败放出特有的难闻气味。由于牛的个体差异，有的出现发热、食欲减退、乳量减少等症状，也有的牛完全没有全身症状。极少数胎衣停滞的母牛，胎衣腐败，恶露排出不畅滞留在子宫内，由于组织腐败分解与细菌的感染并产生大量的毒素，毒素被吸收，引起自体中毒，出现全身症状，如体温升高、精神沉郁、食欲废绝、泌乳减少或停止，甚至可转化为脓毒败血症。

治疗时可用子宫投药法，不用手术摘除，直接每天向子宫内塞入青霉素1 000万单位，这种方法平均5天左右就可自然排出胎衣。在排出的同时要再一次向子宫与胎衣之间灌注抗生素22 000国际单位/千克，每日1次，或用头孢噻呋（2毫克/千克，每日一次），由于这些方法对今后受胎有益处，所以推荐采用这种方法。也可以使用钙制剂疗法，对于习惯性经常发生胎衣停滞的经产牛及高产母牛，在其产犊后，应该立刻给予静脉注射钙制剂（5%氯化钙注射液150~200毫升或10%葡萄糖酸钙注射液400~600毫升），钙制剂可以增强子宫收缩，促进胎衣排出。激素疗法一般常用的都是促使子宫颈口开张和收缩的激素。

对出现发热或食欲减退的牛，还要给予全身性抗生素类药物。

手术剥离时，应根据季节、气温及患牛全身情况，在产后18~24小时进行。过早是一种硬性剥离，与手术剥离条件不符，会遭到强烈的努责，导致剥离困难或出血过多。过晚则因胎衣腐败分解，胎儿胎盘的绒毛腐烂、断离在母体胎盘小窦中，甚至少量胎盘残留，可继发子宫内膜炎；也可能因子宫颈口已收缩，手臂无法伸入子宫，贻误剥离时机。但目前发达国家均不主张剥离，因为此法对术者及病牛健康均不利。

无论采用哪种治疗方法，对胎衣停滞的牛，在分娩后 1 个月左右，都要检查 1 次子宫恢复的状态，以便根据临床症状进一步对症治疗。

（八）阴道脱出

阴道脱出主要见于过肥的母牛和腹壁紧的头胎牛，甚至育成母牛，病因是发霉草料含玉米赤霉烯酮造成卵巢功能亢进、雌激素量过多、腹内压力过大或因分娩造成解剖结构性创伤（野蛮接产），以及饲养管理不善、运动量小、饲料单一、年老体弱膘情差等。

病牛助产时阴道脱出就是指阴道上壁从阴道口呈球状翻出的状态。在症状较轻的时候，只是在牛趴下时脱出，起立后，能自然回缩。如果症状较重阴道就会全部脱出，有时膀胱也经尿道外翻而脱出，呈苍白色球状物，个别的病牛还可继发直肠脱出。

病牛脱出的阴道黏膜，初期表面光滑，湿润呈粉红色，以后则黏膜瘀血、水肿，变为紫红色或暗红色，黏膜表面干裂并流出带血的液体，病牛由于疼痛而剧烈地努责。夏季可能生蛆，冬季可能引发冻伤，妊娠中的牛往往引起流产和直肠脱等症。

保守疗法：轻症临产牛应单独饲养，牛床后面垫高，使后躯高于前躯 5~15 厘米，有一定防治效果。

手术疗法：对阴道完全脱出和不能自行复位的部分脱出病例，要进行局部清理和整复固定。脱出部分用生理盐水或 0.1% 高锰酸钾溶液消毒，再用 3% 温明矾溶液清洗，使其收缩变软，对于有损伤的部分应予缝合。对水肿严重的可用热毛巾敷 10~20 分钟使其体积变小。将肉牛固定在特制的前低后高的牛床上进行整复，以利于整复脱出的阴道。先由助手用纱布将脱出的阴道托起至阴门部，术者用手掌趁患牛不努责时往阴门内推送，待全部送入后，再用拳头将阴道顶回原位。这时手臂应在阴道内停留一段时间，以免努责时阴道再次脱出。用双内翻缝合固定法，在阴门裂的上1/3处从一侧阴唇距阴门裂3厘米处进针，从距阴门裂0.5厘米处穿出，越过阴门在对侧距阴门裂0.5厘米处进针，从距阴门裂3厘米处穿出。然后再在出针孔之下2~3厘米处进针，做相同的对称缝合，从对侧出针，束紧线头打一活结，以便在临产时易于拆除。根据阴门裂的长度必要时再用上法做1~2道缝合，但要注意留下阴门下角，便于排尿。另外，在阴门两侧外露的缝线和越过阴门的缝线套上一段细胶管，以防止强烈努责时缝线勒伤组织。此外还有袋口缝合固定法、阴道侧壁缝合固定法等。无论采用哪种缝合法，缝线应牢固，能承受很大的压力，同时均应在母牛分娩前拆除。阴道脱整复后，也可用绳将阴门压定器（也名阴道托）固定在阴门裂上。术后将病牛置于前低后高的牛床上进行饲养，为防止继续努责，可适当给些镇静剂，局部涂布碘甘油或其他消毒防腐药。如果有全身症状，应连续注射3天抗生素，完全愈合后再进行拆线。

（九）子宫炎

1. 病因 子宫炎多由于野蛮接产、难产处置之后、胎衣不下等的继发症以及不良人工授精所造成。

急性子宫感染多发生于分娩时或产后，因这时细菌最易侵入；人工授精时使用的器具消毒不彻底及不卫生的注入操作都是细菌侵入子宫的原因。

如果只有少数的细菌侵入子宫，常常不引起发病，一般认为细菌繁殖引起发病取决于子宫黏膜抵抗力的强弱及激素的状态。

2. 症状

（1）急性化脓性子宫内膜炎：病牛从阴道排出脓样不洁分泌物，所以是很容易被发现的一种疾病。一般在分娩后胎衣不下、难产、死产时，由于子宫收缩无力，不能排出恶露，子宫恢复很慢，造成大量细菌繁殖，脓样分泌物在子宫内积留后而成为子宫积脓症。病牛表现为拱腰努背，体温升高，精神沉郁，食欲和日增重明显降低，反刍减弱或停止。

（2）黏液脓性子宫内膜炎：病牛临床表现为排出少量白色混浊的黏液或黏稠脓样分泌物，排出物可污染尾根和后躯，病牛出现体温略高、食欲减退、精神沉郁、逐渐消瘦等全身轻微症状，阴道检查外子宫颈口呈肿胀和充血状态，直肠检查子宫壁呈增厚状态。本病往往并发卵巢囊肿。

（3）隐性子宫内膜炎：病牛临床上不表现任何异常，发情期正常，但屡配不孕，发情时的黏液中稍有混浊或混有很小的脓片，由于子宫的轻度感染，所以往往成为受精卵和胚胎发生死亡的原因。

（4）慢性脓性子宫内膜炎：可常见到从病牛阴门中排出脓性分泌物，尤其在卧下时排出特别多，排出脓性分泌物常常粘在尾根部和后躯，形成干痂，病牛有时伴有贫血和消瘦症状，且精神沉郁。

3. 防治　对子宫内膜炎平时的预防尤为重要，要做到早期发现，早期治疗。一般分娩后经过 2 周以上分泌大量不干净的黏液和不到发情期就排出黏液的牛，大多数患有子宫内膜炎；在助产和摘除胎衣时，手伸入产道之前，要用肥皂温水很好地擦洗肛门和阴部周围，且术者一定要戴上消毒过的乙烯树脂手套；在刚分娩后的 4~5 天要让牛趴在清洁的草上很重要；授精前也要与产犊时一样处置阴门和肛门周围，然后用干燥清洁的毛巾擦净，才能进行输精。

总之，不清洁的接产、产后不合理的管理及不卫生配种操作都是引起子宫内膜炎的诱因，所以，在日常的管理中必须引起充分的注意。在治疗中，对分泌物较多的黏液脓性子宫内膜炎，要用大量的生理盐水冲洗子宫内不洁的异物，排净洗液后，向子宫内输入抗生素类药物；对隐性子宫内膜炎不用冲洗子宫而直接向子宫内输入药物即可；对子宫积脓症，除了加强子宫的洗涤外，可注射雌激素和前列腺素。

（十）口炎

1. 病因 单纯性或卡他性口炎，是由于粗糙的草料、异物、化学物质的损伤或人为的器械损伤而引起的；或由齿病、咽炎等病并发而得。其他类型的口炎，主要是指传染病引起的并发性口炎。多见于犊牛。

2. 症状 病牛不愿吃食，特别是不吃过热、过冷或粗硬的饲草饲料。口黏膜疼痛，发红，肿胀，流涎，甚至口臭、糜烂、出血、化脓和溃疡（主要在舌根部）。用开口器打开口腔往往在患处（创口）找到尖锐的草茬等异物。

3. 防治 对传染病的并发性口炎，要加强病牛的饲养管理，做好消毒和隔离工作，以杜绝传染。对其他原因引起的口炎，要注意齿病、舌伤的防治，要避免机械或化学物质损伤口腔，要提高草料的加工质量。

轻度的卡他性口炎，可用较弱的消毒液冲洗，如0.1%~1%的依沙吖啶或高锰酸钾；若已糜烂及有渗出液者，可用0.5%强蛋白银或2%明矾治疗；有溃疡者，用碘甘油（1∶5）涂抹；对有全身症状者，可用抗生素药物，也可将兽用冰硼散每日用小竹管或纸管吹入患处，每次少许。

（十一）前胃蠕动弛缓

1. 病因 发病主要原因是突然更换饲料或饲喂精料过量，长期饲喂难于消化的粗硬饲草或饲喂潮湿、变质发霉的草料等。也与不定时、不定量饲喂有关，有时也可由其他疾病引起。

2. 症状 病牛表现为食欲减退或废绝，反刍次数减少或停止，瘤胃及肠的蠕动变弱。粪便减少，先干燥而后变稀，甚至有恶臭。鼻镜干燥、磨牙，瘤胃有时扩张，按压有痛感。

3. 防治　本病主要应做好预防工作，如加强饲养管理，合理调配饲料，不喂发霉变质的饲料等。牛发病后一般应停食 1~2 天，再给予易消化的饲料。轻者可减少饲料喂量。为促进瘤胃蠕动，可用5%氯化钙溶液和5%氯化钠溶液（每千克体重 1 毫升），加入安钠咖 2~3 克，静脉注射。若瘤胃蠕动尚未完全消失，可用酒石酸锑钾 6~12 克，溶于 100~200 毫升水中，口服。也可以多次少量重复注射胆碱药物，如新斯的明（每千克体重 0.02~0.06 毫升）或氨甲酚胆碱（每千克体重 0.004~0.006 毫升），一次皮下注射。有条件时，可每天静脉注射葡萄糖生理盐水 2 500~4 000 毫升 1~2 次。如发现瘤胃酸中毒时，还可另外静脉注射 3%~5%碳酸氢钠溶液 500~750 毫升。恢复期，可每日口服健胃粉 1~2 次，每次 30~50 克。也可灌服生姜酊、大黄酊、龙胆酊、桂皮酊、橙皮酊等，每日 1~2 次，每次 60~80 毫升。

（十二）瘤胃积食

1. 病因　过食大量不易消化，不易反刍的粗纤维饲草，过食大量精饲料，或因胃的其他疾病，均能引起瘤胃积食。

2. 症状　病初，牛的食欲不强，反刍、嗳气减少或停止，背拱起，努责，磨齿，摇尾，站立不安，时起时卧。从腹壁外或直肠内按压瘤胃时，呈坚硬沙袋样，有痛感。病情严重时，出现呼吸和心跳加快、口臭、脱水、行动无力、四肢颤抖、卧地等症状，甚至发生酸中毒而昏迷，视觉扰乱，呼吸加深。

3. 防治　防止牛贪食，食前、食后要有一定的休息时间；不宜单纯饲喂不易反刍和消化的饲草，要与其他饲草料混合饲喂；防止过食大量精料；防止过量运动。

如发现此病，可灌服硫酸钠（或硫酸镁）500~1 000 克（配制成 8%~10%水溶液）。也可服液状石蜡、蓖麻油等泻药。随后大量输给葡萄糖、氯化钠等补液，每日 2~3 次，每次 2 000~4 000 毫升。如发现有酸中毒现象，应在补液时另加 5%碳酸氢钠溶液，每次300~600毫升，并进行洗胃。在进行上述治疗的基础上，再给予新斯的明、卡巴胆碱或高渗氯化钠溶液等促进瘤胃运动的兴奋药。此病也可服用中药，其配方为大黄90克、芒硝240克、枳壳60克、厚朴30克、青陈皮120克、麦芽150克、山楂90克、槟榔60克、木香30克、香附30克，水煎后灌服。

（十三）瘤胃臌气

1. 病因 由于牛吃了大量易发酵的饲料，如春天开牧或突然改变饲草未给予过渡期所引起，以肥嫩多汁的青草，特别是豆科牧草最易引发瘤胃臌气，也有因吃了腐败变质的饲草饲料，冻伤的土豆、萝卜、山芋等块根块茎饲料，误食有毒植物等造成瘤胃麻痹，或这些饲料发酵产生大量小泡沫不破裂，妨碍嗳气而引起发病。

2. 症状 患急性瘤胃膨气的病牛，腹围增大，而以左侧膨胀最明显。食欲和反刍完全消失，站立不稳，惊恐，出汗，呼吸困难，眼球突出。慢性发病者，常呈周期性发作，时间长者会继发便秘、下痢等。

3. 防治 防治瘤胃臌气，干草可改为鲜草（特别是豆科草、嫩草），以及饲料大规模更换要有过渡期，防止牛大量食入发酵饲料、变质饲料和异物。

如发生急性病例或窒息危险时，应采取急救措施，即用套管针进行瘤胃穿刺放气。属于泡沫性臌气者，可经套管针筒注入松节油、鱼石脂、酒精合剂100~200毫升。非泡沫臌气者，可投给氧化镁50~100克的水溶液，或新鲜澄清的石灰水1 000~3 000毫升。也可将臭椿树皮捣碎灌服；或萝卜籽500克、大蒜头200克，捣烂加麻油250克，灌服；或熟石灰200克、熟油500克，灌服。

（十四）创伤性网胃炎

1. 病因 草料中混有铁丝、铁钉以及尖锐的铁器，牛误食到网胃中刺破胃壁，使胃穿孔而发病。此病并发局部或弥漫性腹膜炎。

2. 症状　网胃穿孔后，牛吃食突然减少，反刍少而不自然。病牛多取站立姿势，不愿走动。有时勉强躺卧，卧时很小心，卧下又不愿站立。站立时拱背，肘部外展，肘部肌肉颤动，惧怕胸部叩诊。驱赶到斜坡时，愿上坡而不愿下坡。排粪时拱腰举尾，不敢努责。呼吸、反刍均不正常。有的病情时好时坏，反复变化；有的则病情持续恶化，直到死亡。

3. 防治　本病能靠预防，防止草料中混有金属异物，在加工草料时要严格检查。对捆绑、存放饲草的地方，要严禁使用和堆积铁丝等物。可在草筛和料筛上面绑上一定数量的磁铁，将混入草料中的一部分金属吸附。也可在牛胃内投放特制的磁石，使网胃内游离的铁物固定在一起，防止穿破胃壁。也可定时应用牛胃吸铁器普查，以取出金属异物。

本病主要是预防，一旦发现此病，药物治疗作用甚小，只有手术治疗，但效果不太理想，经济上也不合算。

（十五）瓣胃阻塞

1. 病因　瓣胃阻塞又称百叶干。由于牛吃食大量不易消化的粗纤维饲料，也可能是长期吃麸糠、豆角皮或带泥土的饲草，或饮水不足而发病，或由于其他胃病而继发本病。目前更多见是误食塑料、尼龙类人工合成编织物碎片。

2. 症状　初期，病牛精神沉郁，食欲不振，反刍减少，有时空口咀嚼。后期，体温升高，呼吸加快，食欲全无，鼻镜干燥，排粪少而干硬并呈球状或块状，叩诊瓣胃浊音区增大，并有疼痛感。

3. 防治　要经常喂给青绿多汁饲料，保证足够的饮水和运动。发病后要用磨碎的芝麻 0.5～1.0 千克、白萝卜汁 2.5～5.0 千克，调匀灌服，再用去皮的大麦仁 5.0～7.5 千克，煮汤，让牛自饮或灌服。也可于瓣胃一次注入液状石蜡750～1 000毫升，加3～4倍水的混悬液；或用硫酸钠（或硫酸镁），按每千克体重0.3克配成9%溶液，一次瓣胃注射。也可手术取出堵塞物，不过成本太高不太合算。

（十六）胃肠炎

1. 病因 胃肠炎分为传染性胃肠炎和饮食性胃肠炎两种。发病多由于突然改变饲料，喂给腐败、霉烂、变质的饲料，食入有毒物质及冰冻饲料等。胃肠出血型败血病、犊牛大肠杆菌病、沙门杆菌病、恶性卡他热、病毒性下痢、空肠弧菌性冬痢、犊牛球虫病、肝片吸虫病等传染性疾病也能引起本病的发生。

2. 症状 病牛突然发生剧烈而持续性腹泻。排出的粪便稀呈水样，有黏液、假膜、血液或脓性物，恶臭。食欲、反刍消失，但口渴。喜卧地，表现腹痛，眼球下陷，精神不好，四肢无力。

3. 防治 消除发病因素，禁止喂给有毒食物和霉烂、变质饲料。如发现是由于传染性疾病引起的，应及早隔离消毒。应该用抗菌消炎药物治疗。内服小檗碱，每日3次，每次2～4克。如发生严重脱水、酸中毒时，可考虑进行输液治疗。

第八章　生态养殖肉牛的屠宰加工

第一节　宰前处理

一、待宰牛检查

屠宰场须设待宰牛圈，在此对进场牛做检查，把待宰牛按品种、性别、年龄、肥度分圈，以利于屠宰后牛肉的分档。挑出不健康的牛；属于应激者，存圈消除应激；可疑传染病牛，隔离检疫；一般疾病可治愈者，给予治疗，待残药期过去再宰杀；无治疗价值当即急宰。

年龄与肉的风味、嫩度和色泽关系很大，幼龄牛风味很淡、味纯正、肌纤维细嫩、嫩滑、肌肉颜色浅、脂肪白，随年龄增大，肌肉颜色变深呈紫红色，脂肪颜色加深呈黄色。肉的嫩度也明显随年龄增长而下降。肥度也是影响肉质的重要因素。满膘牛其肉嫩，由于脂肪增加肉的香气也随之提高。性别不同肉质也不同，公牛肌肉颜色较同龄母牛深，脂肪含量较相同饲养水平的母牛肉少，特有风味较母牛肉浓郁，而母牛肉则较公牛肉纤维细腻软嫩。

屠宰前分圈待宰，按圈宰杀，有利于减轻宰后牛肉分档、分割的工作量，牛肉分级准确，有利于创名牌，获得最好的经济效益。

二、屠宰前饲养与休息

外购的肥牛会因路上运输惊吓而应激，路途越远、运输时间越长，则应激越严重。应激状态的牛立即屠宰会降低牛肉质，增加胴体内在污染可能（表 8-1），由于在运输应激状态下，牛的抗病力下降，许多微生物会通过各种途径进入血液而散布全身各组织，而本身的抗病组织未能及时全部扑灭入侵的微生物，此时屠宰会难以达到肉的卫生指标，严重损害消费者的利益；由于应激状态下，牛肌肉中糖原消耗殆尽，这时屠宰的胴体即使进行冷加工，也难改善肉质，会出现中性甚至碱性僵直，肉的生化成熟过程难以完成，常造成“黑切肉”（即 DFD 肉，肌肉色深暗，坚硬、煮熟后粗糙）或小量“苍白渗出性肉”（即 PSE 肉，肌肉颜色浅淡，软、肉汁渗出，煮熟口感粗糙缺乏风味，多见于猪，牛少见），使屠宰场和肉加工厂蒙受巨大经济损失。

表 8-1　运输应激造成的细菌污染比率

屠宰时间	肝脏中带细菌的比率	肌肉中带细菌的比率
经 5 天运输后卸下即宰	73%	30%
经 5 天运输后，休息 24 小时屠宰	50%	10%
经 5 天运输后，休息 48 小时屠宰	44%	9%

应激程度与运输方式有关，一般火车运输应激较重，主要是由于列车编组时调放车皮等，车厢时动时停，强烈碰撞以及无规律的轰鸣声使牛受到惊吓造成，运行途间和长期靠站则对牛影响不大；汽车运输若注意匀速，拐弯时提前缓慢减速，低速转弯，不能急刹车，上下坡不陡等，则应激较少。应激程度也与运输时间有关，若运输时间长可在运输途中投喂少量镇静药，也可在运输前 1～2 天开始在饲料中加入刺五加、柏仁、酸枣仁等中药（0.1～0.2 克/千克体重）。

根据运输方法和运输应激时间长短，拟定消应激的待宰饲养时间，一般为1~3天。时间过长没有必要，因为新环境很难使牛适应，并且很难做到日粮与原育肥期相同，这样会使牛膘情日降。消应激饲养日粮最好能做到近似于牛本来的育肥场，但注意以青干草为主，配合料不加或少加。应激严重和运输时间2天以上，为了加快消应激降低待宰饲养时间所增加的成本，可按治疗剂量使用一次镇静剂（例如氯丙嗪等），用药之后，必须于两天后屠宰，以免残药污染。

待宰圈应宽敞，有良好的防暑措施，北方寒冬时则应有挡风能力，温度不低于-13℃。最好采取全天拴系，以减少陌生牛之间抵架损失。在消应激期间做到自由饮水。运输期间和待宰饲养期均要避免殴打牛，因为重力殴击下，受伤部位皮下瘀血，使皮下结缔组织层脂肪层形成紫黑色（当天）或黄绿色（几天之后）。肌肉受伤部位瘀血，一般7~8天才能复原，造成的经济损失较大。

三、宰前绝食

屠宰前应停止喂食24小时，在绝食的头12小时不停止自由饮水。屠宰前安排绝食的原因是为了使牛在饥饿状态下代谢降低，挣扎力下降；胃肠内容物减少20%以上，使屠宰过程中摘除内脏变得容易（因牛的胃肠比例较大，胃肠内容物多，1头600千克的牛，其胃肠和内容物往往达到150千克），减少破损所造成的胃肠内容物污染胴体，使肉的卫生指标不达标。同时也可促进肝脏中肝糖原转化为乳酸，分布于牛全身，使屠宰后肌肉pH值已较低，经排酸后得到较低pH值的牛肉，从而有利于抑制微生物的繁殖，使冷加工、分割之后获得更卫生、货架期更长的牛肉。

延长绝食时间也是不相宜的。绝食时间过长，会造成肌肉组织所含的肌糖原降低，甚至耗尽，使宰杀后冷加工过程中“排酸”受限制，肌肉中乳酸生成量少，无法完成肉的生理生化成熟过程；肉的 pH 值偏高，香气和滋味达不到最优状态。

对牛的绝食，有人认为应在屠宰前 2～3 小时再停止饮水。认为这样更有利于多减少胃肠内容物，并由于不缺水，使排尿正常，降低肉中各种代谢废物的含量，增加肉的香味。

绝食时间不能顶替消应激时间，待宰圈应保持安静。

第二节 肉牛屠宰加工工艺

一、屠宰工序

（一）淋浴净身

进入屠宰间之前用近于体温（35～38℃）的净水给牛淋浴（图 8-1），夏天水温低一些，冬天高一些，并把牛全身被毛刷洗干净，以获得卫生极佳的牛肉；用漂白粉消过毒的自来水，效果更佳。牛的被毛湿水后有利于导电，使电麻击晕效果有保障。

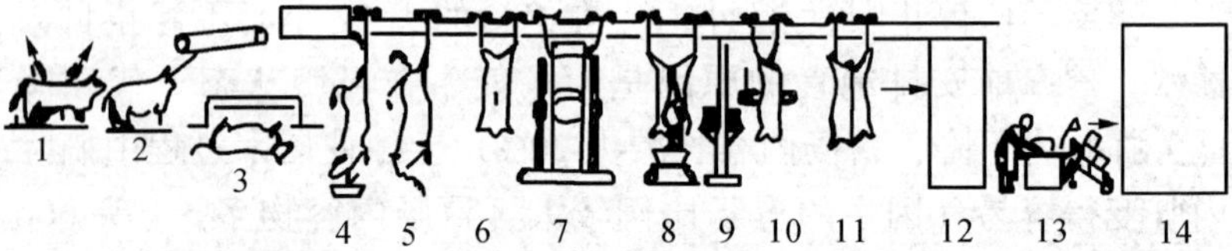

图 8-1 牛屠宰冷加工同步检疫示意图

1. 淋浴 2. 宰牛机把牛拉入击晕栏 3. 击晕 4. 倒吊提升、放血 5. 电刺激 6. 去头蹄、预剥皮 7. 液压剥皮机剥皮 8. 取出内脏，输送机把内脏送到清洗室，检验胴体与内脏 9. 升降台，工人站在上面完成取内脏，电锯劈半 10. 电锯劈半，取出腹腔 11. 半胴体肉检喷淋减少腐液 12. 排酸 13. 分割包装肉检 14. 急冻间与-25～-18℃冷库，出库肉检

（二）击晕

瞬间使牛晕倒失去知觉，可避免由于放血的痛苦和惊吓；牛的愤怒自卫等使血管收缩痉挛，造成放血不完全，肌肉脂肪等组织中残血过多，使肌肉颜色变暗、脂肪隐现血管痕迹，使生肉外观不良，熟制品颜色暗而粗糙。击晕后使全屠宰过程工人的劳动强度下降、安全性增加，牲畜几乎不挣扎，则肌糖原无损失，有利于排酸工艺的完成，随之有利于生肉的储存，延长货架期。击晕的方法有以下种：

1. 电击晕法　电击晕法是目前国内外常用方法，可使中枢神经麻痹，同时刺激心脏活动，使血压升高有利于放血。通常电击之后牛从晕倒到苏醒的时间为 1 分钟左右，足够完成吊挂和刺杀。加强电压和麻电时间可延长昏迷时间，但会造成血管、肌肉痉挛，不利于放血，并增加“黑切肉”比例。电麻器有两种，即单极式和双极式。单极式的栏架、踏板为负极，电击棒为正极；双极式（或叉式），则两侧各为正、负极，直接电击大脑。电击法各种参数见表 8-2。使用电击器必须注意人身安全，操作人员必须穿绝缘水靴，戴绝缘手套。

表 8-2　各种牛采用的麻电电压及时间

牛别	直流电压（伏）	麻电时间（秒）
1 岁以下	70~90	6~7
1~3 岁牛	70~100	8~10
3 岁以上牛	100~120	10~12

视牛体大小、壮实程度、性别等，调整电压与麻电时间。例如 3 岁奶牛，个体也较小，可用 70 伏、8 秒；同龄公牛，个体大，则可用 100 伏、10 秒。

2. 锤击法　锤击法是小型作坊式屠宰场常用方法，是利用铁锤猛击牛前额，产生了强烈震击波使大脑产生休克。此法成本低，只需一只把长1米左右的5~8磅（磅为非法定计量单位。1磅≈0.45千克）铁锤即可完成击晕。击晕必须一次成功，否则易产生危险。因此打击点应准确，锤子的圆头打击效果优于平头，用力的大小也影响击晕效果。一般击晕都能达到昏迷1分钟以上的效果。锤击过度会造成当时死亡使放血不全。

锤击法是把牛用眼帘蒙住双眼，锤击手站在牛头侧面迅速猛击牛额部中点，牛倒地时横向迈步离开。要求锤击手有力气，技术熟练，轻重掌握适宜。此法安全性较差，个体太大的牛应该先把腿做适当固定，以免击打失败，牛发狂导致安全事故。

3. 延脑穿刺法 延脑穿刺法操作简单，用1.5~2厘米宽、20~25厘米长的薄型专用刀具完成。操作者站在牛头侧面，用脚踩缰绳使牛低头，迅即把刺杀刀从牛枕骨脊后正中小窝刺入，于枕骨与第一颈椎之间，将延脑割断，牛的中枢无法控制体躯，牛即倒下（图8-2）。此法的优点是延脑切断后，牛再不会苏醒，产生黑切肉的可能性为零。牛的最后挣扎只是由于脊髓反射所引起，所以挣扎的烈度和时间较电击法和锤击法轻和短，使肌肉中糖原消耗少，更有利于排酸，但此法不会使心跳和血压升高，所以放血时间会长些。

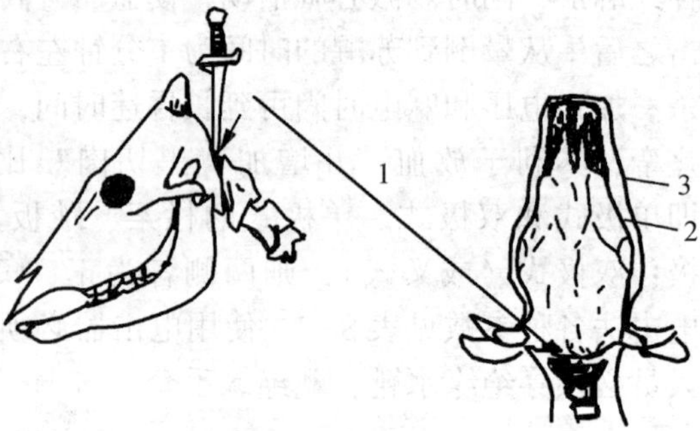

图8-2 延脑切断位置

1. 延脑切断刺入点 2. 骨骼 3. 皮肤

（三）刺杀放血

击晕后把一后蹄套上缆绳，用电葫芦（重吊式起重电动机）把牛倒悬到头部离开地面60~90厘米，刺杀放血。我国常用刺杀放血方法有以下3种。

1. 三管齐断法 三管齐断法是指用刀在牛的头颈连接处，喉头的躯干方5~10厘米处横向切割，同时把气管、食管和两侧的颈总动脉和总静脉割断放血。此法优点是操作简单，放血速度极快；缺点是放血时牛仍进行呼吸，血液吸入肺中，会激发反射性的强烈呛咳，呛咳使腹腔肌痉挛，腹内压过度造成瘤胃内容物从食道断口中喷出，污染刀口创面，并污染放出的血，使其失去食用价值，并且由于刀口创面被污染，促使血液加快凝固，造成放血不良，残血过多。被严重污染的刀口部位又成为剥皮后污染胴体各表面的隐患。

2. 颈动静脉放血法 颈动静脉放血法是指在牛颈部近头端，气管左右两侧的颈动脉沟处纵向割开皮肤10~20厘米，把两侧动静脉分离出5~10厘米，在近头端割断放血的方法。此法不会引起呛咳，容易做到充分放血，而且血可作为营养丰富的食品出售，增加屠宰效益，当血色由鲜红转为紫黑色，即脾脏、肝脏的存血开始放出，牛将做最后的挣扎，最后挣扎时常会把瘤胃内容物呕出。

3. 抗凝无菌放血法 抗凝无菌放血法在发达国家的大型综合性屠宰场采用，是在屠宰前给牛在颈总静脉中输入纤维蛋白质稳定剂或高渗枸橼酸钠（4%枸橼酸钠），然后屠宰，击晕后在颈总动脉插入大口径采血管，负压放血。此法由于事先注入抗血液凝固剂，所以放血期间血液不易凝结，能达到充分放血，而且血液不被污染，残血极少。此法可获高的经济效益，但增加了劳力与成本。综合效益似以此为佳。

牛的总血量为其体重的6%~7.5%，屠宰放血量以达到总血量的85%为佳，因血液中含铁量极高，纯血加热凝固后质地粗硬，放血不全，残血过多使口感粗糙，因而上不了档次。故放血工艺必须重视和认真，一般“三管齐断法”放血量最差，抗凝无菌放血法放血量充分。放血量也与击晕方法有关，其中以锤击法最差。由于击晕过当则会造成严重放血不良。

（四）剥皮

剥皮是最容易增加污染的工艺，因为牛的被毛很难洗净，极难做到不带细菌，而胴体的皮下结缔组织极易吸附异物，吸附之后又难以用冲洗法有效清除，故必须注意防止被毛与胴体表面接触。否则，对剥皮之后进行的冷加工将极为不利。

剥皮应在悬吊状态下进行，先从后股臀端等处开始，把尾巴从第一与第二尾椎间断开（但皮不割断）随皮往外翻出，使被毛不与胴体表面接触（图8-3），逐步下翻，最后剥离头皮，并把牛头从枕骨后沿与寰椎（第一颈椎）之间分离。为避免牛尸转动，开始剥皮时牛头颈可拖地，最好采取双后腿均悬挂，使刀口不与地面接触，减少污染机会。剥皮时应带工作手套，握刀的手不接触被毛，而另一手拽紧被毛配合剥皮刀分离，把皮外翻。

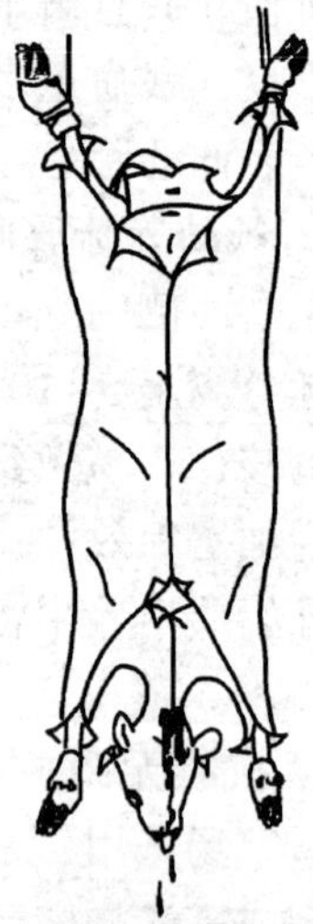

图 8-3　牛悬挂剥皮示意图

剥皮前刀具与手套等均应用无害消毒液（例如漂白粉溶液）洗净。

（五）电刺激

电刺激是促进牛肉内部生化成熟的手段。采用电刺激可以加快肌肉中三磷腺苷的转化，形成磷酸腺苷、肌苷酸、鸟苷酸等系列鲜味物质；加快钙离子的释放，使各种蛋白质水解酶、肽链端解酶、肽链内切酶等活性提高，使蛋白质水解作用加强，肉质软化、保水能力提高（使肉更多汁）；由于蛋白质分解生成谷氨酸嘌呤和吡啶等化合物，使肉鲜味增加；脂肪分解加快，生成众多芳香有机物，增加牛肉的香味。同时电刺激的综合作用，使表观胴体尸僵和解僵加快，并降低冷收缩的损失，有防止肉出现“黑切肉”和“苍白渗出性肉”的效果，使在同温度下肉的排酸（生化成熟）过程缩短一半以上的时间，因而可节省30%~50%的冷却能耗，节省排酸冷库70%~80%的库容，减少和避免胴体表面菌斑生成而造成修削菌斑的损失；经电刺激也利于剔骨，减少骨头上残肉量。这个手段对提高屠宰冷加工的经济效益具有极大意义，并由于肉的风味、嫩度、保水性的提高，也为后续各种肉制品企业产品质量的提高奠定了基础。

电刺激通常可采用15伏、0.5赫兹、5安培电流处理1分钟即可达到希望的效果。也有采取高压电刺激，即550~600伏、60赫兹、5~15安培，每分钟15~20个脉冲，应用此法必须注意安全。但必须在宰杀后30分钟以内进行，效果随屠宰后时间的延长逐渐消失。

一般采取两种电刺激方法：

1. 在屠宰放血后10分钟内接上电极进行刺激　屠宰放血后10分钟内，牛体内血未凝结，在电刺激频率下，牛尸体进行同步地节律收缩与舒展，使更多残血流出，减少残血量，提高肉的品质，特别是能保证电刺激的效果。缺点是少数牛会使膀胱中残尿、直肠中粪便排出，瘤胃内容物喷出，造成被毛污染。若发生此情况时，应用净水冲净被毛上所有污染物，控水或用毛巾吸干后剥皮。

电极的连接法有两种：一种是把两电极分别插入牛尸体的嘴巴和肛门，另一种是把两电极分别插入牛的后肢和前肢。

2. 在完成剥皮去头蹄内脏后的胴体上进行刺激　电压、电流、频率和电极连接与上法一样。此时做电刺激，可减少污染，减少牛尸体反射所带来的不安全性。但由于距离放血结束时间较长，使增加放血量不明显，并且电刺激所产生的各种效果也会减弱，要注意加快剥皮去内脏等工艺的速度。

（六）去内脏

国内外方法均一样，牛尸体仍采取倒吊两后肢去掉四蹄和头。公牛剥离阴茎及睾丸，母牛剥离乳房后，把骨盆沿坐骨耻骨缝纵向锯开，沿肛门与尿道周围（骨盆后口周围）把直肠、膀胱分离，在牛腹部与胸部之间的剖面，把直肠、膀胱拉出腹外，割断肠系韧带，把结肠小肠也翻出腹外（避免肠胃破损），把横膈割开，分离出食道，用细绳紧扎贲门端食道（避免瘤胃内容物带出污染胸腹腔），远端割断，把四个胃、肝脏翻出腹外。随之把胸腔从胸骨中线纵向锯开，取出心肺气管和残余食管。把膛血清理，修掉严重污染的斑点。再沿荐骨、脊椎骨中线把整胴体分割为左右半胴体，随之用喷雾器把无公害减腐剂喷洒胴体内外，杀灭表面微生物。

常用无公害的减腐剂如下：2%～3%乳酸钠溶液，0.6%乙酸钠与0.046%甲酸钠混合液，含2%乙酸钠、1%乳酸钠、0.75%枸橼酸钠和0.1%抗坏血酸混合液等。

二、排酸

“排酸”是肉类冷加工的重要环节。排酸的含义是在安全的温度下让胴体完成尸僵和解僵过程，在肉的内部完成一系列生化变化，达到肉香浓、滋味鲜美、鲜嫩多汁的成熟过程，由于在这过程中肉品的pH值下降，含酸量增高，所以俗称为“排酸”。“排酸”对牛肉质量的意义尤其重大。牛肉的排酸是把屠宰后的胴体赶快降温到15～16℃，待其完成僵直（尸僵）后悬挂在安全，细菌、氧化和干耗等负面损失最少的环境下完成肉的生化成熟，获取最大经济效益的工艺过程。

（一）影响排酸速度和效果的因素

前面已阐述，活牛消应激、宰前绝食、屠宰时击晕、正确的刺杀放血均是保证排酸顺利进行的因素，电刺激是促进排酸、大幅度缩短排酸所需时间和提高排酸质量的方法。现在研究表明，屠宰前给牛静脉注射钙剂、镁剂或肌内注射肾上腺素、腺胰岛素等均可促进排酸过程，使肉质嫩化，但以电刺激为佳。除此之外，影响排酸速度的因素还有温度，排酸速度与温度呈正比，温度越高，排酸速度越快（表 8-3）。

表 8-3 不同温度下排酸、肉的成熟所需时间（未做电刺激）

温度（℃）	0	8~10	16~18
牛肉成熟时间（昼夜）	14	6	4

实际上，在低温下（如 0℃）可抑制微生物的活动，但耗时太长，冷库利用率低，而且在这么长时间下，一些耐低温菌和酵母菌可能给牛胴体造成损失；而采取高温（8~10℃），则微生物活动难以控制，虽然缩短到 6 天，但在这样温度下，胴体表面出现菌斑、产生异味等问题似乎难以避免，只好增加减腐剂喷淋次数，减腐剂虽然无毒无害，但其气味与酸味会不利于牛肉的风味。所以，自从电刺激的发明和应用之后，排酸工艺成为轻松的切实可行的，且给厂家与消费者带来利益的工艺。

（二）排酸工艺设施

完成排酸工艺的设施主要是排酸间，排酸间要达到：0~15℃温度调节或自动程序温控；有风速控制，范围在 0~3 米/秒；湿度控制在相对湿度 80%~98%；易于清洗消毒，易于进出库、适应产品的尺寸，有效库高不少于 4.5 米，以免大胴体沾着地面；能源消耗少，其容量视生产规模而定，通常一个牛肉冷加工厂（包括屠宰）最少应有 4 个排酸间，才能达到最高的利用率，因为采取电刺激 0~4℃悬挂排酸时，包括热胴体降温，需要不少于 72 小时，排酸结束，胴体陆续分割，清扫、消毒又得一天，故 4 个排酸间才能满足天天开工的需求。

（三）排酸步骤

牛的热胴体进入排酸间（悬轨吊挂），排酸间温度可控制在12℃，相对湿度95%~98%，风速1~2米/秒，10~16小时，使胴体温度很快下降到15~16℃，尽快地避开微生物适宜温度范围，但温度忌定得过低，热胴体如果很快地温度下降到10℃以下，会发生“寒冷收缩”。寒冷收缩是在屠宰后2~3小时，还未尸僵之前，胴体即处于0~1℃冷却，引起背肌、胸肌、大腰肌、半腱肌、半膜肌等肌肉组织显著收缩，使肉质变硬，嫩度不佳，也使后继加工的肉制品质量劣化。寒冷收缩以15~16℃时最轻微，所以热胴体降温采取12℃，强制通风，使胴体快些降温到15~16℃，完成僵直。

36小时悬挂后，把库温降到0~5℃（使胴体温度降到4~8℃效果好），相对湿度保持95%~96%，空气自然对流，再悬挂36小时，胴体肌肉变软，肌肉pH值下降到5.4~5.8，排酸即完成。包括热胴体降温需总时间为72小时左右，若不做电刺激，则排酸时间在0~5℃最少7~9天。

若牛在未消应激之前即屠宰，或屠宰前牛严重受惊吓、奔跑等，则排酸后肌肉pH值则仍在6~7，这种牛肉风味欠佳，保鲜期短。

排酸过程应注意按批进行，并严格按降温、相对湿度、风速进行，不得随便打开排酸间门，以保持空气湿度和温度，减少污染。排酸间内胴体悬挂排列随日宰杀量不同，可以是多列或单列，多列时每列胴体相互间错开，并以大胴体处于库内通风的迎风面，因为迎风面冷风温度较低而大胴体散热慢，这样可达到降温均匀。

全部胴体出库后，即彻底清扫、洗涤墙壁和地面，然后用紫外线灯每立方米不少于1瓦，照射20~30分钟，同时开风机，使排酸间墙壁、顶棚、地面、空气等得到有效的消毒，也可采用乳酸烟蒸法等消毒。

三、分割与包装

排酸后牛胴体可立即销售或进入急冻室冻结后储存待售。以胴体形式储存在目前采用较少，因为胴体占库容大，库利用效率不高、干耗大，直接降低经济效益，并且将来必须解冻以后剔骨才能上市，这个过程又增加损失，所以绝大多数屠宰生产线均在排酸之后立即进行分割，按不同部位、不同等级分别包装之后才急冻保存，既符合市场需要，又减少损耗，可取得最大经济效益。

（一）分割

1. 分割设施　分割间应该由保温材料组成墙体，温度保持在10℃以下，最好与排酸间一致，相对湿度为80%左右，既不增加干耗又不妨碍工人健康，按分割量设置工作台及分割间总面积。工作台与吊轨配套，以便胴体顺利下卸和分割，保持清洁卫生；分割间应光线充足，空气洁净，最好采用正压无菌空调系统，以确保工作人员健康及牛肉的卫生水平与国际接轨。所有工具、模具应为不锈钢制品或其他无污染材料，以免增加牛肉的污染。

2. 工作人员要求　工作人员本人及其常接触的人均无人畜共患传染病，具有本工艺的相应职业技能，初级、中级配套，良好的道德（敬业）精神，身体素质良好，具有完成本职工作的体能。操作时严格执行本行业的操作规程卫生标准，以保证肉品的卫生。

3. 分割　牛胴体分割与等级标准世界各国均有不同，我国尚无完善的成套标准，一般从牛肉的感观、风味、口感、营养价值、肉品结构等把牛胴体不同部位分开（图 8-4），已成共识，不同部位的价格差也逐渐与发达国家靠近。

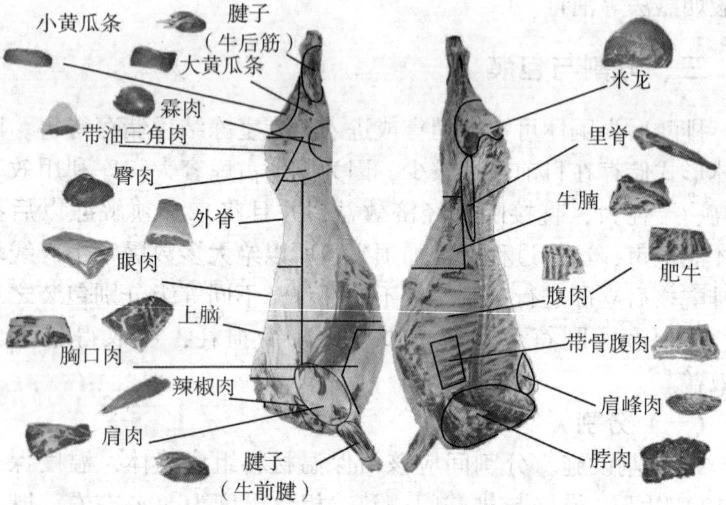

图 8-4　牛肉分割部位图

（1）里肌（里脊、牛柳）：里肌在解剖上称为腰小肌（图 8-5），分割时先剥去肾脂肪，沿耻骨前下方把里肌剔出，然后从后往前沿腰椎横突下面剥离取下完整的里肌。里肌纤维细，纤维之间夹杂脂肪与胶原纤维，肉质细嫩，是制作牛排、烤肉片、中式熘炒、涮材料的极品。

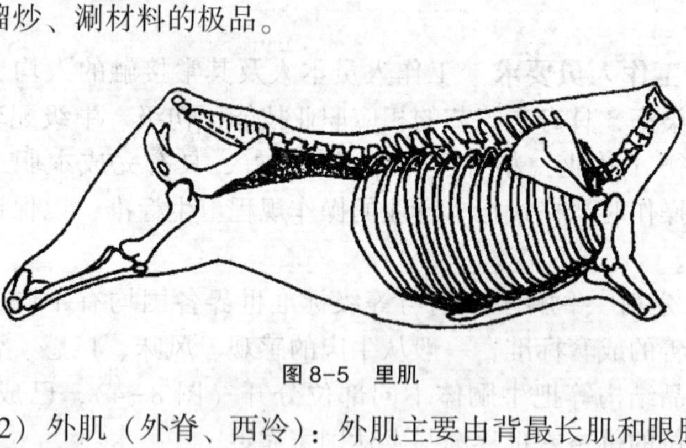

图 8-5　里肌

（2）外肌（外脊、西冷）：外肌主要由背最长肌和眼肌组成，分割时沿最后椎横切下，在第 12 和第 13 胸椎横切下，剥离胸椎、腰椎，在眼肌（即背最长肌，因其横切面状像眼睛而得名）外侧 5~8 厘米处纵切，把外肌分离。外肌细嫩，适于西餐煎、炸、烤牛排；中餐熘、炒、涮肉等，可与里肌相媲美（图 8-6）。

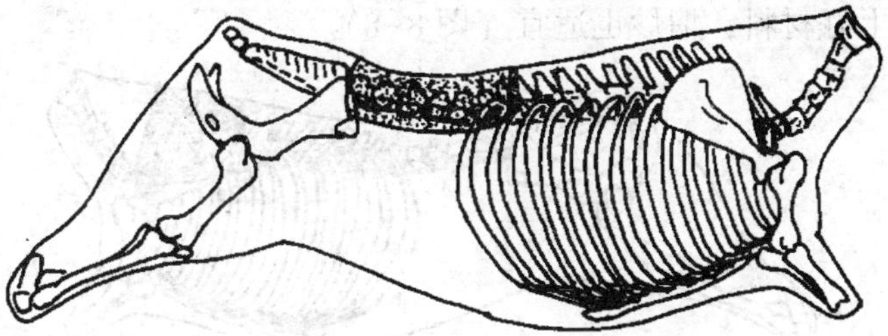

图 8-6 外肌

（3）眼肉：眼肉主要包括背最长肌、背润肌、肋最长肌、肋间肌等。后端与外肌相连，前端在第 5 和第 6 胸椎间横切，沿着脊骨把肉与胸椎棘突剥离，在眼肌外侧 8～10 厘米处纵向切下。眼肉由于组成肌肉层次增加，每条肌肉之间夹有脂肪层，所以横切面红白相间。此部位的肉更显香嫩，故适于西餐煎、烤、炸牛排；中餐涮、熘、炒（图 8-7）。

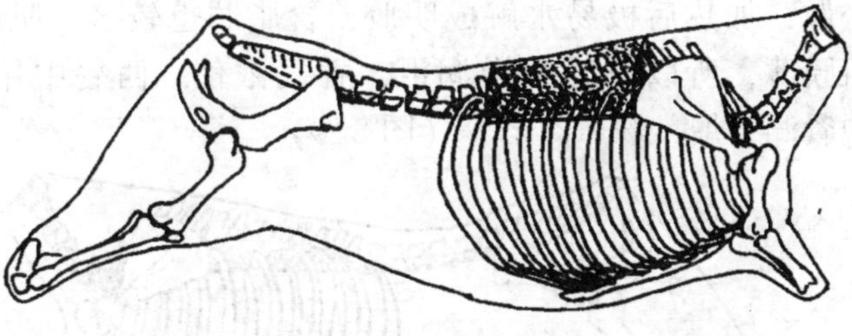

图 8-7 眼肉

（4）上脑：上脑由背最长肌、斜方肌、头半棘肌、肋间肌等组成，后端与眼肉相连，前端在最后颈椎与第 1 胸椎连接处横切下，把前肢带肩胛骨与体躯的连接顺肌肉走向分离之后，顺胸椎棘突与项韧带外侧，把肉块分离，然后在眼肌外侧 6~8 厘米处纵切，把肉块取出。组成上脑的肌肉块更多，肌肉块之间填充脂肪（育肥后），使横切面更呈五花状。在同一头肥牛胴体中此肉块脂肪含量最高，是西餐烤肉或烤牛排的好材料，也是中餐涮肉的上好材料，熘炒也适宜（图 8-8）。

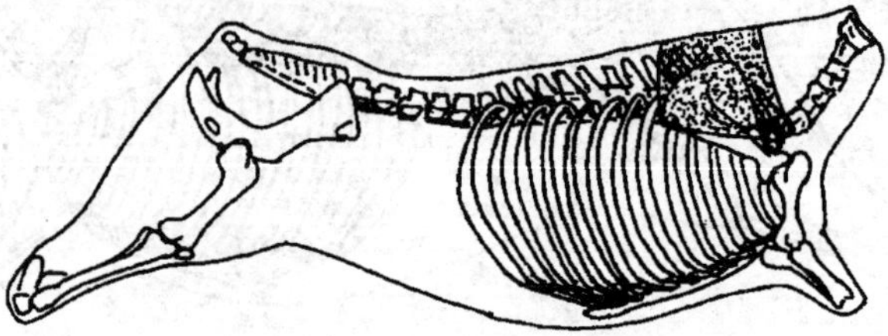

图 8-8　上脑

（5）通肌（通脊）：通肌是上脑、眼肉和外肌相连未割断的整条背腰部最优肉块。一般在皮下脂肪、筋键修削后包装。其特点与上述 3 种相同。

（6）胸肉：胸肉主要由胸直肌、斜角肌、胸深肌、胸下锯肌和胸横肌组成，从胸骨的剑状软骨处顺胸横肌横切，然后顺斜角肌纹理纵切剥离后，修削掉过多脂肪。此部位含胶原纤维多但结构松散，加热后极易水解成明胶，含脂肪也较多，肌肉纤维细、肌膜薄，所以口感细嫩润滑，香气浓郁。西餐中用于烤、煎，中餐涮、熘、炒、肉馅等（图 8-9）。

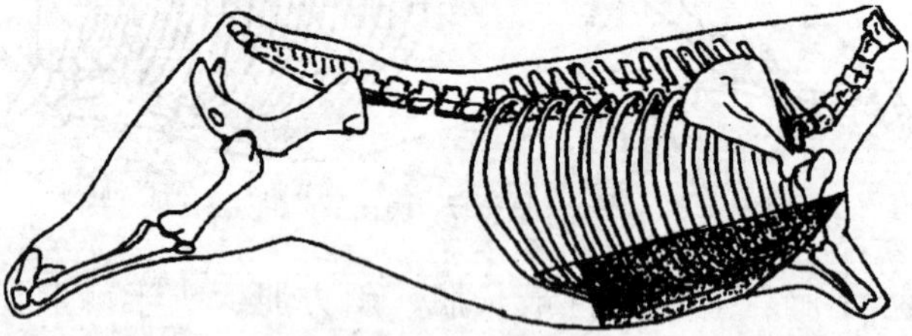

图 8-9　胸肉

（7）嫩肩肉：嫩肩肉是肩胛骨外侧前部的岗上肌，和肩胛骨外侧后半部的三角肌，分别顺肌肉纹理从肩胛骨上剥离。此肉块以肌肉为主，脂肪少、滋味良好，适于制作肉脯、肉干、肉松及熘、炒（图 8-10）。

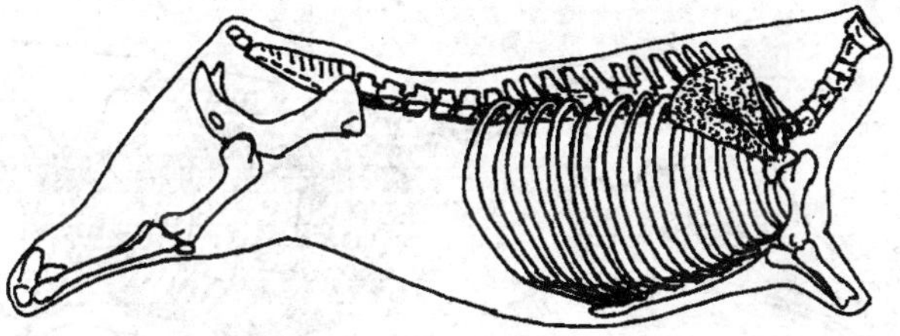

图 8-10　肩嫩肉

（8）血脖：血脖是沿颈椎与胸椎连接处横切，即后连上脑，从背侧把项韧带分离，沿颈椎把肉剥离，此肉块由头最长肌等十多条肌肉组成，肌束细，掺杂筋腱肌膜等，本来肌纤维细嫩、滋味鲜美，但由于放血等原因，残血、瘀血较多，造成口感粗糙，并且屠宰过程中瘤胃内容物极易污染此部位，是卫生状况最差的肉块，因此国内外均把这部分定为等级最劣的肉。适用于红烧等（图 8-11）。

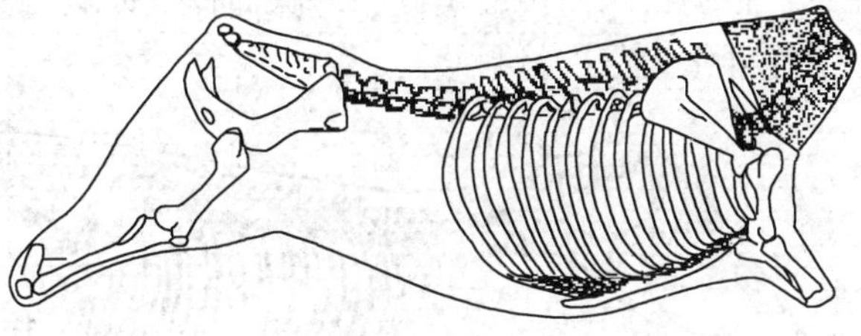

图 8-11　血脖

（9）带骨腹肉（肋排肉、侧胸肉）：剥离血脖、前肢、胸肉、上脑、眼肉后，余下的侧胸肉，沿第 13 肋后沿分离，锯掉多余肋骨修整外露筋键碎肉，剥去表面层皮肌而成。这部分肉由吸气上锯肌、呼气上锯肌、背阔肌等多层肌肉组成，肌层之间分布脂肪，肌膜以及小筋腱含量较多，但结构不致密，较易水解成明胶，肌纤维细嫩、滋味香浓肉质较通肌硬。西餐用制作煎、炸、烤带骨牛排（图 8-12）。

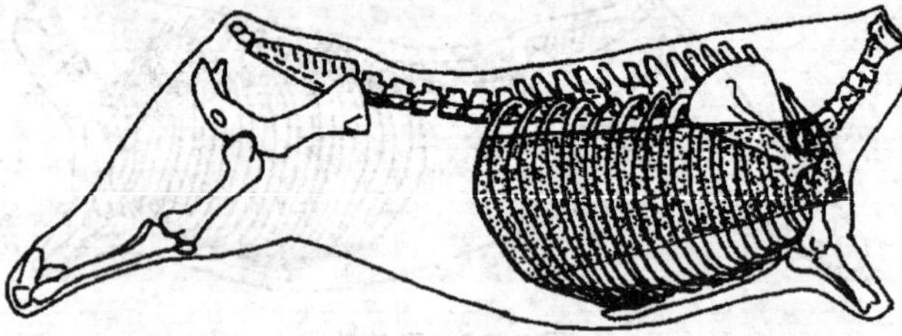

图 8-12　带骨腹肉（肋排肉）

把肋骨剔除后即为肋排肉（侧胸肉），此部位肉含有适量脂肪和胶原物质，西餐可制作汉堡包所夹的牛肉饼，风味纯厚；中餐则是焖的好原料，可以绞成上等的牛肉馅，也可用作牛肉罐头材料。

（10）小米龙：即牛的半腱肌，沿坐骨下沿剥离到后腱子（膝关节后面）切下（图 8-13）。小米龙含有较多的弹性纤维和胶原纤维、脂肪少，因而肉较爽硬、滋味尚佳。西餐用之制作牛肉火腿，中餐可作为酱肉材料。

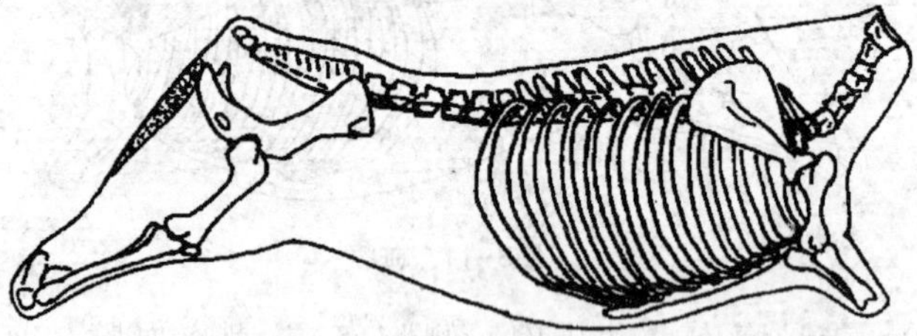

图 8-13　小米龙

（11）大米龙：由牛的半膜肌和股二头肌组成（也有单独把半膜肌剥出称大米龙，余下股二头肌归作臀部肉），把小米龙剥离后即可顺该肉块自然走向剥离，得到一块近乎方形的肉块（图8-14）。大米龙以肌肉为主，脂肪少，胶原组织较多，因而有点硬，但滋味尚佳。烹调中，肉易软化。西餐常作牛肉火腿的材料，偶作烤牛排、中餐熘炒和酱肉材料。

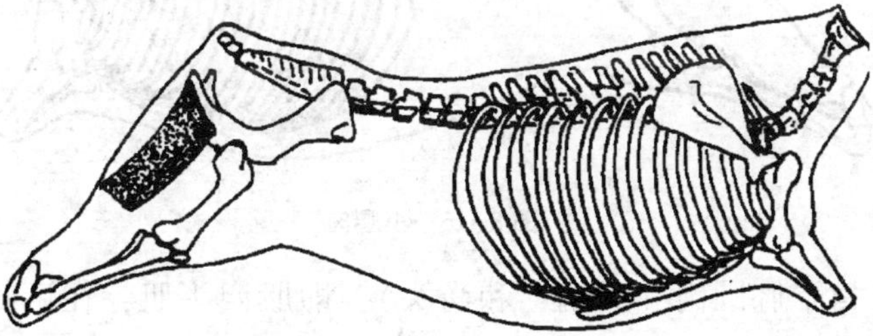

图 8-14　大米龙

（12）臀肉：剥离小米龙之后露出股薄肌、内收肌、缝匠肌、耻骨肌组合称臀肉（图 8-15）。臀肉以肌肉为主，脂肪少，肉质细嫩多汁，西餐常作烤牛排、肉干、肉脯。制作肉馅时得加入适当脂肪才能赶上肋条肉肉馅的风味。

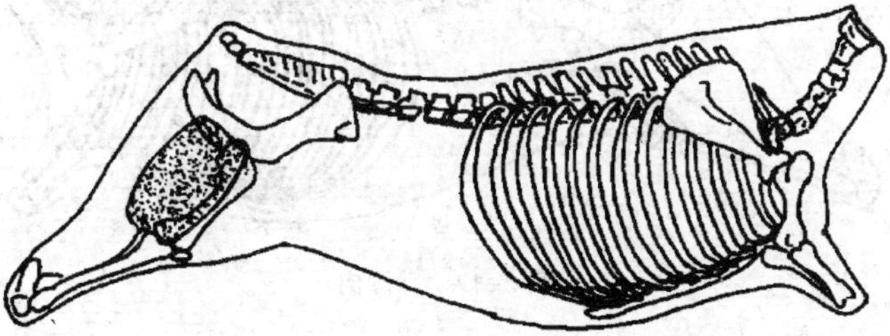

图 8-15　臀肉

（13）小腰肉（尾龙扒）：是荐骨两侧、骨盆上部附着的肉块，沿坐骨、髋关节、髂骨向腰角剥离，前连外肌在腰椎与荐椎连接横切，沿荐骨剥离（图 8-16）。此块肉以精肉为主，带有皮下脂肪，肉质细嫩。西餐可作煎、烤牛排，中餐可熘、炒，连皮下脂肪一起制作肉馅，也可作酱肉等材料。

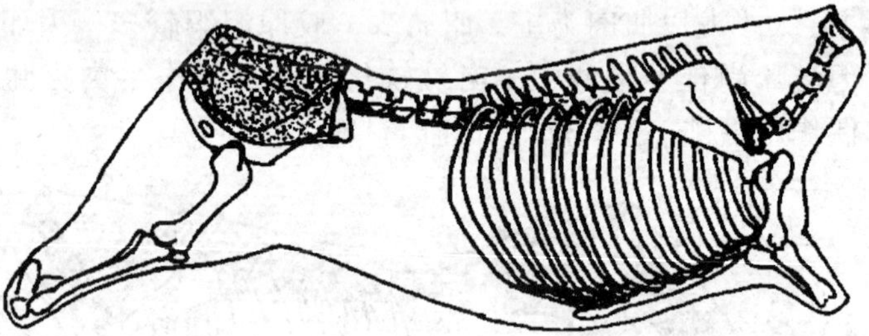

图 8-16　小腰肉

（14）膝圆肉（霖肉、和尚头）：即股四头肌，在后腿股骨的前侧，顺牛的膝盖贴股骨向上剥离，即得到一块完整的近乎圆球形的肉块（图 8-17）。膝圆肉以肌肉为主，脂肪少，去掉大筋与厚的肌膜后，肉质尚鲜嫩。西餐有时用作煎、烤牛排材料；中餐可熘、炒，也是制作牛肉干、牛肉火腿、酱牛肉的上好材料。

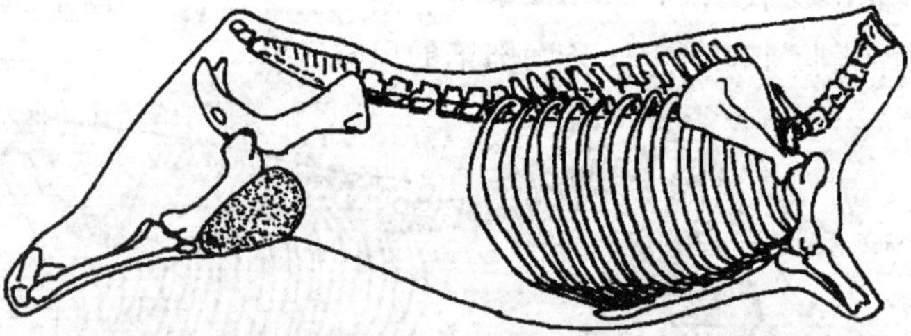

图 8-17　膝圆肉

（15）腹肉（无骨腹肉、腩肉）：即去掉上述各部肉，余下肚腹部的肉块，主要由腹直肌、腹横肌等多块肌肉组成（图 8-18）。因内面腹膜之下有一层主要由弹性纤维组成的腹黄膜，烹调时较难软化，故在欧美国家定为稍优于血脖的劣等肉，但这块肉肥瘦相间，是中餐炖、焖、红烧的好材料，充分炖软之后，口味极佳，可作罐头材料。剥去腹黄膜及皮肌之后，可作为涮肉、肉馅的良好材料。

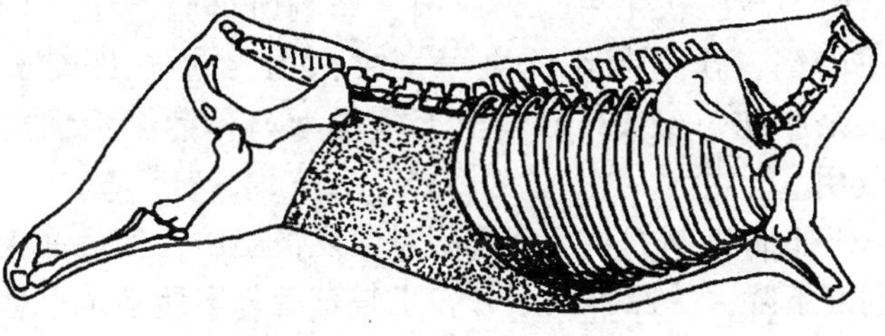

图 8-18　腹肉（牛腩）

（16）腱子肉（牛腿、牛小腿肉）：包括前腱子肉与后腱子肉。前腱子肉是沿前肢关节横切，剥离尺骨与桡骨所得肉块；后腱子肉是沿后肢膝关节横切，剥离掉胫骨与腓骨所得肉块（图 8-19）。这两块肉均有共同特点：肌肉紧密，由多束较厚肌膜向下收缩成筋腱组成，欧美国家把它归纳为劣等肉块。但此处的肌膜和筋腱的组成均以胶原纤维为主，脂肪少，烹调时吸水性强，膨大软化，使口感极佳，横切面呈优美的花纹是制作中餐酱肉的上品原料，也可作为炖品的良好材料。

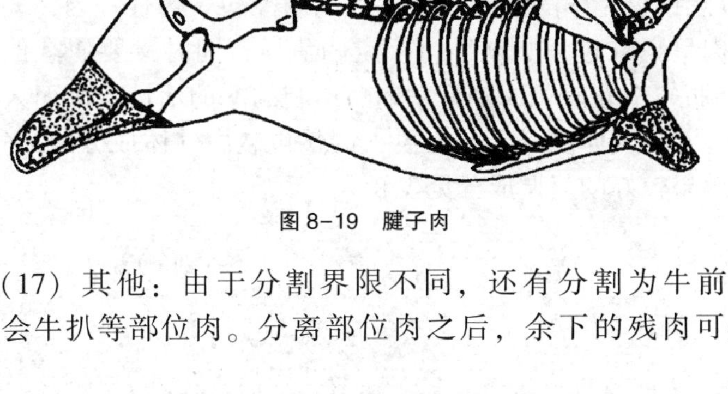

图 8-19　腱子肉

（17）其他：由于分割界限不同，还有分割为牛前、针扒、会牛扒等部位肉。分离部位肉之后，余下的残肉可分出制作中餐良好材料的牛筋（粗厚有筋腱）、板根（项韧带）、皮肌等。皮肌可作酱肉。其他碎肉小肌肉块可去筋膜，加工成牛肉片、添加配料成盆菜原料上市。余下小筋碎腱、肌膜等，刮下肌肉，高压软化后与碎肌肉、修胴所得脂肪按 2∶6∶2 比例绞成肉馅，作为制作炸丸子、牛肉蛋、包子及饺子馅等原料。多余脂肪可经 135℃以上灭菌作为鸡、猪能量饲料强化剂或工业用。

皮下脂肪过厚的牛由于修削过厚皮下脂肪，使商品肉比率下降，利润下降。除品种因素外，也是育肥方案所造成。例如采用中等营养水平或更偏下的营养水平把牛养到满膘以及高营养水平满膘后未及时宰杀造成。所以在育肥期用仪器活体测膘避免延误屠宰是很必要的。

（二）包装

包装对于避免肉的氧化、干耗和避免再污染等非常重要，是延长货架期的重要手段。冷却肉和冷冻肉的包装要求并不相同，但均用无毒塑膜作为内包装，瓦楞纸板箱作外包装者多。内包装标志应符合 GB 7718 规定，外包装标志应符合 GB/T 6388 规定，内包装材料应符合 GB/T 4456、GB/T 9681、GB 9687、GB 9688 和 GB 9689 规定，外包装材料应符合 GB/T 6543 规定。

1. 冷却肉包装　冷却肉是分割之后，在 3~5℃保存温度下，7~10 天销售完毕的肉，以采取“气调”包装为佳。因为要保持牛肌肉呈亮红色，必须维持一定的氧压，同时又要使其他成分（如脂肪）氧化轻微，降低对肉品不利的酶的活性，因而人为地调整包装内气体成分十分必要，调整包装内气体成分即为气调，常用效果较好的气调成分见表 8–4。

表 8-4 较好的小包装内气体组成（%）

序号	空气	氮气	二氧化碳	氧气
1	—	69.3	30	0.7
2	30	—	70	—
3	—	90	10	—
4	—	99	—	1
5	—	100	—	—

全部氮气可有效地防止氧化，但牛肉在包装之前切面已形成氧合肌红蛋白的亮红色者为佳，否则肉色不鲜亮。切面未形成亮红的则以含有氧气的配方为佳，例如配方 1；效果稳定，首推纯氮气。

采用真空包装，肉色，尤其是肌肉的颜色，会显深暗。感观不如气调，但对肉的内在质地并无不良影响，且由于真空使包装紧凑占空间小，不过拌成的肉丝、肉片、涮锅肉片等，不能采用真空包装。

2. 冷冻储存肉 分割后牛肉需较长时间保鲜的，均以冷冻储存为佳。采取冷冻储存的内包装最好是真空包装，因为真空包装可以把氧化损失降低到零。由于包装膜紧贴肉块表面防止水分升华的干耗损失，因而肉的组织结构解冻后复原性好，解冻造成的肉汁流失也少。

3. 包装大小 包装大小在兼顾经济效益下，按市场需求和客户要求安排。

四、库存管理

（一）冷却肉库存

冷却肉库存温度以 0℃±0.5℃为佳，可达到最佳库存期，但由于库存温度尚高，一些耐低温菌仍能繁殖，所以不宜过长库存，在上述温度下包装良好、卫生指标及格的牛肉，最长 35 天。未做包装的牛肉则还需把冷库相对湿度调整到 90%，卫生指标及格的牛肉最长 21 天。若库温高于上述温度，则每升高 1℃，库存期减少 1.5~2 天。

（二）冻结保存

经冷加工的肉包装后，经-25℃以下强气流急冻到储存温度时转入储存库储存。采取急冻快速冷却是避免肉内水分形成大冰晶，不利于解冻复原，造成解冻肉汁流失多。储存保鲜期以温度越低越长为佳（表 8-5）。没有包装的牛肉在同样温度下，保鲜期缩短约 30%，库内相对湿度保持在 95%以上。为了减少干耗，库容利用率越高越好。

表 8-5　冻结牛肉保质期

温度（℃）	期限（个月）
-12	8
-15	12
-24	18
-35	26

不做排酸工艺的牛肉也应做降温处理，即屠宰后胴体进入 10℃冷库，在相对湿度 95%以上，风速 3 米/秒（头 10 小时），以后自然对流，共悬挂不小于 36 小时（或屠宰之后热肉分割包装后入此库冷却 36 小时），使胴体或肉块完成僵直过程再急冻。不做上述步骤会使解冻后发生解冻僵直，肌肉强烈收缩，使大量肉汁流失，肉块复原不良，肉质变硬而粗糙等，经济损失巨大。此种损失牛肉最严重，猪肉不明显。

（三）冷库使用注意事项

肉品进库前事先选好库位，库内按肉品分类分级定位存放，肉品不得直接堆于地面，要安排货架，使肉品与地面留 15~30

厘米有效通风距离，肉品不得靠库壁堆放，应与库壁间留 15~30 厘米有效通风距离，否则靠地挨墙的肉品会升温腐败变质。垛高 2.5~3 米，与顶篷应留 0.5 米以上距离，垛间留 1.2~1.5 米走道。库温稳定昼夜波动小于±1℃，相对湿度 95%以上。一般库内空气采用自然循环即可。

进出库要快（设有足够容量的缓冲间），大批进出库时库温波动小于 4℃。

第三节　肉品检测

一、牛肉品质常规测定方法

牛肉品质常规测定主要包括牛肉色泽、嫩度、风味、系水力和多汁性等指标的测定。

（一）肉色

一般牛肉的色泽依肌肉和脂肪组织的颜色来确定，因肌肉和蛋白含量及化学状态、解剖位置、年龄、品种、肥度、宰后处理而异，又以牛肉中发生的各种生化过程（如发酵、自体分解、腐败）而变化。

牛肉的颜色一般呈红色，但色泽及色调有所差异。黄牛肉为淡棕红色，水牛肉为暗红并带蓝紫色光泽，老龄牛肉暗红色，犊牛肉淡灰红色。

肌肉的红色主要决定于其中的肌红蛋白含量和化学状态。如果不采取任何措施，一般牛肉的颜色将经过两个转变：由紫色转变为鲜红色，再由鲜红色转变为褐色。第一个转变很快，在肉置于空气中 30 分钟内即发生，而第二个转变快则几小时，慢则几天。颜色转变的快慢受环境中氧气分压、pH 值、细菌繁殖程度、温度等诸多因素的影响。减缓由鲜红色转为褐色，是保色的关键所在。

影响肉色的主要因素详见表 8-6。

表 8-6 影响肉色的主要因素

因素	影响
肌红蛋白含量	含量越多，颜色越深
年龄	年龄越大，肌肉肌红蛋白含量高，肉色深
运动	运动量大的肌肉，肌红蛋白含量高，肉色深
pH 值	终 pH 值>6.0，不利于氧合肌红蛋白形成，肉色黑暗
肌红蛋白的化学状态	氧合肌红蛋白呈鲜红色，高铁肌红蛋白呈褐色
细菌繁殖	促进高铁肌红蛋白呈褐色形成，肉色变暗
电刺激	有利于改善牛肉的肉色
宰后处理	迅速冷却有利于保持鲜红颜色，放置时间加长、细菌繁殖、温度升高均促进肌红蛋白氧化、肉色变深
腌制（亚硝酸盐形成）	生成亮红色的亚硝酸肌红蛋白质，加热后形成粉红色的亚硝基血色原

（二）嫩度

嫩度是牛肉的主要食用品质之一，它是消费者评判肉质优劣的最常用指标。牛肉的嫩度指牛肉在食用时口感的老嫩，反映了牛肉的质地，由肌肉中各种蛋白质结构特性决定。

影响牛肉嫩度的因素很多，有品种、年龄和性别以及肌肉部位等因素。这些因素之所以影响肉的嫩度，是因为它们的肌纤维的粗细、质地及结缔组织的质量和数量有着明显的差异，而肌纤维的粗细及结缔组织的质地是影响牛肉嫩度的主要内在因素。各因素对牛肉嫩度的影响详见表 8-7。

表 8–7 影响牛肉嫩度的主要因素

因素	影响
年龄	年龄越大，肉越老
运动	一般运动多的肉较老
性别	公畜肉一般较母畜和阉畜肉老
大理石纹	与肉的嫩度有一定程度的正相关
肌肉部位	运动越多、负荷越大的肌肉因其有强壮致密的结缔组织支持，所以这些部位肌肉要老，如腿部肌肉就比腰部肌肉老
成熟（aging）	改善嫩度
品种	不同品种的牛肉在嫩度上有一定差异
电刺激	可改善嫩度
成熟（Conditioning）	特指将肉放在 10~15℃环境中解僵，这样可以防止冷收缩
肌肉	肌肉部位不同，嫩度差异很大，由于其中的结缔组织的量和质不同所致
僵直	动物宰后将发生死后僵直，此时肉的嫩度下降，僵直过后，成熟肉的嫩度得到回复
解冻僵直	导致嫩度下降，损失大量水分

（三）风味

牛肉的风味由牛肉的滋味和香味组合而成。滋味的呈味物质是非挥发性的，主要靠人的舌面味蕾（味觉细胞）感觉，经神经传导到大脑反映出味感。香味的呈味物质主要是挥发性的芳香物质，主要靠人的嗅觉细胞感受，经神经传导到大脑产生芳香感觉，如果是异味物，则会产生厌恶感和臭味的感觉。

牛肉的风味大都通过烹调后产生，生肉一般只有咸味、金属味和血腥味。当牛肉加热后，前体物质反生成各种呈味物质，赋予肉以滋味和芳香味。

风味的差异主要来自于脂肪的氧化，这是因为不同种动物脂肪酸组成明显不同，由此造成氧化生产物及风味的差异。对牛肉的风味能产生影响的因素及其作用见表 8-8。

表 8-8　影响牛肉风味的因素

因素	影响
年龄	年龄愈大，风味愈浓
脂肪	风味的主要来源之一
氧化	氧化加速脂肪生产酸败味，随温度增加而加速
饲料	饲料中鱼粉腥味、牧草味，均可带入肉中
腌制	抑制脂肪氧化，有利于保持肉的原味
细菌繁殖	产生腐败味

（四）系水力

系水力是指保持原有水分和添加水分的能力。肌肉中通过化学键固定的水分很少，大部分是靠肌原纤维结构和毛细血管张力固定。肌肉系水力是一项重要的肉质性状，它不仅影响肉的色香味、营养成分、多汁性、嫩度等食用品质，而且有着重要的经济价值。如果肌肉系水性能差，则从牛屠宰后到肉被烹调前这一段过程中，肉因为失水而失重，造成经济损失。

影响牛肉系水力的因素很多，屠宰前后的各种条件、品种、年龄、身体、脂肪厚度，肌肉的解剖学部位，宰前运输，囚禁和饥饿，屠宰工艺，pH 值的变化，能量水平，尸僵开始时间，蛋白质水解酶活性和细胞结构，胴体储存及熟化、切碎、盐渍、加热、冷却、融冻、干燥、包装等，都影响肌肉系水力，其中最主要的是 pH 值（乳酸含量）、ATP（能量水平）、加热和盐渍。

（五）多汁性

多汁性也是影响牛肉使用品质的一个重要因素。据测算 10%~40%牛肉质地的差异是由多汁性好坏决定的。对多汁性较为可靠的评测仍然是人为的主观感觉（口感）评定。对多汁性的评判可分为四个方面：一是开始咀嚼时根据肉中释放出肉汁的多少；二是根据咀嚼过程中肉汁释放的持续性；三是根据在咀嚼时刺激唾液分泌的多少；四是根据肉中脂肪在牙齿、舌头及口腔其他部位的附着给人以多汁性的感觉。国外的研究者一般从两个方面判定，即以上提出的第一和第三方面。多汁性是一个评价肉的食用品质主观指标，与它对应的指标是口腔的用力度、嚼碎难易程度和润滑程度，多汁性和以上指标有较好的相关。

影响多汁性的因素有牛肉中脂肪含量、烹调、加热速度和烹调方法、肉制品中的可榨出水分等。

二、宰后检验

宰后检验的目的是发现各种妨碍人类健康或已丧失营养价值的胴体、脏器及组织，并做出正确的判定和处理。宰后检验是肉品卫生检验最重要的环节，是生产无公害牛肉的必备环节，是宰前检验的继续和补充。因为宰前检验只能剔出症状明显的病牛和可疑病牛，处于潜伏期或症状不明显的病牛则难以发现，只有留待宰后对胴体、脏器做直接的病理学观察和必要的实验室化验，进行综合分析判断才能检出。

（一）检验方法

肉牛屠宰后兽医卫生检疫，以感观和剖检为主，必要时辅以细菌学、血清学、病理学等实验室检查，常用的检验方法有视检、剖检、触检和嗅检。

1. 视检　视检即观察肉尸的皮肤、肌肉、胸腹膜等组织及各种脏器的色泽、形态、大小、组织状态等是否正常。这种观察可为进一步剖检提供线索。如结膜、皮肤和脂肪发黄，表明有黄疸可疑，应仔细检查肝脏和造血器官，甚至剖检关节的滑液囊及韧带等组织；某些疾病也可通过皮肤的变化被发现。

2. 剖检　可借助检验器械，剖开以观察肉尸、组织、器官的隐蔽部分或深层组织的变化，这对淋巴结、肌肉、脂肪、脏器和所有病变组织的检查以及疾病的发现和诊断是非常重要的。

3. 触检 借助于检验器械触压或用手触摸，判断组织、器官的弹性和软硬度，以便发现软组织深部的结节病灶。

4. 嗅检 对于无显著特征变化的各种气味和病理性气味，均可用嗅觉判断。如屠畜患尿毒症，肉组织必带有尿味；芳香类药物中毒或芳香类药物治疗后不久屠宰的牛肉，则带有特殊的药味。在宰后检验中，检验人员在剖检组织脏器的病损部位时，还要采取措施防止病料污染产品、地面、设备、器具以及检验人员的手。检验人员应备两套检验刀具，以便遇到病料污染时，可用另一套消过毒的刀具替换，被污染的刀具在清除病变组织后，应立即置于消毒液中消毒。

（二）宰后检验程序与要点

在屠宰加工的流水作业中，宰后检验的各项内容作为若干环节安插在加工过程中。一般分为头部、皮肤、内脏和肉尸的检验，通过几个环节的检验来评价肉品卫生质量的优劣。

1. 头部检验 牛头的检查首先观察唇、齿龈及舌面，注意有无水疱、溃疡或烂斑，注意牛瘟和口蹄疫等疾病；触诊下颌骨和舌根、舌体，观察有否放线菌肿。与下颌平行切开内外咬肌，检查有无囊尾蚴寄生；剖检舌后内侧淋巴结和扁桃体，检查有无结核、化脓和放线菌肿。

2. 胸腔脏器检验 胸腔脏器检验，首先检验肺大小、色泽、形态，触检整个肺组织，注意有无充血、出血、化脓、坏疽、结节等病变，检查有无胸膜炎、肺炎、结核、棘球蚴等。然后切开支气管淋巴结和纵隔淋巴结，查看有无出血、充血等变化。对心脏，首先观察心包有无感染、出血、化脓；剖开心脏，观察心内膜和心外膜，注意有无点状出血、囊尾蚴等，观察心肌色泽有无异常、出血、坏死和囊尾蚴。

3. 胴体外观检验 胴体外观检验是对剥皮后的牛进行检验。

在检验中要视检其全身的组织状态，检查其体表有无水肿、肿瘤、局部性出血性胶样浸润，肉色是否变暗、发黑或发黄，是否带有酸臭味，以检出炭疽病、恶性水肿或黄疸；对公牛还要检查其睾丸和附睾，对母牛要视检其乳房和阴道，发现炎症或结节，及时做化验室检查，以检出布鲁杆菌病。

4. 脾脏检验　屠牛开膛后立即视检脾的形态、大小、色泽，检验其有无肿胀、出血、变色，触其弹性是否异常，有无结核病灶。如脾脏肿大应怀疑为炭疽，必须立即停止生产，采样立即送实验室检查，按检验结果进行处理。

5. 心、肝、胃肠检验　牛腹腔体积较大，故常把心、肝、胃肠等置于专用台上检验。

（1）心脏：检查心脏时，要观察心包膜和心包液，剖检心脏时观察有无“虎斑心”、坏死及囊尾蚴，并注意血凝状态。钩端螺旋体病发生时血液稀薄呈水样，久不凝固；发生炭疽病时血液凝固不良，呈黑红色。

（2）肝脏：将肝放于检验台上，观察色泽、大小、形态；触检，注意有否脂肪变性，表面有无囊肿、毛细血管扩张、坏死、肿瘤，有无囊尾蚴等；剖检肝门淋巴结、胆管与肝实质，检视有无结核、脓灶、纤维等病灶，有否肝蛭（肝片吸虫）等病变；注意胆管是否肿大2～3倍，胆管内是否有深绿胆汁，胆囊壁是否有溃疡和出血，要结合其他症状判定是否为牛瘟。

（3）胃肠：视检胃肠系膜有无异常，剖检胃肠系膜淋巴结，并观察胃肠浆膜，检查其表面有无细颈囊尾蚴。必要时剖开胃肠，检查其黏膜有无出血、脓肿、溃疡，结合其他检验以检出牛瘟、巴氏杆菌病、口蹄疫等病。

6. 肾脏检查　肾脏一般只进行视检和触检。检验肾脏时要轻轻剥离肾包膜，观察其色泽、大小、有无出血点和坏死、脓肿、结节及灰白色病灶等，必要时纵剖肾脏，观察有无病理变化。

7. 肉尸检验 肉尸检验，首先判定其放血是否充分，这是评价肉品卫生质量的一个重要标志。放血不良的特征是肌肉颜色发暗，皮下静脉血液滞留，肌肉切面上有暗红色区域，挤压切面有少量血液流出。肉尸放血程度的好坏除与牛的疾病有关外，还取决于放血方法正确与否，以及宰前是否过度疲劳。如放血不良与放血方法有关，则在下一道工序悬挂时，残留的血液会从肉尸中流出，流净后肉色也会变得鲜艳；如放血不良与疾病有关，通常肉尸中血液不会流出。由于血红素的浸润，扩散到肉中血的颜色更加明显。在判定肉尸放血程度的同时，须仔细检验皮肤、皮下组织、肌肉、脂肪、胸腹膜以及骨骼等，注意可能的各种变化。主要剖检股前淋巴结、肩胛前淋巴结，必要时还要剖检咽淋巴结和腰下淋巴结。

8. 牛肉有毒物含量的检查 按牛的来源，每批抽查3~7头，取臀部肉样每样本约100克置于无菌容器内送检。检测挥发性盐基氮、汞、铅、砷、铬、六六六、滴滴涕、金霉素、土霉素、磺胺类、伊维菌素。检查的卫生指标主要有：总菌落数、大肠菌群和沙门杆菌。

（三）检验后肉品处理

肉尸和脏器经兽医检验后，常有四种不同的处理情况。一是经检验确认来自健康牛群，品质良好，内脏正常，可不受限制直接食用；二是患有一般传染病、轻症寄生虫病和病理损伤的肉尸和脏器，根据病损性质和程度，经过各种无害化处理后，使传染性、毒性消失或使寄生虫全部死亡者，可以有条件地食用；三是患严重传染病、寄生虫病、中毒和严重病理损伤的肉尸及脏器，不能在无害化处理后食用者，应炼制工业油或骨肉粉；四是患有炭疽病、鼻疽、牛瘟等“肉品卫生检验规程”所列的烈性传染病的肉尸和内脏，必须用焚烧、深埋、湿化，通过湿化机等方法予以销毁，绝不能用土灶炼制代替湿化处理。

三、冷却牛肉检验

（一）感官检测

牛肉在冷却加工过程中因微生物再污染、氧化、温度过高、温度波动及超期库存等，使肉变色，表面黏腻，产生异味，失去弹性，感官检查简便易行，比较可靠，但只有肉变质较严重时才能被察觉，指标列于表8-9。

表8-9　冷却牛肉质量的感官指标

特征	新鲜肉	不太新鲜肉	变质肉
外形	表面有油干薄膜	胴体或内面有风干的皮膜或黏液，有时有霉菌斑	胴体或肉表面强烈发干或明显发湿发黏并有霉菌
颜色	肌肉表面呈牛肉特有红色，切面鲜亮，但不黏乎，具有牛肉色泽，肉汁透明	肌肉面暗红或紫红，切断面具有牛肉红色但色泽暗，有黏性，渗出肉汁混浊	表面黑褐或灰棕色，新断面强烈发黏，呈暗紫红色
弹性	切面上肉质致密，手指压陷的小窝迅速恢复原状	切面肉质松软，手指压陷的黏窝不能立即恢复原状	切面肉质松软，手压陷的小窝不能恢复原状
气味	具有良好的牛肉香味	缺乏香味，带有陈腐味，深层没有腐败气味	有腐败味，深层也有明显腐败臭味
脂肪状态	脂肪呈白色、微黄色或黄色，坚硬，压挤时碎裂	色泽稍灰暗，微粘手，有时有霉菌斑	色灰暗，混浊，有霉菌菌落，表面发黏，明显氧化气味、臭味
骨髓	骨髓充满全部管骨腔，坚硬黄色。折断面有光泽，骨髓与骨不分离	骨髓稍脱离管骨壁，变软些色泽暗混，断面没有光泽	骨髓不能充满管骨腔明显与管内壁分离，呈松软状态并粘手，色暗常带灰色

续表

特征	新鲜肉	不太新鲜肉	变质肉
腱关节	腱有弹性、致密；关节表面平滑有光泽，关节内组织液透明	腱稍软，白色无光泽，关节处有黏液，组织液混浊	腱湿润，泥灰色发黏，关节处含大量粥状黏液
煮时肉汤	肉汤透明，有牛肉芳香气味，汤面油滴透亮，味纯正	肉汤混浊，缺乏牛肉香味，有陈旧味，汤面油滴不大透亮，有气化味	肉汤污秽，有肉渣，明显酸败腐臭味、氨味

（二）肉中有害物含量检测

每批肉制品随机抽 3~7 小包装作样品，检测内容与鲜肉检测相同。

四、冷冻牛肉检验

冷冻牛肉检验时，按每批肉产品随机抽 3~7 件，在有保温设备下送检，避免鲜冻肉汁流失干扰测定结果。测定时，每个冻肉品中取 1 000~1 200 克，置于放有铁丝网架的搪瓷盘的网架上。网架底距离瓷盘 2 厘米。样本上覆盖塑料膜，使样品在 15~25℃自然解冻，待样品中心温度达到 2~3℃时，用电子秤称量，再将样品置于铁丝网上放置 30 分钟再称，如此直到两次称量差不超过 20 克，计算出解冻失水率。其他测定项目与鲜肉相同。

五、出厂检验

产品出厂检验在出厂前由工厂技术检验部门按本标准逐批检验，并出具质量合格证书。检验项目：感官（表 8-10）、挥发性盐基氮（同一批次、同一种类产品为一批）。抽样是从成品库码放产品的不同部位，按表 8-11 规定进行。

表 8-10　各部位鲜分割牛肉和冻分割牛肉感官要求

项目	一级品	二级品	三级品
色泽	瘦肉呈均匀的鲜红色或深红色，有光泽，脂肪呈乳白色或微黄色		
气味	具有牛肉正常气味，无异味		
组织状态	瘦肉切面纹理清晰，皮下脂肪适度，均匀，形态丰满，肉质紧密，有弹性	瘦肉切面纹理较清晰，皮下脂肪较适度，形态丰满，肉质较紧密，略有弹性	瘦肉切面有纹理，皮下脂肪尚适度，形态丰满，肉质尚紧密，弹性差
黏性	表面湿润，不粘手	表面略湿润，不粘手	表面略有风干，不粘手；切面湿润，不粘手
煮沸后肉汤	基本澄清透明，脂肪团聚于液面，具有牛肉汤应有的风味	略混浊，脂肪呈小滴浮于液面，肉汤鲜味不明显	

注：1. 各部位冻分割肉的感官，指解冻后的要求。

2. 煮沸后肉汤按 GB/T 5009. 44 中 3. 2 规定方法检验。

表 8-11　抽样数量及判定规则

批量范围（箱）	样本数量（箱）	合格判定数	不合格判定数
小于 1 200	5	0	1
1 200~2 500	8	1	2
大于 2 500	13	2	3

注：1. 从全部抽样数量中抽取 2 千克实验样品，用于检验煮沸肉汤和挥发性盐基氮（按 GB/T 5009. 44 中 4. 1 规定的方法测定）。

2. 经检验某项指标不符合本标准规定时，可加倍抽样复检，复检后有一项指标不符合本标准则判定为不合格产品。

第四节　牛肉的污染及防治

一、牛肉污染的主要来源

（一）生物性污染

生物性污染主要指微生物、寄生虫的污染。污染方式和途径有两种：一种是内源性污染，即牛肉生产过程中受到的污染，又称一次污染；另一种称为外源性污染，即牛肉在加工过程和流通环节中的污染，又称二次污染。

通过接触病牛或其产品传播的疫病主要有大肠杆菌病、沙门杆菌病、李氏杆菌病、巴氏杆菌病、布鲁杆菌病、弯曲菌病、结核病、口蹄疫、痒病、弓形虫病等，其中危害严重的有布鲁杆菌病、口蹄疫、痒病等。有些疫情（特别是人畜共患病）是影响牛肉安全卫生的主要问题之一。当牛患有这些疫病时，不仅能引起其死亡和产品质量降低，而且通过牛及其产品可将疾病传播给人，引起食物中毒、人畜共患病等食源性疾病的发生与流行，严重影响食用者的身体健康。此外，微生物污染牛肉，还可引起牛肉的腐败变质。

（二）化学性污染

化学性污染指有毒有害化学物质的污染。许多化学污染物性质稳定，半衰期长，在环境中不易降解，且在牛体内代谢缓慢，不但影响牛的生产与健康，而且通过食物链进入人体，对食用者构成慢性、潜在性危害。

1. 兽药和药物添加剂残留　兽药和药物添加剂残留是指动物产品的任何可食部分所含兽药和药物添加剂残留对人类的健康构成的威胁，已成为全球范围内的共性问题和一些国际贸易纠纷的起因。常见的兽药和药物添加剂有抗生素、激素和生长调节剂的残留，不容忽视。抗生素对食用者的健康有慢性损害，并可助长耐药性微生物的生长和耐药菌株出现，使正常菌群失调，尤其在动物饲料中添加非治疗剂量的抗生素所产生的危害性更大。某些硝基呋喃类药物也可引起耐药菌株产生，并有致癌作用。激素生长促进剂多为雌激素，可在肝脏造成很高的残留，有些还有致癌性，如己烯雌酚等。

2. 农药残留　农药残留是指农药使用后残存于环境、生物体和食品中的农药母体、衍生物、代谢物、降解物和杂质的总称。农药是农业生产中重要的生产资料之一，包括有机物合成农药、生物源农药和矿物源农药三大类。有机物农药按其结构可分为有机氯、有机磷、氨基甲酸酯、拟除虫菊酯等，其应用最广，但毒性较大。农药的使用，可以有效地控制病虫害，消灭杂草，提高农作物及饲草的产量与质量。然而，许多农药的滥用带来了环境污染和食品的农药残留问题。牛肉中残留的农药，主要来自饲草饲料，也可来自被污染的饮用水和空气。当牛肉中农药残留量超过标准量时，则会对食用者产生不良影响。

3. 环境污染物　环境污染物的种类多、来源广、数量大、危害重，主要来自工业生产中排放的“三废”、农业生产中施用的农药和化肥、人类生活中排出的垃圾和污水。常见污染物有汞、铅、砷、镉等有害金属，氟化物、氰化物等无机物，有机氯、有机磷等农药，以及多氯联苯、二噁英、多环芳烃类等。这些污染物可通过饲料、饮水和呼吸进入牛体内，残留于可食组织中，引起食用者急性或慢性中毒，有些具有致癌、致畸、致突变作用。

4. 其他有害物质　在牛肉制品加工中，若护色剂使用不当，可引起亚硝酸盐残留。用熏、烤、炸等方法加工牛肉时，因温度过高或时间过长而产生的多环芳烃、亚硝基化合物、杂环胺类等，对人体均有毒性作用。

（三）放射性污染

由于外在原因，牛只吸附或吸收外来的放射性物质，使其体内或产品中放射性物质高于自然放射性本底时，称为放射性污染。放射性污染的概率较小。核试验、核工业、核动力以及放射性核素在工业、农业、医学和科研等领域中的应用，有时泄漏，向外界环境排放一定量的放射性物质，尤其是半衰期较长的核素，对环境、食品安全卫生影响很大。

二、牛肉污染的控制途径

确保牛肉生产的卫生质量，实际上是对产地环境、饲养、防疫、加工、运输、销售各环节及其对相关农业投入品、饲料、饲料添加剂等的安全卫生质量和管理水平的综合控制。任何环节或农业投入品的安全问题都会影响其卫生质量。要生产安全卫生的牛肉，就必须对饲料生产、饲养、流通、加工、销售全过程进行有效监控。

（一）严格净化生产环境

严格控制工业“三废”和城市生活垃圾对生态环境的污染，按照《畜禽养殖污染防治管理办法》《畜禽养殖业污染物排放标准》及《畜禽养殖排污管理条例》等，保证产地环境符合要求。重点解决化肥、农药、兽药、饲料添加剂等农业投入品对生态环境和产品的污染，对易造成公害的粪尿和有机废水进行生态无害化处理，保证产地环境符合产品生产的要求，从源头上把好产品质量安全卫生关。

（二）加强疫病预防

开展“无规定动物疫病区”项目建设，加快我国动物疫病控制与国际接轨。执行人兽共患病等重大动物疫病防治规范或防治技术规范，强化影响养牛业发展或人民群众身体健康的疫病控制和净化措施。严格遵守《中华人民共和国动物防疫法》等国家防疫的有关法律和准则，提高疫病的防治意识，加强疫病的全程监管，确保产品卫生。加强饲养场兽医卫生管理工作，创造适宜的生态环境，减少细菌、病毒感染的机会，保证牛的健康生长和生产。

（三）实行全程绿色安全卫生饲养

选择环境指数达标的地区或牛场，选择适宜的品种和符合要求的牛只，在整个饲养过程中确保安全生产。执行农业部制定的有关无公害畜产品生产的饲养场、投入品、饲养生产技术和畜产品质量标准，严格按我国兽药使用标准、饲料使用标准、饲养管理准则等操作规程生产，确保所使用的饲料、饲料添加剂等生产资料符合国家饲料卫生标准、饲料标签标准，以及各种饲料原料标准、各种饲料产品标准、饲料添加剂标准的有关规定。禁止在牛的饲料中添加使用肉骨粉、骨粉、血粉、血浆粉、动物下脚料、动物脂粉、干血浆及其他血液制品、脱水蛋白质、蹄粉、角粉、鸡杂碎粉、羽毛粉、油渣、鱼粉、骨胶等动物源性饲料。所使用的工业副产品饲料应来自生产绿色食品和无公害食品的副产品。

严格遵守《兽药管理条例》《饲料和饲料添加剂管理条例》《食品动物禁用的兽药及其他化合物清单》《禁止在饲料和动物饮用水中使用的药物品种目录》等的规定，做到坚决不用违禁药物，严格遵守用药剂量、给药途径和停药期，有效控制兽药在肉牛产品中的残留。

按标准统一组织生产，实行统一规划场地、统一圈舍设计、统一供种、统一供饲料与兽药、统一技术服务、统一操作过程，推动标准化的安全生产体系建设。

（四）实施安全卫生监控

建立健全安全卫生生产的监控体系，加大监督检查力度。首先要加快立法工作，完善产品安全、卫生管理的配套法规，完善产品安全、卫生管理的配套法规，使产品质量安全卫生检验工作的开展和结果的处理有法可依。其次要建立由部级到省级、市级的产品质量安全卫生检测机构，积极建立检测体系，配备高素质的专业技术人员，努力提高产品质量安全卫生的检测手段和技术水平。另外，各级政府和行业部门要继续加大产品安全卫生监管力度，严格执法，特别是要加大对违禁药物的查处力度，真正做到安全卫生生产的全程监控。

（五）建立牛肉质量安全的可追溯体系

现代牛肉及其产品标识与可追溯系统的基本流程包括生产、加工、运输、销售及消费等因素的影响，承担不同的追溯义务和责任。

ISO9000：2000 对可追溯性的定义是：追溯所考虑对象的历史、应用情况或所处场所的能力。具体地说，是通过登记的识别码，对商品或行为的历史和使用或位置予以追踪的能力。在 ISO22000：2005《食品安全管理体系对食品链中各组织的要求》标准中，要求组织应建立且实施可追溯性系统，以确保能够识别产品批次及其与原料批次、生产和交付记录的关系。可追溯性系统应能够识别直接供方的进料和成品初次分销的途径。

1. 可追溯系统的本质 可追溯系统的本质是针对牛只本身、牛肉产品及其生产全过程信息的管理，包括记录、保存、审核、传递四项主要内容，分为以下五个环节。

（1）肉牛饲养生产阶段：是肉牛养殖者作为可追溯系统的起点，承担着原料（初级动物产品）的生产与供给，是确保产品质量、提高安全水平、增加安全信息供给的第一道关口。它的主要责任是提供生产日志，其中要包含生产资料信息（产地、兽药、饲料使用等）、肉牛引入或输出信息、生产信息（养殖方法、疾病控制）、生产者信息（名称、经营历史、联系方式）、产品信息（种类、名称、数量等）以及其他相关内容。在生产阶段，做好肉牛来源及去向控制和过程信息记录，是有效开展后续追溯工作的基础和保证。

(2) 牛肉产品加工阶段：加工厂是食品体系内实现产品转化、增值和安全供给的主体，通过利用各种质量管理体系如HACCP、ISP9000等来控制产品质量。提高加工过程记录，有助于增强企业竞争力、满足法律法规要求。加工过程记录应包括加工生产者信息（工厂名称、企业资质、联系方式）、产品信息（原料来源、添加剂使用、加工日期、加工方式、保质期等）、质量信息（原料检验、过程检验、成品检验）、加工过程记录（生产班组、重量记录、加工时间等）和其他与交易相关的信息。由于肉牛到牛肉产品转化伴随着产品形式及外观的根本性变化，在全程可追溯系统中，此阶段的另一个关键任务是需要在加工信息和肉牛养殖信息之间建立系统的联系，以保证可追溯系统的完整性。

(3) 物流阶段：物流组织是联系牛肉供给与销售的重要环节。由于现代牛肉消费模式的转变，即产地与消费地分离、跨季节消费、国际化供给等特征凸显，物流组织对于肉牛生产与消费的影响力日益增强。物流过程中的卫生条件、保温措施、储运时间等对牛肉安全品质的影响十分重要。可追溯系统要求物流组织对前一环节的信息进行校验和存档，同时，提供运输管理记录，包括承运商名称、储运条件、产品信息、货物编号、包装类型、交易信息（发货日期、到货日期、数量）等。

(4) 零售阶段：零售商要对牛肉供货商的产品信息进行校验，并记录备案。同时，通过适当的方式向消费者披露牛肉产品名称、原料产地、生产日期、有效期、净重、原料名称、生产者名称、零售商名称、储存方法和其他标签等信息。通常零售商拥有更多消费者的食品喜好、消费习惯、风险等信息，一方面，可以利用这些信息为自身创造利润，同时反馈给链条内的上游企业，使之及时调整牛肉生产供应结构，增加盈利机会；另一方面，当发生牛肉安全问题时，可以及时识别和追溯有问题的产品，减少消费者及整个社会的损失。

（5）消费者阶段：在整个牛肉可追溯系统中，消费者位于信息链条的终端，是这个体系的主要受益者。消费者对于牛肉可追溯系统的支持程度或对牛肉安全信息的关注情况，将直接影响和决定牛肉可追溯系统的建立和发展。消费者的购买力、风险意识、对可追溯系统的认知程度及信息反馈等，都是决定牛肉可追溯系统成败的重要因素。从有助于追溯制度建立的角度出发，应加强对消费者进行牛肉安全风险意识的宣传教育，使消费者放心消费。

2. 牛肉安全可追溯系统的主要内容 现代牛肉安全可追溯系统主要由企业标识，牛的标识，牛肉产品标识，信息记录、保存及传递，法规标准，监督管理体系六方面构成。

（1）企业标识：包括肉牛养殖者标识、肉牛屠宰加工企业标识、运输企业标识、销售企业标识。

（2）牛的标识：包括牛个体标识和牛群体标识，目前常用的可追溯标识为基于无线射频识别技术（RFID）的电子耳标。

（3）牛肉及其产品的标识：牛肉及其产品标识的主要目的，是将牛的来源与肉牛屠宰加工信息联系起来，并在牛肉产品标识中将以上信息标明。目前，牛肉产品标识主要通过标签进行，在产品标签中详细注明所有与可追溯系统相关的要素，至少应包括品名、原材料名称、内容量、生产日期批次号、牛肉原材料来源企业、产品加工企业或经营商名称等信息。这些信息同时以条形码或电子芯片等形式印制或附着在标签上，以便在销售体系中输入计算机系统。牛肉产品标识体系不应对消费者的心理产生负面影响，应由国家制定标签标准，并监督标准的执行情况。

（4）信息记录、保存及传递：在牛肉产品供应链中，生产经营信息的记录是实现肉牛及产品可追溯的基础，是建立可追溯系统的必要环节。牛肉及其产品可追溯系统的有效性与信息的准确性关系密切，在生产链的任一环节出现错误的信息记录均会影响到整个体系的有效性。理想的信息记录系统至少包括以下内容：肉牛养殖环节信息记录（包括肉牛的品种、数量、繁殖记录、标识情况、来源和进出场日期；饲料、饲料添加剂兽药等的来源、名称、使用对象、时间和用量；检疫、免疫、消毒情况；发病、死亡和无害化处理情况；动物所在场所等）、动物移动信息记录、牛肉产品信息记录等。

在牛肉及其产品标识与可追溯系统中，所有的信息记录均应储存在信息体系中心（数据库）中。建立数据库是构建牛肉及其产品标识与可追溯系统中最复杂的环节，需要在均衡供应链内各方利益的基础上，制定统一的追溯原则、技术标准及管理程序等。通过共享式传递的信息交流方式来满足相关生产经营者、政府及消费者对追溯系统的要求，从而确保在牛肉及其产品标识与可追溯体系中信息准确、可靠，信息传递快速、一致。

（5）法规标准：国家法规及标准体系是保证可追溯性系统得到切实实施、保证信息准确性的有效工具。通过标准及法规体系，可以确保标识设施及记录的更新、保存，以及企业与牛肉标识的准确统一、持续有效，保证可追溯活动的顺利进行。因此，应建立与牛肉标识相关的法律法规，以及牛肉标识设施、生产记录、移动运输记录、动物产品标签、标识码和数据库等方面的国家标准，使牛肉及其产品标识与可追溯体系能够协调一致，准确有效地运行。

（6）监督管理：牛肉及其产品标识与可追溯是一项系统工程，在任何一个环节出现错误的标识或记录都可能影响到整体系统的准确性。因此，对全程进行监督，是建立牛肉及其产品标识与可追溯系统的必然要求。通过对这个系统相关要素的研究，在整个系统中应该重点监管标识设备设施、标识行为、标识信息数据库和信息交流以及肉牛养殖、流通、屠宰、加工等环节，以保证标识设施的性能及标记物的质量满足追溯系统的要求，确保信息记录及时、完整、准确，实现从农场到餐桌的全程监管，保证牛肉及其产品标识与可追溯系统的完整性、准确性和有效性。

主要参考文献

[1] 李连任．轻松学养肉牛［M］．北京：中国农业科学技术出版社，2014.

[2] 王聪．肉牛饲养手册［M］．北京：中国农业大学出版社，2007.

[3] 毛永江．肉牛健康高效养殖［M］．北京：金盾出版社，2010.

[4] 刘强，等．肉牛标准化规模养殖技术［M］．北京：中国农业科学技术出版社，2013.